哲学与社会发展研究丛书

宁波大学中国语言文学系学术文库

# 中国美学与文论的多元观照

程景牧 著

WUHAN UNIVERSITY PRESS
武汉大学出版社

图书在版编目(CIP)数据

中国美学与文论的多元观照/程景牧著.—武汉：武汉大学出版社，2023.12(2024.12 重印)
哲学与社会发展研究丛书
ISBN 978-7-307-24143-5

Ⅰ.中…　Ⅱ.程…　Ⅲ.①美学—中国—文集　②中国文学—文学理论—文集　Ⅳ.①B83-53　②I206-53

中国国家版本馆 CIP 数据核字(2023)第 221733 号

责任编辑:黄河清　　责任校对:李孟潇　　版式设计:韩闻锦

出版发行：**武汉大学出版社**　(430072　武昌　珞珈山)
(电子邮箱:cbs22@ whu.edu.cn　网址：www.wdp. com.cn)
印刷:武汉邮科印务有限公司
开本:720×1000　1/16　印张:22.25　字数:297 千字　插页:2
版次:2023 年 12 月第 1 版　2024 年 12 月第 2 次印刷
ISBN 978-7-307-24143-5　定价:98.00 元

## 作者简介

程景牧，男，安徽凤阳人，中国人民大学国学（中国古代文学）博士，宁波大学人文与传媒学院讲师，中华思想文化术语工程学术委员，主要从事中国古代文论、中国古代美学、魏晋南北朝文学等方面的研究。主持教育部人文社会科学研究青年基金项目“南朝礼学与文论研究”（22YJC751009）。先后在《中国文艺评论》《中国文学研究》《中国文学批评》《中国美学》《中国美学研究》《中国社会科学报》《贵州社会科学》《四川大学学报(哲学社会科学版)》《首都师范大学学报（社会科学版）》《云南大学学报(社会科学版)》等期刊发表论文30余篇。

# 序

本书旨在对中国古代美学与文论做多元观照和深入探讨。虽然美学与文论的内涵与外延不尽相同，但是二者却存在着天然的一致性。任何文学思潮的产生，文学理论的流行，文学批评话语的形成，均受到特定的美学的原理及观念之支配，与美学的发展演变息息相关。尤其是自魏晋以降，中国古代文论即确立了以审美为中心的理论范式，古代文论家大抵从审美的层面来考量文论概念与范畴。因此，在中国古代文论场域中即产生了诸多极富学理价值的审美范畴及审美命题。可以说，中国古代文论观念在很大程度上就是美学观念，古代文论研究的落脚点自然应当回归到审美本位之上。只有从美学的高度来考量中国古代文论，才能理清古代文论的本质内蕴。当然，美学与文论也不是完全独立的学科体系，而是在广阔的思想文化场域中发生发展起来的，因此，如果对于美学与文论的相关问题的探究仅仅局限于问题的本身，而忽略了问题产生的思想文化背景，那么所有的探讨就只能停留于问题的表象，无法深入问题的实质，所以要扩大研究视域和格局，将中国古代美学与文论置于深厚的思想文化、历史背景之中加以探讨，以此揭示美学与文论发展衍化的内在理路与外缘因素。

本书正是在这样一种学术思想的指引下创作出来的。在书中，笔者将通过对中国古代美学与文论的思想原理之衍化、概念范畴之经典化、理论范式之转换、发展衍化之内在理路、思想文化之蕴含以及理论观念之具体实践等方面的诸多问题的具体探讨，从而对中国美学与文论进行多元观照和深入解析，揭示相关思想观念的内在理路及外缘成因，拓展相关研究视域，以此为学术界对此类问题的相关研究提供理论方法上的参考与借鉴，并希望能够促进中国古代美学与文论的学科建设。

清人姚鼐主张“义理”“考据”“辞章”三者合一的学术研究方法，这一方法综合了中国传统的汉学与宋学的思想方法，融摄了“道问学”与“尊德性”合一的哲理蕴含。通过这几年的学术研究实践，笔者越发觉得在这一思想方法的三要素中，“义理”居于首要地位，“考据”与“辞章”则居于次要地位。因为“义理”属于形而上的范畴，是“虚”；“考据”与“辞章”属于形而下的层面，是“实”。形而上的思想理论建筑在形而下的实证基础之上，并引领着形而下的文献材料之逻辑建构。论文的写作当以义理为经、为本、为体，考据为纬、为末、为用，义理深刻且富有新意，文章才有价值，“考据”与“辞章”才有用武之地。因此，只有务虚才能更好地务实，否则务实可能只是徒徒地堆砌材料而已。而“义理”的渊深与创新则有赖于学者自身思维能力的提高、理论素养的完善、学术视角的转换以及学术视野与格局的扩大。正因如此，笔者尝试在坚实文献材料的基础上，在尊重古人的话语体系与思维方式的前提下，以审美为本位，运用新的视角和方法，多方位、多维度、多层面，立体化地探赜中国古代美学与文论，力求通过对一系列具体问题的内在理路的探析，以阐明相应概念与命题的义理，并将义理阐发、文献实证、语言表达三者高效地绾合起来，将义理、考据、辞章三位一体的研究方法在现代学术研究层面上进行新的整合，努力做到文献与理论统一，文理与文采统一。

中国古代美学与文论分散于经史子集四部典籍之中，因此欲深入地探究古代美学与文论，则需要从具体问题出发，打通四部之学，打破各学科的畛域与壁垒，将经学、史学、子学、集部之学(诗文评)结合起来，将审美与实证结合起来，将文献学与文艺学结合起来，将个案研究与整体探赜结合起来，将宏观视域与微观视角结合起来，对中国古代美学与文论进行多元观照，力求以小见大、见微知著。在具体的写作过程中，本书既运用经典的理论范式，但也不囿于既成的范式，在破中求立，在通中求变，在师古与趋新的张力中，找到下笔的落脚点与平衡点，力争做到“望今制奇，参古定法”，“谢朝华于已披，启夕秀于未振”。

# 目　　录

# 第一章　美学与文论的概念范畴之经典化

中国古代美学与文论的重要概念及审美范畴均有一个经典化的发展过程。一些经典性的概念与范畴之所以成为经典，即在于这些概念与范畴在发展演化中存在着一个经典化的过程。经典形成的背后是经典化的运作与支撑，正是经典化的进程促成了经典，经典也折射出经典化的力量之强大。就本质而言，经典化体现了掌握学术话语权的学界主流群体的审美取向与价值取向。中国美学与文论中的经典的概念与范畴即体现出当时学界的主流审美思潮，因此在本章中，笔者选取了“圆美”“金城泣柳”“脱化”三个富有代表性的概念与范畴，从经典化的向度、经典化的特色、经典化的文化底蕴等方面进行探赜阐论，以此揭示中国美学与文论的审美特质及内在逻辑。

## 第一节　中国古代诗学“圆美”范畴经典化的两个向度

中国古代诗学审美范畴的经典化不仅彰显出诗学发展演进的内在逻辑，更是能够折射出特定时代的学术文化思潮。“圆美”范畴在古代诗学场域中的经典化所表现出的尚文和尚质两个向度，即体现出特定历史时代的学术文化主潮与社会意识形态之特色及其对诗论家的审美观念渗透力度之深。因此，考察“圆美”范畴在古代诗学场域中的经典化及其两个向度，可以深刻体认古代诗学批评的演进机制与内在理路。遗憾的是，学界目前的研究成果对于“圆美”范畴虽有所涉及，但从经典化的角度来审视“圆美”范畴的研究是付之阙如的，而“圆美”范畴的经典化的尚文与尚质两个向度更是无人问津。有鉴于此，笔者试图对“圆美”范畴在古代诗学场域中的经典化的两个向度进行一番探赜，进而揭示古代诗学批评的发展衍化与学术文化、社会意识形态等外缘因素的密切关系。

## 一、经典化的前提：“圆美”范畴的内在审美机制

“圆美”范畴在古代诗学领域中的经典化与其自身的内在审美机制息息相关，是由尚文而尚质和由尚质而尚文这两维诗学审美的内在理路决定的。尽管方法取径、内在理路不同，但是尚文与尚质共同构成了圆美范畴的内在审美机制。

作为一个诗学审美范畴，“圆美”出自唐人李延寿所撰的《南史·王筠传》：

> 沈约每见筠文咨嗟，尝谓曰：“……自谢朓诸贤零落，平生意好殆绝，不谓疲暮复逢于君。”……约尝启上，言晚来名家无先筠者。又于御筵谓王志曰：“贤弟子文章之美，可谓后来独步。谢朓常见语云，‘好诗圆美流转如弹丸’。近见其数首，方知此言为实。”①

---

① 李延寿：《南史》卷二十二《王筠传》，中华书局，1975 年，第 609～610 页。为避免重复，本书所引文献，同一参考文献首次出现时标注版本全信息，后引仅注明页码。

圆美流转即是南朝诗人谢朓提出的诗学审美理念，谢朓是永明体诗人中的翘楚，其所推举的审美理念自然是着眼于诗歌的艺术形式之美的，沈约称谢朓诗：“调与金石谐，思逐风云上”①，即赞其声律和谐优美。沈约借谢朓之语称赞王筠的诗歌圆美流转如弹丸，也是从诗歌艺术从层面着眼的。沈约在《报王筠书》称道王筠诗：“声和被纸，光影盈字。……会昌昭发，兰挥玉振，克谐之义，宁比笙簧。”②《梁书·王筠传》称：“筠为文能压强韵，每公宴并作，辞必妍美。约常从容启高祖曰：‘晚来名家，唯见王筠独步。’”③可见，王筠诗之特色即在于声律层面，在诗歌创作中强化用韵的手法，从而提升了诗歌的艺术效果和审美境界。所以圆美的审美蕴涵应当是首重艺术形式之美的，也就是指诗歌具有声律和谐圆润，造语精圆流畅、结构紧凑圆合、意境浑成圆融之美，圆美即是齐梁永明体诗歌的最高审美标准，彰显出南朝新体诗的美学追求和发展向度，为诗歌由古体转化为近体提供了理论基础和美学标准。

值得注意的是，圆美之境虽然是谢朓与沈约这两位永明体诗人的诗歌审美之共识，但是两人对圆美的界定，还是有区别的，谢朓偏重艺术形式，即以文为本，而沈约偏重于内在情志，即以质为本。永明时期的诗坛虽然极其推崇艺术形式之美，但与元嘉时期疏慢阐缓，雕藻淫艳、错彩镂金之风不同，而是趋于自然和谐、平易流畅。这种审美理念在谢朓、沈约的诗文创作与诗学思想中，则表现为二者的方法取径不同，即内在理路不同。《南齐书·谢朓传》称谢朓：“文章清丽。”④李白云：“中间小谢又清发。”胡应麟《诗薮》云：“世目玄晖为

① 沈德潜选：《古诗源》卷十二，中华书局，1963年，第297页。
② 姚思廉：《梁书》卷三十三《王筠传》，中华书局，1973年，第485页。
③ 姚思廉：《梁书》卷三十三《王筠传》，第485页。
④ 萧子显：《南齐书》卷四十七，中华书局，1972年，第825页。

唐调之始，以精工流丽故也。”①谢朓诗歌以“清丽”见长，所谓清丽，即“清发”，即清新华美且平易自然之风。谢朓的清丽诗风乃是基于艺术形式美的基础之上而形成，所以胡应麟称其实“精工流丽”。谢朓诗歌虽华丽但不淫丽，洗尽铅华，呈现出平淡之风，其诗学审美理念的内在理路即是由尚文而尚质。钟嵘《诗品》指出小谢诗：“微伤细密，颇在不伦。一章之中，自有玉石，然奇章秀句，往往警遒，足使叔源失步，明远变色。”王叔岷指出：“所谓‘细密’，盖由重声律，重排偶之故。”②可见细密主要是就小谢诗的艺术形式而言的，钟嵘对其诗风总体上是持肯定态度的。刘克庄指出：“诗至三谢，如玉人之攻玉，锦工之织锦，极天下之工巧组丽，而去建安、黄初远矣。”③可见，工巧组丽为小谢诗的一大特质。谢朓诗难能可贵之处即在于能够在组丽的基础上而复归于平易自然，即由尚文而尚质，体现出圆美流转的审美取向。如宋人葛立方指出：

陶潜谢朓诗皆平淡有思致，非后来诗人怵心刿目琱琢者所为也。老杜云“陶谢不枝梧，风骚共推激。紫燕自超诣，翠驳谁翦剔”是也。大抵欲造平淡，当自组丽中来，落其华芬，然后可造平淡之境，如此则陶谢不足进矣。今之人多作拙易语，而自以为平淡，识者未尝不绝倒也。梅圣俞和晏相诗云：“因今适性情，稍欲到平淡。苦词未圆熟，刺口剧菱芡。”言到平淡处甚难也。所以赠杜挺之诗有“作诗无古今，欲造平淡难”之句。李白

① 胡应麟：《诗薮·外编》卷二，上海古籍出版社，1979年，152页。

② 钟嵘著，王叔岷笺证：《钟嵘诗品笺证稿·诗品卷中》，中华书局，2007年，第290页。

③ 刘克庄著，辛更儒笺校：《刘克庄集笺校》卷一七三《诗话》，中华书局，2011年，第6689页。

云：“清水出芙蓉，天然去雕饰。”平淡而到天然处，则善矣。①

葛氏指出平淡之风是在组丽之美基础上形成的，陶潜、谢朓之诗皆组丽而自然，平淡而有思致，即先具备了组丽之美，然后再造平淡之境。葛氏论诗“贵雕琢”，他说：“作诗贵雕琢，又畏有斧凿痕，贵破的，又畏黏皮骨，此所以为难。”②在其看来，诗歌创作首先要雕琢词句声韵，然后方能达到平淡之境，若无华丽的艺术形式之美，作拙易语以造平淡之境，则会适得其反。是故，葛氏认为诗歌既要有华丽的形式之美，但又不能显露出斧凿痕，从而彰显出落尽华芬的平淡之境，而谢朓的诗歌即是如此。刘熙载云：“谢玄晖诗以情韵胜，虽才力不及明远，而语皆自然流出，同时亦未有其比。”③这也是在褒扬小谢诗这种清丽平淡之风。

要言之，谢朓的圆美诗学观念的内在理路是以文（艺术形式）为本，由尚文而尚质，追求一种基于华丽之美的平易流畅、和谐自然之境。虽然沈约也推崇圆美之风，但其诗学的内在理路与谢朓迥然有别。沈约提出以四声八病为理论核心的永明声律说，重视诗文的艺术形式之美，但同时又标举行文的平易自然。《颜氏家训·文章篇》引沈约的文章三易说云：“文章当从三易：易见事，一也；易识字，二也；易读诵，三也。”④“易见事”即隶事要明白无痕；“易识字”即造语要平易自然；“易读诵”即声韵要协调优美。他的诗学三易说既是对元嘉诗风的反拨，又是对诗歌艺术形式美的至高要求，在用事、辞

① 何文焕辑：《历代诗话·韵语阳秋》卷第一，中华书局，2004年，第483～484页。

② 何文焕辑：《历代诗话·韵语阳秋》卷第三，第504页。

③ 刘熙载撰，袁津琥校注：《艺概注稿》卷二《诗概》，中华书局，2009年，第270页。

④ 颜之推撰，王利器撰：《颜氏家训集解》卷第四《文章》，中华书局，1993年，第272页。

采、声律等艺术手法方面做了规定，主旨要求即是平易自然、明白晓畅。谢朓“好诗圆美流转如弹丸”的诗学审美理念正是与沈约文章三易说是高度一致的，因此，沈约也极力推崇“圆美”之说。沈约在尚文的同时，也是尚质的，他既推崇华丽的文风，也重视诗文的内质之美，所以提出了“以情纬文，以文被质”①的诗学观念，彰显出以情(质)为本，兼重文质的文艺审美理念，因此他的圆美诗学观念的内在理路即是以质为本，由尚质而尚文，追求一种基于内质之美的平易自然、和谐流畅之境。

谢朓、沈约二人的圆美诗学观念均彰显出兼重文质、追求平易自然的审美理想，只是二者的内在理路、方法取径不同。要之，谢朓是由尚文而尚质，沈约是由尚质而尚文。齐梁时期，文质并重、推崇自然的文艺审美理念成为一股潮流，席卷着文学批评界，如钟嵘论诗即力倡直寻，提出自然英旨之说，并推崇“体被文质”之诗风，刘勰论文也推崇自然之道，提倡文质相符，萧子显亦推举“言尚易了”的文学创作观念。谢朓、沈约诗学的圆美观念也体现出这一时期文学批评潮流的发展走向。值得注意的是，由于他们的圆美观念的内在理路不同，因此导致圆美范畴在后世诗学场域中经典化的发展向度呈现出双维趋势，简言之，即圆美范畴在后世诗学中的经典化彰显出尚文与尚质两个向度。继承谢朓的审美观念者，对圆美的解读推阐体现出尚文的倾向，绍承沈约的审美观念者对圆美的解读推阐则体现出尚质的倾向，虽然皆以文质并重为鹄的，但是方法取径却截然不同。

圆美这一诗学审美范畴虽然由谢朓提出，但是最早见于《南史》之中，换言之，这一诗学审美范畴是由唐代史学家李延寿的记载而为后世学界所知的。唐初，李延寿在正史之中，记载了圆美这一审美范畴产生的历史语境，从侧面昭示了此范畴的审美内蕴，可以说在很大

① 沈约：《宋书》卷六十七《谢灵运传》，中华书局，1974年，第1778页。

程度上开启了圆美作为诗学范畴的经典化之路。唐代诗学界对于圆美范畴并未特别关注，虽然皎然、王昌龄、司空图等人的诗学批评中富含近似于圆美的审美观念，但是并未明确探赜圆美范畴。自宋代以降，文学批评家们对于圆美范畴表现出极高的关注度，在诗论中经常运用圆美范畴以评诗，对圆美范畴进行了经典化建构。圆美范畴的经典化主要呈现出尚文与尚质两个向度。尚文并不是摒弃内质，而是偏重于外在的表象形式，由尚文而尚质；尚质并不是摒弃外在的文采，而是偏重于内在的思想情志，由尚质而尚文。无论是尚文，还是尚质，终极目标均是文质并茂。

## 二、尚文："圆美"范畴经典化的表象之维

自两宋以至明清，诗学家们对圆美范畴经典化的建构体现出鲜明的尚文向度，即从艺术形式方面对圆美范畴进行理论推阐，着力于表象维度的审美建构。因此，尚文是圆美范畴在古代诗学中的经典化的一维重要向度。

宋人有意识地遵循尚文的审美取向对圆美这一诗学范畴进行经典化的建构，也体现出宋型文化的思辨精神。如北宋学者叶廷珪《海录碎事》于《文学部下·诗门》一节中即列有"诗圆美"这一概念，并注释云："王筠为诗能用强韵，谢朓常见语曰：'好诗圆美流转如弹丸'，近见其数首，方知此言之为实。"①可见，叶氏业已将圆美作为一个诗学概念、诗歌创作方法提出，推动了圆美范畴是经典。江西诗派的王直方在《归叟诗话》中指出："谢朓尝语沈约曰：好诗圆美，流转如弹丸。故东坡答王巩云：'新诗如弹丸。'及送欧阳弼云：'中有

① 叶廷珪：《海录碎事》卷十九《文学部下·诗门》，中华书局，2002年，第846页。

清圆句，铜丸飞柘弹。’盖谓诗贵圆熟也。余以谓圆熟多失之平易；老硬多失之干枯。能不失于二者之间，可与古之作者并驱。”①王氏以圆熟释圆美，一方面解释了苏轼对于诗歌以圆美为尚之因缘，另一方面又强调诗歌创作要圆熟而不过于平易，老硬而不流于干枯，也就是主张圆熟要讲究分寸，不能失之平实，这种审美观念既表现出明显的尚文倾向，同时也体现出深厚的辩证思维，折射出宋学思想精神。魏庆之《诗人玉屑·圆熟》、孔平仲《孔氏谈苑·作诗贵圆熟》、何汶《竹庄诗话·讲论》中皆引此论，由此足见此观念为宋人之共识。

高斯得在《题建安李演〈风露吟小稿〉》中评李演诗歌之时，也赋予了圆美范畴以新的意涵：

> 甚矣，诗之难也！严而不陗，平而不俚，清而不泊，幽而不昧，乃可以言诗。今之为之者不然，险涩以为严，凡近以为平，寒苦以为清，黯黮以为幽。李君之诗庶乎无四病矣，予读之尽编，意欣欣焉。抑礲诸错诸，使圆美流转如弹凡，则无以加矣，书其后而归之。②

在高氏看来，具有和谐圆融之美的诗风才是应当尊崇的，而险涩、凡近、寒苦、黯黮等极端性的诗病则是应当摒弃的，李演诗则没有这些弊病，如果能够再精心打磨，达到“圆美流转”之境界，那么就达到诗之极致了。高氏所称道的圆美流转即是一种和谐自然、清幽流畅之美，具体内涵即是“严而不陗，平而不俚，清而不泊，幽而不昧”，这就赋予了圆美范畴以新的而又具体的审美内蕴，这一主张是从艺术形式与审美效果层面着眼的，因而体现出明晰的尚文倾向。

---

① 魏庆之：《诗人玉屑》卷之十《圆熟》，中华书局，2007年，第307页。

② 曾枣庄主编：《宋代序跋全编》卷一九一《题跋》，齐鲁书社，2015年，第5445页。

陈善《扪虱新话》上集卷一以“诗中有文”阐释“圆美”：

> 韩以文为诗，杜以诗为文，世传以为戏。然文中要自有诗，诗中要自有文，亦相生法也。文中有诗，则句语精确；诗中有文，则词调流畅。谢玄晖曰：“好诗圆美流转如弹丸。”此所谓诗中有文也。……前代作者皆知此法，吾谓无出韩杜。观子美到夔州以后诗，简易纯熟，无斧凿痕，信是如弹丸矣。……文中有诗，诗中有文，知者领予此语。①

陈善十分推崇杜甫、韩愈的诗文创作，认为前者以诗为文，后者以文为诗，他认为诗文互渗相生方为文学创作之正道。因此，他于诗则推崇诗中有文之境，所谓诗中有文即是在诗歌创作中融入散文章法，加强篇章结构的紧凑性和言辞韵律的密度，使得语言更加自然流畅，所谓“诗中有文，则词调流畅”。杜甫到夔州以后的诗歌正是运用了散文的结构与句法句式，诗篇节奏紧凑，语词音韵自然流转，因而形成了“诗中有文”的风格，所以陈善称老杜此阶段的诗歌“简易纯熟，无斧凿痕，信是如弹丸矣”，此即以“诗中有文”阐释圆美，将圆美之意涵与以文为诗之法联结起来，体现出尚文的审美取向，同时也折射出了唐宋诗学的特色。

吕本中用圆美流转之说以释自己的“活法”说，既赋予了活法说以深厚的历史渊源，又给予圆美范畴以全新的诗学意涵，体现出强烈的尚文倾向。他在《远游堂诗集序》(《夏均父集序》)中阐述活法说并以圆美之说证之：

---

① 程毅中主编，王秀梅等编录：《宋人诗话外编》，中华书局，2017 年，第 499~500 页。

> 顷岁与学者论学诗当识活法。所谓活法者，规矩具备，而能出于规矩之外；变化不测，而卒亦不背于规矩也。是道也，盖有定法而无定法，无定法而有定法。知是者，则可以语活法矣。世之学者知规矩固已甚难，况能遽出规矩之外，而有变化不测乎！谢元晖有言，“好诗流转圆美如弹丸”，此真活法也。元晖虽未能实践此理，言亦至矣。近世黄鲁直首变前作之弊，而后学者知所趋向，毕精尽知，左规右矩，庶几至于变化不测，而远与古人比，盖皆由此道入也。①

吕氏标举“活法”，以救江西诗派之弊病。所谓活法，即根据传统诗法规矩，运用“定法”，但又能不为规矩所囿，能够变化“定法”，别出心裁。有定法或者是无定法，守规矩或者是破规矩，并无硬性机械的标准，而要视具体情况而定。换言之，即遵定法而不为其所役，变定法而不叛其规。吕本中提出活法说意在补救江西诗派生硬枯涩之诗风，是故他同时强调“流转圆美如弹丸”的艺术手法即是活法，由此可见，他欲用“圆美”之活法以矫江西诗派之弊。吕氏这一诗学主张不仅扶正了江西诗派的创作之风，而且对整个南宋诗坛也产生了巨大影响。吕氏深谙道学，其以活法论诗，也彰显出道学思辨精神对宋代诗学批评的影响。他在《外弟赵才仲数以书来论诗因作此诗答之》这首论诗中说：“胸中尘埃去，渐喜诗语活。孰知一杯水，已见千里豁。初如弹丸转，忽如秋兔脱。旁观不知妙，可爱不可夺。”②这也是在强调圆美之妙。吕本中以活法与圆美互证，鲜明地体现出尚文的价值取向。

---

① 吕本中撰，韩西山辑校：《吕本中全集·吕居仁文辑·序》，中华书局，2019年，第1758页。

② 吕本中撰，韩西山辑校：《吕本中全集·吕本中诗集校注·东莱诗集校注》卷三，第224~225页。

刘克庄在绍承吕本中诗学思想的基础上对圆美的阐论也能够自出机杼，比如他在对吕本中《远游堂诗集序》的点评中即对圆美的意涵进行了新的阐释：

> 余尝以为此序天下之至言也。……所引谢宣城“好诗流转圜美如弹丸”之语，余以宣城诗考之，如锦工机锦，玉人琢玉，极天下巧妙。穷巧极妙，然后能流转圜美，近时学者，往往误认弹丸之喻而趋于易，故放翁诗云：“弹丸之论方误人。”又朱文公云：“紫微论诗，欲字字响，其晚年诗多哑了。”然则欲知紫微诗者，以均父集序观之，则知弹丸之语，非主于易，又以文公之语验之，则所谓字字响者，果不可以退惰矣。①

刘氏征引陆游、朱熹之语以证圆美之意涵并非自然平易，乃是指周密完善、极其美妙，所谓“穷巧极妙”者也。这样的解释则与圆美的初始意涵迥然有别，却颇富新意，体现出明确的尚文精神。这也体现出理学思辨精神对刘氏诗学思想的影响力度之大。

自宋以后，圆美范畴在古代诗学中经典化的尚文倾向于明清易代之际表现得极为强烈。明清之际的诗论家多基于尚文的立场来运用和解读圆美范畴，如冯舒以圆美评李商隐《无题二首·昨夜星辰昨夜风》中的“身无彩凤双飞翼，心有灵犀一点通”二句云：“次联衬贴流丽圆美。西昆一世所效。义山高处不在此。”②流丽圆美即指诗歌的韵律与文辞之美。遗民学者方文在《范骧徐杭游草题词》中说：“尔止诗天真烂熳，触手成妙，近代无此诗人。观者但赏其流利圆美，不知尔止锤炼甚工，但不使人见炉鞲之痕耳。”③在诗评中，方文揭示了诗

① 丁福保辑：《历代诗话续编·江西诗派小序》，中华书局，2006年，第485~486页。

② 何焯：《义门读书记》第五十七卷，中华书局，1987年，第1251页。

③ 钱仲联主编：《清诗纪事·明遗民卷》，凤凰出版社，2004年，第104页。

歌之所以能够达到圆美之境，主要在于作者锤炼甚工，但又不留痕迹，因而具有自然天成之妙。吴景旭评黄山谷《题竹石牛图》一诗云："余观此诗机致圆美，只将竹石牛三件顿挫入神，自成雅调。"①吴氏以"机致圆美"评此诗，当就诗篇结构布局而言。王夫之评沈明臣的五律《除夕从子箕仲自燕回有作》云："一结十字，旋折圆美。"②此中圆美即是指诗歌的结构的转合有致，声律和谐优美。吴乔对圆美的看法相当辩证，他评七言古诗云："盛唐人山奔海立，掩前绝后。此体忌圆美平衍，又不可槎枒狰狞。初唐圆美，白傅加以平衍，昌黎稍槎枒，刘叉狰狞，卢仝牛头阿旁，杜默地狱饿鬼。"③他认为七古忌讳圆美平衍，初唐七古圆美，所以中唐之后，韩愈等大家以槎枒狰狞之诗风易之。邓汉仪尤好以圆美评诗，其评宋炌《识舟亭秋眺》："千峰窗里尽，万橹镜中旋"两句云："圆美之中，不乏警策。"④评程应鹏之诗云："翼天工制义，由诸生登上舍，而为诗清秀圆美，全学中唐，戴子景韩每向余亟推之。"⑤评畲昂之诗云："宁愚以诗世其家，所为诗清健圆美，词格兼到，允推正则。"⑥总的来看，邓汉仪所说的圆美，当指诗歌的词格意境之美。以上诗论家对圆美的解读与体认均是从艺术形式层面着眼的。

贺贻孙《诗筏》基于尚文的立场，从意象营造、谋篇布局等艺术手法层面对圆美进行了新的阐释：

---

① 吴景旭：《历代诗话》卷五十九《辛集五》，京华出版社，1998 年，第 755 页。

② 王夫之：《明诗评选》卷五，岳麓书社，2011 年，第 1434 页。

③ 郭绍虞编选：《清诗话续编 · 围炉诗话》卷之二，上海古籍出版社，2016 年，第 508 页。

④ 邓汉仪：《慎墨堂诗话》卷三十四，中华书局，2017 年，第 1450 页。

⑤ 邓汉仪：《慎墨堂诗话》卷三十六，第 1565 页。

⑥ 邓汉仪：《慎墨堂诗话》卷三十九，第 1701 页。

> 谢玄晖与沈休文论诗云：“好诗圆美流转如弹丸。”此实玄晖自评也。其诗仍是谢氏宗派，而一种奇俊幽秀处，似沈酣于康乐集中而得者。然谢家惊人之句，不称康乐，独称玄晖者，康乐堆积佳句，务求奇俊幽秀之语以惊人，而不知其不可惊人也。采玉玄圃者，触眼琳琅，亦复何贵？良工取之磨砻成器，温润玲珑，虽仅径寸，人共珍之矣。玄晖能以圆美之态，流转之气，运其奇俊幽秀之句，每篇仅三四见而已。然使读者于圆美流转中，恍然遇之，觉全首无非奇俊幽秀，又使人第见其奇俊幽秀，而竟忘其圆美流转，此其所以惊人也。①

贺氏比较了大谢与小谢的诗歌艺术境界，大谢诗歌刻意雕琢，从而导致意象堆垛，结构板滞，虽务求奇俊幽秀而不可得，而小谢诗歌则语言平易自然，和谐流畅，篇章结构无滞涩之弊，从而达到奇俊幽秀之境，这就是圆美流转的艺术效果。大谢诗繁密有余而疏淡不足，小谢诗则疏密相间，清奇秀逸，从而达到了更高的圆美之境。贺氏对圆美的解读彰显出明显的尚文理念。

## 三、尚质：“圆美”范畴经典化的内在之维

如果说尚文是圆美范畴经典化的表象之维，那么尚质则是圆美范畴经典化的内在之维。文与质在古代文学批评中是一对相辅相成的诗学概念和审美范畴，尚文的另一面必然是尚质，诗学家们不仅从艺术形式层面对圆美范畴进行经典化建构，亦从思想情志层面对圆美范畴进行理论推阐，着力于内在维度的审美建构，所以圆美范畴在经典化的过程中也呈现出强烈的尚质向度。自南宋以至清代，尚质也

---

① 《清诗话续编·诗筏》，第150~151页。

在很大程度上引领着圆美范畴的经典化。

南宋宰相马廷鸾即运用“穷而后工”之理念来阐释圆美之意涵，彰显出鲜明的尚质倾向。其《跋舅氏南溪翁〈渔唱集〉后》称赞舅氏南溪翁之诗云：

> 舅氏南溪翁，蚤岁以文雄称州里，半世挟册走场屋，梁鸿之噫，唐衢之哭，兼有之矣，匪直郊寒岛瘦而已！前辈云“诗非能穷人，人穷诗乃工”，殆谓是欤？……此其诗似凛凛乎工部《北征》、道州《舂陵》之上矣。布衣怀当世之忧，草茅关天下之责，舅氏岂以其身之穷为穷哉！宝祐丙辰秋，某自册府罢归，始从南溪得所谓《渔唱》者读之，因思古之名人才士，类得外家文字之秀，愿深探锦囊，稍窃其流转圆美之绪余，以不悖乎“兴观群怨”之旨。①

马氏揭示了其舅之诗流转圆美之风形成的内在因缘乃是“人穷”所致，所谓“穷而后工”，并将其舅诗风之流转圆美与诗旨之兴观群怨统一起来，认为二者并行不悖，这就赋予了圆美范畴以质实性质，即从思想精神、社会功用层面为圆美范畴正名，体现了文质并重的文学思想，也体现出宋代理学精神对诗学思想的沾溉。

元人姚燧《菊磵集序》称赞宋人高翥之诗文云：“予盥手阅之，知其气象浑厚，不务险怪艰深，哀乐皆适其中，辞气圆美，流转如弹丸，则其功也精矣，足有关于风化者哉，实当代之儒宗，良有以备后之观也。”②姚燧在诗评中将圆美与儒教风化结合起来，体现出对高翥诗文思想精神的重视，即对其诗文作品的内质美的关注，彰显出文质

① 《宋代序跋全编》卷一九七《题跋》，第5614页。

② 祝尚书编：《宋集序跋汇编》卷第三九《信天巢遗稿》，中华书局，2010年，第1901页。

并重的诗学思想。

元代大诗人仇远亦好以圆美论诗，方凤《仇仁父诗序》记载了其与仇远的论诗对话：

> 余谓作诗当知所主，久则自成一家。唐人之诗，以诗为文，故寄兴深、裁语婉。宋朝之诗，以文为诗，故气浑雄、事精实。四灵而后，以诗为诗，故月露之清浮，烟云之纤丽。今君留情雅道，涤笔冰瓯，其孰之从？仇君曰：近体吾主于唐，古体吾主于《选》。融化故事，往往于融畅圆美中，忽而凄楚蕴结，有《离骚》三致意之余韵，然后知向之所以为仁父者，穷而故在也。①

方凤指出唐人以诗为文、宋人以文为诗、宋末以诗为诗均各有千秋，颇具特色，仇远则坦言自己于近体效法唐诗，于古体学习《文选》，融化前人诗歌之精髓，从而其诗歌不但具有圆美之境，而且颇有《离骚》之余韵。可以看出，仇远诗歌主要取自六朝与唐代，因而其圆美之诗风的形成有着深厚的诗学渊源，他强调的是自己的诗歌有《离骚》之忠旨，此即体现出其具有尚质的诗学思想。仇远在《马霞外诗集序》中评马虚中之诗云：“钱塘有隐君子曰马虚中，其资也粹，其学也正，其言也文。……一日虚中携诗卷相示，大抵以平夷恬淡为体，清新圆美为用，陶衷于空，合道于趣，浑然天成，不止于烟云花草鱼鸟而已。”②在仇远看来，诗风之平夷恬淡与清新圆美诗相辅相成的，是体用关系，是一种空趣浑然而合于道的审美境界，所以并不是停留于烟云花草鱼鸟这些最表象的“文”的层面，此即明晰地体现出仇氏对诗歌内质美的体认之深。

① 李修生主编：《全元文》卷三六一，凤凰出版社，1998 年，第 655 页。
② 《全元文》卷六一〇，第 568 页。

元明之际的学者陈谟对圆美范畴亦很重视，他在《缙云应仲张西溪诗集序》中赋予圆美以新的意蕴：

> 诗道如花果，谓其天葩纷敷，必贵乎有实也。诗兴如江山，谓其波涛动荡，冈峦起伏，毕陈乎吾前，然后肆而出之也。必贵乎有实，则绮丽奢靡者举不足矜。必肆而后出之，则搜抉肝肠者皆非自然也，此诗之至也。缙云应仲张氏以其《西溪诗集》示余，不浮不澹，有颂有规。自其洪武十二年赴吏部试，《熏风诗》清新而韵度。及其《过鄱阳湖》、《望庐山五老峰》、《游清原七祖禅寺》诸篇，皆极崭绝，且圆美流转。①

陈谟论诗体现出鲜明的"贵实"倾向，不尚绮丽奢靡，即尚质不尚文，他认为张西溪的若干诗歌崭绝且圆美流转，也就是清新而有韵度，不浮澹而有矩矱法度，也就是具有清新质实之美，且声律协畅。由是观之，他对圆美的解读，不仅从形式层面着眼，而且兼顾文质，尤重质实之美。

明末文学批评家陆时雍在《唐诗镜》卷十中指出：

> 诗至雄浑而不肥，清瘦而不削，斯为至矣。诗以自然合道为宗，声色不动为美。此道始自《三百》，非创说也。诗即人之言也，言必字字而雕之，句句而绘之，即闻者骇矣。七言之佳者，始自《燕歌行》，其后张正见有"流萤映月明空帐，衰柳随风入断机"。江总有"风高暗绿凋残柳，雨驶芳红湿晚芙"，隋炀帝有"绿潭桂楫浮青雀，果下金鞍跃紫骝"。入唐，杜审言有"梅花落处疑残雪，柳叶开时任好风"，沈佺期有"九月寒砧催落木，十

① 《全元文》卷一四四八，第169~170页。

年征戍忆辽阳”，苏颋有“云山一一看皆好，竹石萧萧画不成”，王维有“暮云空碛时驱马，秋日平原好射雕”。皆标格浑成，意象圆美。①

“以自然合道为宗”即是追求内质之美，以“声色不动”为美即是主张由尚质而尚文，“雄浑而不肥，清瘦而不削”即是一种折衷文质之美。是故，陆氏所追求的诗之圆美之境即是一种以质为本、折衷文质、由尚质而尚文的艺术效果与审美境界。按照这一折衷辩证的原则，他列举了张正见、江总、隋炀帝、杜审言、沈佺期、苏颋、王维等人的诗句，认为这些诗作均“标格浑成，意象圆美”，也就是极富内质之美。

以尚质的价值取向来阐论圆美范畴的清代诗论家主要集中在清中叶，盖因此时期朴学之风盛行，道问学的尚实学风浸润到诗学领域，渗透到诗论家的意识深层，比如《四库全书总目》评明初文人刘琏的诗歌云：“今观其诗，惟七言律诗颇涉流利圆美，不出元末之格。然仅三首，盖非所喜作。至于五言古体，居集中之太半，皆词旨高雅，而运思深挚，殆于驾两宋而上之。”②四库馆臣认为刘琏的七律具有圆美之境界，但囿于元末诗坛之格局，所以尚未达到上乘之境，但其五古则思旨高雅深邃，也就是具有内在的质实之美，因而远超宋人。《四库全书总目》评清人匡鼎之诗云：“匡鼎生于国初，犹及见西泠十子。故所作亦沿其流派，圆美有余，而深厚不足。”③四库馆臣认为匡鼎诗歌因继承了康熙年间的西泠十子之诗风，从而导致圆美而不深厚，在四库馆臣看来，将圆美与深厚结合起来，以深厚之实弥补

① 张进、侯雅文、董就雄编：《王维资料汇编》，中华书局，2014年，第807~808页。

② 永瑢等：《四库全书总目》卷一百六十九《集部二十二》，中华书局，1965年，第1477~1478页。

③ 《四库全书总目》卷一百八十一《集部三十四》，第1640页。

圆美之虚才是最佳的诗风。圆美是指形式之美，而深厚则是指内质之美，所以四库馆臣的诗学逻辑理路是由尚质而尚文的。由以上两则诗评可见，清代官方的诗学思想是尚质胜于尚文的，这显然是当时朴学思潮浸润的结果。王应奎评钱玉友诗云："钱玉友为诗，主于奇崛，稍涉轻圆便不喜。信如其说，古人脱手弹丸之喻为非矣。尝以高青邱诗比董玄宰书，谓两公自圆美可爱，学之者便易软熟少骨力。此论却得。"①王氏指出钱玉友不喜轻圆之诗风，认为圆美之诗风的缺陷在于因软熟而缺乏骨力，骨力即诗歌的内在情志的感染力，以刚健雄劲之风为贵，属于诗歌内质美的范畴，可见，钱玉友主张的诗歌创作应当是圆美与骨力兼具，尤其是不能缺乏骨力，所以其"为诗主于奇崛"，此即体现出尚质的诗学审美理想。王应奎也十分赞同钱氏的诗学主张。袁洁《蠡庄诗话》评汪仲洋诗云："蜀中作者多尚才气，亦其山川足以发之。少海以纪游、怀古为擅长，在当时名与船山相亚。情韵圆美处稍逊，排奡镵刻，更欲争胜。洵不愧骖靳也。"②袁洁论诗宗主性情，他认为汪仲洋的诗歌在情韵处不够圆美，这里的圆美即是指诗歌蕴涵的内在性情，由是观之，他对圆美的解读体现出尚质的价值取向。刘贽评清初诗人吴雯《钱塘元夕酒歌》一诗云："托情寄兴，有体有要，圆美处又如弹丸脱手。"③此中的圆美当指吴诗以抒情言志为本，以营造余韵为务，所谓"有体有要"，可见他以尚质的审美取向来阐发圆美之意蕴。

朴学家赵翼在《瓯北诗话》中对圆美的阐论也体现出尚质的审美取向：

① 王应奎：《柳南随笔》卷五，北京：中华书局，1983年，第87页。

② 钱仲联主编：《清诗纪事·嘉庆朝卷·汪仲洋》，凤凰出版社，2004年，第2091页。

③ 吴雯：《吴雯集》卷十，三晋出版社，2016年，第352页。

> 自中唐以后，律诗盛行，竞讲声病，故多音节和谐，风调圆美。杜牧之恐流于弱，特创豪宕波峭一派，以力矫其弊。山谷因之，亦务为峭拔，不肯随俗为波靡，此其一生命意所在也。究而论之，诗果意思沉着，气力健举，则虽和谐圆美，何尝不沛然有余？若徒以生辟争奇，究非大方家耳。①

赵翼从诗歌发展史的高度，指出杜牧、黄庭坚等人以豪宕峭拔之诗风以扶救纤弱俗靡的圆美诗风，并进一步指出诗歌创作要在圆美的基础上，思旨深沉，骨力刚健，也就是要具有质实之美。赵翼对圆美范畴的体认彰显出鲜明的尚质倾向，这显然是其朴学家的身份决定的。

### 余论：圆美范畴经典化及其向度的成因

加拿大学者斯蒂文·托托西指出文学的经典化即：“意味着那些文学形式和作品，被一种文化的主流圈子接受而合法化，并且其引人瞩目的作品，被此共同体保存为历史传统的一部分。”②不仅文学作品如此，文学批评也是如此，诗学审美范畴也莫不如此。圆美作为一维诗学审美范畴的经典化的建构及其两个向度的形成，固然有其本身的因素，但在很大程度上也是取决于社会主流意识形态、学术文化思潮以及诗学批评家的审美取向和话语权的竞争等外缘因素。圆美范畴的经典化均与特定历史时期的学术文化场域息息相关，尤其是圆美范畴在经典化建构中所呈现出的尚质与尚文两个向度更是彰显出时代学术文化思潮对诗学批评的影响力度之大。值得注意的是，虽然尚文与尚质两个向度均贯穿于圆美范畴经典化的始终，但是尚质向

① 《清诗话续编·瓯北诗话》卷十一，第1271页。

② ［加］斯蒂文·托托西讲演，马瑞琦译：《文学研究的合法化》，北京大学出版社，1997年，第43页。

度主要体现在宋代与明清之际的诗学场域之中，尚质的向度主要集中于元代与清代中叶的诗学场域之中，这种现象当然不是偶然发生的，而是与时代主潮息息相关的。约略而言，盖因宋代与明清之际以宋学为主潮，元代以融合朱陆二学为学术主潮，清中叶以朴学为学术主潮。

宋学以尊德性、重义理为旨归，以阐发经典的微言大义为要务，偏于形而上的理论建构，其高处在于富含哲理与思辨理性，其弊则在于流于空疏蹈虚，即重视理论形式而忽略思想内容，因此，在宋学思潮影响下的诗论家偏重于诗歌艺术技法的探赜与建构，重视诗歌的外在形式之美，故而，他们对圆美范畴在经典化建构自然体现出明晰的尚文趋向。元代的学术主潮虽然也是宋学，但是元代学者有鉴于宋代理学漫谈理气心性之病，一改朱熹之学的支离之病与陆象山之学的空疏之弊，融合朱陆二学，并“返求经典”，以笃实简易为治学旨归，在这种学术思潮的沾溉下，诗论家对圆美范畴的理论阐释与经典化建构也自然彰显出明晰的尚实之风。清中叶，求真尚实、复汉学之古的朴学大兴于世，相对于宋学偏重形而上的理论建构，以“道问学”为旨归的清代汉学(朴学)更偏向于形而下的史实考据。作为当时的学术主潮，朴学思潮自然浸润到社会意识形态的方方面面，诗论家们当然也深受朴学思潮的熏染，诗歌内在的思想内容即成为清中叶诗论家衡诗的重要考察对象，是故，他们对圆美范畴的经典化建构即彰显出强烈的尚质之风。古代诗论家们正是通过尚文与尚质两个向度对圆美范畴进行经典化建构，强调圆美范畴在诗学场域中的价值与意义，以维护当时的学术主潮与社会意识形态。但需要强调的是，尚文并不意味着排斥尚质，反之亦然。尚文的本质即是以尚文为本，由尚文而尚质；尚质的本质则是以尚质为本，由尚质而尚文。尚文与尚质的终极旨归均是文质并茂，只是方法取径、内在理路不同而已。

总之，古代诗学的经典审美范畴是一种诠释性存在，圆美范畴的经典化即鲜明地体现出这一点。自宋代以来，诗论家们对圆美范畴之体认与诠释，不仅继承了谢朓、沈约的诗学理念，而且又能自出机杼，翻新出奇，彰显出鲜明的时代特色，圆美范畴正是在历代诗论家的不断诠释中走向经典化。尚文与尚质作为圆美范畴经典化的两个向度，折射出各个时代学术思潮和意识形态的差异，诗论家对圆美范畴的经典化建构是与社会主流学术风潮和意识形态相合拍的，他们也是意在通过对圆美范畴的经典化之建构从而掌握一定的与社会主流意识形态相符的诗学话语权，以此构筑自己的诗学权威，并维护当时的意识形态。因此，圆美范畴的经典化及其两个向度的形成发展不仅仅是其自身的审美内蕴与学术价值决定的，更是社会文化主潮、文学批评话语权的驱动使然。

## 第二节　桓温“金城泣柳”事典的经典化

桓温是东晋一代枭雄，谯国桓氏的代表人物，位高权重，尝欲取晋帝而代之。虽然他是行伍出身，但不可以一介武夫视之。《世说新语》中记录其之言行事迹多达二十余条，其可谓魏晋风度的代表之一。其“素有雄情爽气”，语言深富哲理，且掷地有声，是以常常使得“诸人追味余言”①。然而，在桓温的众多话语中，最富有悲情色彩，美学特质，余韵风味，且为后世文学创作所接受者，则非“木犹如此，人何以堪！”二句莫属。此语典原始出处是《世说新语·言语》：“桓公北征，经金城，见前为琅邪时种柳，皆已十围，慨然曰：‘木犹如此，人何以堪！’攀枝执条，泫然流泪。”②此即著名的“金城泣

① 刘义庆著，徐震堮校笺：《世说新语校笺》卷中《豪爽》，中华书局，1984年，第328页。

② 《世说新语笺疏》卷上《言语》，第64页。

柳”之事典，此事典自刘宋时期《世说新语》记载后，经历代文人的引用与化用，逐渐成为一个经典的掌故，成为后世文学作品中不断演绎的一个具有母题性质的主题，影响深远，意义重大。“金城泣柳”事典的经典化既有着内外两层因素，也有着一个漫长的过程。以此事典之经典化为视角与线索，探寻其经典化的内外因缘，一方面可以加深对六朝以悲为美的文艺美学思想特质与艺术价值之体认，另一方面可以明晰文学经典的生成与建构的内在机制，从而对古代诗文的发展有一个全新的体认。但遗憾的是，目前学界尚未有这方面的成果，因此本书决定以此事典之经典化为线索，进行一番考索，以期起到抛砖引玉之功效。

## 一、经典化的内在因素：悲情之美

任何一部文学作品、一个文学事典、一句文本话语的经典化首先在于其本身的艺术价值，更进一步说即是审美价值与人性意义。只有具备了审美价值，彰显出人性的本真，才能使得作品、文本、话语本身具有美的韵致与感染力，引起读者的情感共鸣，从而产生超越时空的浓厚的生命意识与人文情怀。《世说新语》记载的桓温“金城泣柳”之事在本质上即是魏晋南北朝时期以悲为美的美学特质之体现以及人性的相关价值之彰显。“金城泣柳”是一代枭雄桓温的人性觉悟与审美流露，绝非无病呻吟与矫揉造作。李泽厚先生指出：“这种触目伤心的人生感怀、本体感受、便是深情兼智慧的魏晋美学。”①宗白华先生在《论〈世说新语〉和晋人的美》一文中指出：

① 李泽厚：《华夏美学·美学四讲》，生活·读书·新知三联书店，2008年，第141页。

> 人到中年才能深切的体会到人生的意义、责任和问题，反省到人生的究竟，所以哀乐之感得以深沉。但丁的《神曲》起始于中年的徘徊歧路，是具有深意的。……桓温武人，情致如此！庾子山著《枯树赋》，末尾引桓大司马曰：“昔年种柳，依依汉南，今逢摇落，凄怆江潭，树犹如此，人何以堪？”他深感到桓温这话的凄美，把它敷演成一首四言的抒情小诗了。①

中古士人将自身的情感、体悟融入自然审美，在自然审美之中探寻本体的存在价值与意义，赋予自然之物以人格化的特性，以树形人，以人比树。从而，人与物在终极生存状态之中即具有异质而同构的特征，人与物可以进行情感的交流，士人感物而宣泄心曲，形诸翰墨，亦是人的物化的结果。主客体相互转换，合二为一，从而产生情感的相通。所以冯友兰先生在论述魏晋士人情感时说：“他的情与万物的情有一种共鸣。”②魏晋南北朝士人在儒释道三大思想潮流的融会交流之中，尤其是在名教与自然将无同，佛教虚空观念的文化心理背景之中，遂产生出对人间世事，宇宙自然的莫名的悲怆之感与忧患意识，对自身本体的生存焦虑，对人情世故的透彻反省，也往往投射到自然景物之中，因此方有桓温的“金城泣柳”一事。诚如李泽厚先生所说：“这个‘情’虽然发自个体，却又依然是一种普泛性的对人生、生死、离别等存在状态的感喟，其特征是充满了非概念语言所能表达的思辨和智慧。它总与宇宙的流变、自然的道、人的本体存在的深刻感受和探询连在一起。”③可见，在当时的文化心理背景之下，魏晋士人的这种悲情意识，不仅存在于个体生命之中，而是具有普遍必然性地存

① 宗白华：《艺境》，商务印书馆，2011年，第158~159页。

② 冯友兰：《三松堂学术论文集》，北京大学出版社，1984年，第615页。

③ 李泽厚：《华夏美学·美学四讲》，生活·读书·新知三联书店，2008年，第146页。

在于所有士人心中，推而广之，亦存在于对自然万物的审美观照之中，这就彰显出人性的真实及其相关价值，因此这种悲情美学即具有普泛性意义与艺术审美价值，而文学作品恰恰是抒发内心情感的文字载体，也是文艺美学的载体，因此桓温“树犹如此，人何以堪”的悲情感喟，即不仅仅在南北朝文学作品中得到阐发，在唐以后的文学作品中亦得到了广泛的接受，从而逐渐经典化起来。

然而文学文本与话语走向经典化之路，固然本之于自身的内在特质，但其之外部条件也是不容忽视的，换句话说，即是文学文本与话语的经典化或经典建构，在很大程度上在于其之思想蕴涵及美学特质与后世主流文人的审美意识与创作思想相合拍，从而得到持续的征引阐发。以色列文艺理论家 Itamar Even-Zohar 指出：“经典化意味着那些文学形式和作品，被一种文化的主流圈子接受而合法化，并且引人瞩目的作品，被此共同体保存为历史传统的一部分。”①可见，经典化的外部条件也是极为重要的，并不是任何文学文本及话语都能够成为经典。而经典化的外部条件主要在于文学文本与话语“在接受空间上的广泛性和传播时间上的持续性”②。因此，经典化的过程是一个跨越时空的历程，就桓温“金城泣柳”事典的经典化来说，从南北朝至明清皆在不断地深化与拓展之中，历代文人对此事典的经典建构皆呈现出当时文学场域的特质与影响。

## 二、经典化的首发者：庾信及其《枯树赋》

桓温“金城泣柳”之事典始见于刘义庆的《世说新语》，但是《世说

① ［加］斯蒂文·托托西著，马瑞琦译：《文学研究的合法化》，北京大学出版社，1997 年，第 43 页。

② 谭帆：《四大奇书：明代小说经典之生成》，见王爱玲、胡晓真主编：《经典转化与明清叙事文学》，联经出版股份有限公司，2009 年，第 29 页。

新语》在当时与后代的影响力并不大，其主要性质是“小说”，在《隋书·经籍志》以至《四库全书总目》等书目中均列于子部小说类，可以看出其在古代典籍中的地位并不高，是以也并不引人瞩目。班固在《汉书·艺文志》中即将小说家列于九流十家之后，并称“小说家者流，盖出于稗官，街谈巷语，道听途说者之所造也”。是以，小说一直不为正统、主流的文人所重视，《世说新语》也未能幸免。所以“金城泣柳”之事典在当时并不是经典，只是在后世经典化的过程中才被视为经典话语。美国文论家艾略特也说：“经典作品只是在事后从历史的视角才被看做是经典作品的。”①真正促使“金城泣柳”之事典走上经典化之路的则是南北朝末期的大文豪庾信，正是他的征引化用，方促成了对此事典的经典建构。

南北朝后期，滞留北周的萧梁旧臣庾信作《枯树赋》，以殷仲文慨叹枯树发端，以桓温哀叹收束全篇。此赋结尾云：“桓大司马闻而叹曰：‘昔年种柳，依依汉南。今看摇落，凄怆江潭。树犹如此，人何以堪！’”②化用桓温事典，颇具悲情色彩，而庾信易“木”为“树”，亦别具一番韵味。后世诗文作品在接受“金城泣柳”之事典时，往往以“树犹如此”为准，可见，《枯树赋》的文艺美学价值影响之大。庾信对“金城泣柳”事典的改造处理是为了更好地抒发心曲，加深作品的艺术感染力，也是追求艺术真实之体现，因而多为后世文人的诗文创作所接受。庾信对此事典之征用，使得语言越发显得沉郁凝重、蕴藉深厚，一方面表达了浓郁的乡关之思，另一方面则彰显出对生命流逝的悲伤。倪璠注云：“《枯树赋》有碑，贞观四年，褚遂良所书也。”③此赋至唐初即被刻石，这也是其经典化的重要途径，也说明其

① ［美］艾略特著，王恩衷编译：《艾略特诗学文集》，国际文化出版社，1989年，第114页。

② 庾信撰，倪璠注：《庾子山集注》卷之一，中华书局，1980年，第53页。

③ 《庾子山集注》卷之一，第46页。

艺术价值极高，而艺术价值之高则主要体现在对“金城泣柳”事典的化用方面，正是对此事典之化用，方将悲情之美刻画得入木三分。而此事典的悲情意蕴与美学特质又是在整篇赋文的审美场域中生成的，赋借事典以抒情，事典借赋以彰显美学价值，在用典与作赋的互动过程中，经典的建构便悄然生成了。张鷟《朝野佥载》记载：

> 梁庾信从南朝初至北方，文士多轻之。信将《枯树赋》以示之，于后无敢言者。时温子升作《韩陵山寺碑》，信读而写其本，南人问信曰：“北方文士何如?”信曰：“唯有韩陵山一片石堪共语。薛道衡、卢思道少解把笔，自余驴鸣犬吠，聒耳而已。”①

庾信凭借此赋奠定了自己在北朝文坛的地位，其中对“金城泣柳”之事典的化用当是起到了关键性的作用。值得一提的是，毛泽东晚年对《枯树赋》表现出极大的兴趣，他曾让学者们注释该赋，并对注释中不合理的地方做了修正，他认为庾信此赋起结呼应，突现了立意。全赋以东晋殷仲文“故庭槐而叹曰：此树婆娑，生意尽矣”起兴，以东晋桓温的“昔年种柳，依依汉南。今看摇落，凄怆江潭。树犹如此，人何以堪”的慨叹作结。对此结构，毛泽东激赏不已，他认为这两句话不仅是全赋的“纲”，也是画龙点睛之笔，而且前后呼应，使赋文有一气呵成之势。既突出了立意，又余韵不尽。② 毛主席独具慧眼，对此赋征引桓温事典的品鉴极为恰当，彰显出其极高的文学鉴赏水平。总之，庾信《枯树赋》对“金城泣柳”事典的化用，提升了赋文的情感格调，增添了全篇的悲情意蕴，一方面催生了此事典经典化，另一方面也使得自身的文学水平得到了当时及后世文人的普遍认可，是以老杜云：“庾信文章老更成，凌云健笔意纵横”；“庾信平生最萧

① 张鷟：《朝野佥载》卷六，中华书局，1979 年，第 140 页。

② 李京波：《毛泽东与国学》，西苑出版社，2011 年，第 170 页。

瑟，暮年诗赋动江关”。

## 三、经典化的拓展期：唐宋

如果说庾信所处的时代南北朝末期是桓温“金城泣柳”事典的经典化的发轫期，那么唐宋即是此事典经典化的拓展期。庾信只是在一篇赋中运用此事典，而唐宋文人对此事典的经典建构则扩大到类书、史书以及诗词之中。唐代对“金城泣柳”事典的经典建构，首先表现在史书与类书的采摭方面。唐初房玄龄等人修撰《晋书·桓温传》、许嵩编撰的《建康实录》卷九以及欧阳询《艺文类聚》卷八十九木部下均采摭了《世说新语》对“金城泣柳”之事的记录，只是个别文字有差异而已。《晋书》多为后世史家所诟病，因其好采录神怪故事和笔记小说，《四库全书总目》指斥其为“稗官之体”，这是从史学家的立场着眼的，但如果从美学与文学艺术的角度来看，《晋书》采摭《世说新语》“金城泣柳”之事典增添了史书文字可读性，使得言语文字疏朗爽劲，洗练生动，颇具文艺美学效应。《艺文类聚》的编纂主要目的之一即是为解决文章创作的用典问题，而且此书收录了大量的文学作品，对后世文学创作影响极大。唐初史书与类书采摭“金城泣柳”之事典，不仅提升了自身的美学价值与文学意蕴，而且对唐代以降的诗文创作产生了巨大影响，促使后世的诗文作品主动接受“金城泣柳”之事典，并将其继续经典化。

初唐四杰之一的卢照邻在《病梨树赋》在结尾感叹道：“嗟乎！同托根于膏壤，俱禀气于太和，而修短不均，荣枯殊质。岂赋命之理，得之自然；将资生之化，有所偏及？树犹如此，人何以堪？有感于怀，赋之云尔。”①卢照邻病居长安之时，以一棵病梨树自勉，而作

① 卢照邻著，祝尚书笺注：《卢照邻集笺注》卷一，上海古籍出版社，2011年，第27页。

《病梨树赋》，以“树犹如此，人何以堪”作为全文的结尾，表明自己看透人生得失，积极面对困苦的人生态度。杜甫七古《楠树为风雨所拔叹》以楠树自况，借书写楠树的悲剧命运以自叹，达到了极高的悲情美学效果。其诗末尾四句：“虎倒龙颠委榛棘，泪痕血点垂胸臆。我有新诗何处吟？草堂自此无颜色！”即是化用“金城泣柳”之典，以哀叹自身命运之悲苦。清人浦起龙《读杜心解》云：“末四，深痛摧埋失色，配次段。‘虎倒龙颠’，英雄失路；‘泪痕血点’，人树兼悲。‘无颜色’，收应老辣。叹楠耶？自叹耶？殷仲文有言：‘树犹如此，人何以堪！’”①浦氏指出老杜人树兼悲，借叹楠以自叹，深得“树犹如此，人何以堪”之韵致。在这几句中，“泪痕血点”“无颜色”是运用拟人化的手法，以树拟人，以人比树，将主客体融于一体，但含蓄蕴藉，暗用“金城泣柳”之事典，使得悲情色彩更具深沉性与普泛性，所以浦起龙以“老辣”评之。白居易在《杨柳枝二十韵》一诗中将洛阳歌妓比作树木，形象生动，情趣横生，达到了极其高妙的艺术效果，其诗云：“便想人如树，先将发比丝。风条摇两带，烟叶贴双眉。口动樱桃破，鬟低翡翠垂。枝柔腰袅娜，荑嫩手葳蕤。……曲罢那能别，情多不自持。缠头无别物，一首断肠诗。”“便想人如树”以下之比喻，以及诗歌结尾“情多不自持”“一首断肠诗”之感喟即脱胎于“树犹如此，人何以堪”之意蕴。李商隐《永乐县所居一草一木无非自栽今春悉已芳茂因书即事一章》云：

手种悲陈事，心期玩物华。
柳飞彭泽雪，桃散武陵霞。
枳嫩栖鸾叶，桐香待凤花。
绶藤萦弱蔓，袍草展新芽。

① 浦起龙：《读杜心解》卷二之二，中华书局，1961年，第269页。

学植功虽倍，成蹊迹尚赊。
芳年谁共玩，终老邵平瓜。

清人姚培谦云：“此因手植而发身世之感也。首尾呼应。”可见，李商隐此诗是借植树以申纾性灵，但其之深层寓意又是什么呢？清人何焯指出：“发端寓意‘树犹如此’，直注结句‘老’字。”①结合全诗可见，此诗寄寓的是作者对自身生存状态的忧患之嗟，对自身蹉跎不遇之悲苦境遇的感喟。此诗虽用“树犹如此”之典，但极为含蓄幽隐，深得隐秀之美。与李商隐齐名的杜牧《柳长句》云：“日落水流西复东，春光不尽柳何穷。巫娥庙里低含雨，宋玉宅前斜带风。莫将榆荚共争翠，深感杏花相映红。灞上汉南千万树，几人游宦别离中。”诗中化用典故，暗含无限穷苦别离之悲情。

唐人对“金城泣柳”之事典的经典建构主要表现在史书、类书的采摭以及诗歌的运用等方面，“树犹如此”的悲情美尤其在唐代杜甫与李商隐的诗歌中得到拓展深化，从这一点也可以看出，二人之所以成为各自时代的翘楚，也是渊源有自的。宋人对“金城泣柳”事典的经典建构与唐代一样，首先表现于类书的采摭方面。宋初李昉等人编纂的《太平御览》于人事部涕条与木部杨柳条即收录了该典故。李昉等人编纂的《太平广记》于第一百六十九卷《知人一裴谈》条采录了《广人物志》中关于诵读《枯树赋》的事典，原文云：“苏颋年五岁，裴谈过其父。颋方在，乃试诵庾信《枯树赋》。将及终篇，避‘谈’字，因易其韵曰：‘昔年移柳，依依汉阴。今看摇落，凄怆江浔。树犹如此，人何以任。’谈骇叹久之，知其他日必主文章也。”②此则事典亦见于钱易所撰的《南部新书》丁卷与曾慥编的《类说》卷六十《拾遗类

① 刘学锴，余恕诚：《李商隐诗歌集解·编年诗》，中华书局，1988年，第498～499页。

② 张国风：《太平广记会校》，北京燕山出版社，2011年，第2450页。

总》。宋初吴淑撰写的《事类赋注》是一部赋形式的类书，于卷二十五木部柳条采录了《太平御览》木部杨柳条下的人物事典，不但记录了此典故，而且构成了“柳赋”。王钦若等人编纂的《册府元龟》于卷第九百五十三总录部二百三伤感条亦收录了“金城泣柳”之典故。王钦若等人编纂的《册府元龟》于卷第九五三总录部二百三伤感条亦收录了“金城泣柳”之典故，并为此条作序云：

> 禀于命而静者，人之性；感于物而动者，性之欲。故所感者深，则悲愤之气应，而噍杀之声作矣。触类而长，其徒实繁。若乃周览故墟，追怀古道，惜贤者之轗轲，痛嘉会之龃龉，思色养而亲不待，冀忠事而君靡察，以至流离世故，契阔家难，掺袪远别之始，睹物旧游之地，莫不含酸茹恨，托辞流咏，潺湲而出涕，慷慨以兴叹。斯亦志士仁人之所为者已。①

可见宋人对此典故之伤感内蕴与美学价值具有颇深的体认，对此典故的生命意识与人文关怀的蕴涵有高度的认同感。宋初几大类书对“金城泣柳”之事典的采摭，标志着宋代文坛在重文风气的引领下，十分注重对魏晋文艺的借鉴，反映了宋初文坛接续中古传统的倾向，这也是对此事典进行的初步经典建构。

宋人对“金城泣柳”之事典的悲情之美亦有深刻的体认，对“金城泣柳”事典的经典化建构，还是以诗文作品为主。吴开《优古堂诗话》睹木兴叹条云：

> 魏文帝《柳赋》：“在予年之二七，植斯柳乎中庭。始围寸而

① 王钦若等编纂，周勋初等校订：《册府元龟》校订本第11册，凤凰出版社，2006年，第11031页。

> 高尺，今连拱而九成。"桓温北伐，经金城，见为琅琊时种柳，皆已十围，慨然曰："木犹如此，人何以堪！"乃知睹木而兴叹，代有之矣。按《广州人物志》载，苏颋年五岁，裴谈过其父，试诵庾信《枯树赋》，颋避"谈"字，易其韵曰："昔年移柳，依依汉阴。今看摇落，凄怆江浔。树犹如此，人何以任。"文忠诗云："人昔共游今孰在，树犹如此我何堪。"荆公诗："道人从何来，问松我东冈。举手指屋脊，云今如许长。"刘斯立诗云："麦垅漫漫宿藁黄，新苗寸寸未禁霜。手中马箠余三尺，想见归时如许长。"意皆相沿以生也。①

吴幵简要地追溯了"金城泣柳"事典在前代诗文中的运用情况，在一定程度上彰显出此事典的经典化之程度。宋人对"金城泣柳"事典的经典建构主要是通过诗词作品，而重点则在词作中。如欧阳修《去思堂手植双柳今已成阴因而有感》云："曲栏高柳拂层檐，却忆初栽映碧潭。人昔共游今孰在，树犹如此我何堪！壮心无复身从老，世事都销酒半酣。后日更来知有几，攀条莫惜驻征骖。"苏轼《次韵子由岐下诗并序·柳》云："今年手自栽，问我何年去。他年我复来，摇落伤人意。"这两首诗皆化用桓温感喟之语，表现出作者对时光易逝，岁月蹉跎，壮志未酬的哀叹。苏轼《菩萨蛮·润州和元素》云："玉笙不受朱唇暖，离声凄咽胸填满。遗恨几千秋，心留人不留。他年京国酒，泫泪攀枯柳。莫唱短因缘，长安远似天。"此词作于东坡由杭州通判调知密州，途经润州与友人聚会之时，词中用典，表现了东坡对自身前途的忧虑与对友人的深情。

南宋文人对"金城泣柳"事典的经典建构表现出明显的有意识性，这主要表现在"骚雅派"词作之中。"骚雅派"的领军人物姜夔于词作

---

① 丁福保辑：《历代诗话续编》上，中华书局，1983年，第234页。

中尤好引用“金城泣柳”之典。其《长亭怨慢·渐吹尽枝头香絮》序云：

> 予颇喜自制曲。初率意为长短句，然后协以律，故前后阕多不同。桓大司马云：“昔年种柳，依依汉南。今看摇落，凄怆江潭。树犹如此，人何以堪？”此语余深爱之。①

可见这首词的创作灵感在很大程度上即来自《枯树赋》中的桓温感喟之词。这首词的上片云：“渐吹尽、枝头香絮，是处人家，绿深门户。远浦萦回，暮帆零乱向何许？阅人多矣，谁得似长亭树？树若有情时，不会得青青如此！”清人陈廷焯《白雨斋词话》卷八指出：“‘阅人多矣，谁得似长亭树？树若有情时，不会得青青如此！’白石诸词，惟此数语最沉痛迫切。”②近人俞陛云《唐五代两宋词选释》云：“此词颇有桓司马江潭之慨。虽以怨别之词，而实则乱愁无次，触绪纷来。凡怀人恋阙，抚今追昔，悉寓其中。”③可见，此词引用典故，借柳抒怀，以典喻情，抒发了离愁别恨，显得空灵含蓄，深化了词境。《永遇乐·次稼轩北固楼词韵》是姜夔唱和辛弃疾《永遇乐·登建康赏心亭》的著名词作，词的下片云：“前身诸葛，来游此地，数语便酬三顾。楼外冥冥，江皋隐隐，认得征西路。中原生聚，神京耆老，南望长淮金鼓。问当时依依种柳，至今在否？”下片结尾处引用桓温种柳之典故，一方面寄托自己殷切期待辛弃疾出师北伐之心愿，另一方面，告诫世人与朝廷，岁月无情，时光易逝，恢复中原故土之大计不可一再延误。结尾处用反问语气，以虚拟之笔写出意境悠远之语，气

① 姜夔著，陈书良笺注：《姜白石词笺注》卷三，中华书局，2009年，第97页，

② 姜夔著，陈书良笺注：《姜白石词笺注》卷三，中华书局，2009年，第99页。

③ 姜夔著，陈书良笺注：《姜白石词笺注》卷三，中华书局，2009年，第99页。

脉阔大，清空深沉。

“骚雅派”的著名代表吴文英在词作中亦是经常运用“金城泣柳”之典，其《惜红衣》上片云：“鹭老秋丝，苹愁暮雪，鬓那不白。倒柳移栽，如今暗溪碧。乌衣细语，伤绊惹、茸红曾约。南陌。前度刘郎，寻流花踪迹。”作者在此词牌下的小序中说：“余从姜石帚游苕霅间三十五年矣，重来伤今感昔，聊以咏怀”，可见此词之旨归。刘永济《微睇室说词》云：“‘倒柳’二句有桓温‘树犹如此，人何以堪’之慨。”①其实，不仅仅是“倒柳”二句，开头这五句是一个整体，前三句亦暗用“金城泣柳”之意，以慨叹岁月流逝，别来久远。作者感叹白鹭因秋节而老白，花因暮年而愁白，双鬓哪能不白？往昔手植的柳枝，而今业已暗绿成阴，人又如何不老？前五句充溢着“物犹如此，人何以堪”之意，“碧”字既指溪水，又指杨柳成阴。典故的运用密集了意象，拓展了词境，丰富了声情，显得曲折动人，密丽深幽。宋元之际的张炎，是南宋骚雅派的殿军，其在《木兰花慢》(书邓牧心东游诗卷后)的下片中写道：“吟边。象笔蛮笺。清绝处、小留连。正寂寂江潭，树犹如此，那更啼鹃。居廛。闭门隐几，好林泉。都在卧游边。记得当时旧事，误人却是桃源。”词中用典，抒发了作者国破家亡之伤痛，浪迹天涯之凄苦，格调凄婉，情思绵密，意趣高远，清雅疏朗。

宋代文人对“金城泣柳”事典的经典建构，成果颇多，成就亦高，就建构的文本载体与文体形式而言，以诗词作品为主，而尤以词为主。南宋词人尤爱征引此事典，这主要是因为南宋偏安东南一隅，与东晋一朝之形式颇有相似之处，是以文士心态，文艺思想多有相通共鸣之处。通过南宋词对此典故的经典建构情况来看，以姜夔、吴文

① 吴文英撰，孙虹、谭学纯校笺：《梦窗词校笺》，中华书局，2014 年，第 866 页。

英、张炎为代表的骚雅派格律词，之所以能够一改传统艳情词与婉约词纤弱柔软的语言基调，使词的语言风格雅化和刚化，创作出清刚醇雅风格特质，与其化用先人典故、点铁成金的做法是密切相关的。值得注意的是，姜夔与吴文英虽皆好用“金城泣柳”之典，但姜词意境虚空，贵在神似，吴词意境厚实，偏重形似，在一定程度上彰显出清空与质实之别。

金代文人对“金城泣柳”之事典的运用，则见于大诗人元好问的《为邓人作诗》之中，诗云：“再见州人本不期，相留相挽忍相违。携盘渭水空流涕，种柳金陵已合围。事去恍疑春梦过，眼明还似故乡归。题诗未要题名字，今是中原一布衣。”诗人作此诗时是在晚年奔波时期，金国已亡，他归至故乡，抚今思昔，以柳抒怀，不着痕迹，尽得韵致。宋元易代，致使由宋入元的诗人心中郁结一种深深的亡国之痛，是以在诗作中直引典故，直抒胸臆。元人诗词创作成就总体水平较唐宋相差甚远，他们于诗歌创作有着较为一致的追求，即提倡诗学汉魏盛唐，力求诗风有别于宋诗。但除了极少数如虞集、杨载等诗人成就较高外，余皆平平，从元人诗歌对“金城泣柳”事典之引用即可见一斑。如仇远《寒食游陈园》：“笑折一枝花入手，树犹如此人能久。六朝旧事付东流，醉翁之意不在酒。”赵孟若《秋清羁思》云：“征帆一去知何处，萧萧老却江头树。树犹如此生惨凄，秋风不管生别离。”张雨《用韵寄答李黄岩同年》：“避地烟霞知更暖，问年蒲柳惜先秋。树犹如此桓司马，画亦通灵顾虎头。”由上述诗歌可以看出，元人主要通过诗歌创作来实现对金城泣柳事典的经典建构，但总体成就不高，影响力也很小，不能与唐宋比肩。

## 四、经典化的定型期：明清

明清两代处于封建时代的晚期，学术文化的发展主要是对前代的继承整理，具有大综合的性质，趋于定型，但创新度不高，对“金城泣柳”事典的经典化建构主要还是在传统的诗词这类文体之中。明代文人对“金城泣柳”事典之建构，成果不多，可以说是自宋元至清代的一个过渡时期。值得注意的是，明代编纂的《说郛》《永乐大典》两部类书均采录了该典故，但明代类书的采录对文人的影响远不及宋代。明初，刘基《伐寄生赋》寓意深刻，由砍伐寄生草木，联系到在社会政治领域也应当诛灭奸邪小人，他在最后一段感叹道：“嗟夫！农植嘉谷，恶草是芟；物犹如此，人何以堪！”①此处引用典故，颇具兴寄之义，由赋物转至人事，义愤填膺，慷慨多情，深化了题旨，加强了感染力。李东阳之诗《学士柏》是追念自己的老师竹岩柯先生之作，借助柯先生种植的三十年之柏树以抒发其对先生之追念，其中四句云：“百年遗爱岂独此，此树欲比人中龙。柏犹如此我何似，已愧斑白非儿童。”诗中引用典故，以树喻人，声情凄婉，意境幽邈，具有悲情之美。可见明人诗文对“金城泣柳”事典的经典建构，主要是联系实际，富有现实意义，远非台阁体诗文的无病呻吟、附庸风雅的纤弱格调可比。

在朴学这个文化背景下，清代官方编修的类书《古今图书集成》《渊鉴类函》与大型丛书《四库全书》，对典故的搜罗皆极尽细致，远逾前代，“金城泣柳”事典自然亦在其中。清人在诗词作品中对“金城泣柳”事典亦是不断地进行经典化建构。遗民思想家顾炎武在《赋得秋柳》一诗中写道：“昔日金枝间白花，只今摇落向天涯。条空不系长征马，叶少难藏觅宿鸦。老去桓公重出塞，罢官陶令乍归家。先皇玉座灵和殿，泪洒西风日又斜。”诗中引用桓温北伐，金城泣柳之典，抒发自己的亡国之痛与个人漂泊天涯之艰，悲苦凄婉，格调高逸。大学者彭孙贻《秋柳》诗云：“少更几何无奈老，树犹如此可怜人。”沈季

① 赵逵夫、龚喜平主编：《历代赋评注》明清卷，巴蜀书社，2010年，第29页。

友《携李诗系》指出此二句为“佳句”，“警动可喜”。① 可见此处用典自然高妙，使得语意自然流畅，且蕴含深厚。纳兰性德深怜梁汾的高才而不遇，流落漂泊，落魄无依，因作《金缕曲·再赠梁汾》以寄之，词的上片云：“酒涴青衫卷。尽从前、风流京兆，闲情未遣。江左知名今廿载，枯树泪痕休泫。摇落尽、玉蛾金茧。多少殷勤红叶句，御沟深、不似天河浅。空省识，画图展。”词中用典，显得情真意切，感伤中带有几许优美，跨越了时空的阻隔，意境幽邈，感染力强。王士禛《赵北口见秋柳感成二首之二》云：“六载隋堤送客骖，树犹如此我何堪。销魂桥上重相见，一树依依似汉南。”《灞桥柳》云：“灞桥杨柳碧毵毵，曾送征人去汉南。今日攀条憔悴绝，树犹如此我何堪？”此两首咏柳诗，通过融入桓温故事，于新旧对比之中，表现出今昔落差之大，从而借柳之荣衰倾诉离愁，兴起了无可奈何的伤感，典故的运用使得诗歌音节流利跌宕，富有诗情画意，意境清幽淡远，颇具神韵。

清中叶，乾嘉时期，朴学大盛，考据学风流行，主张实事求是、无征不信。这样的朴学精神自然沾溉到文艺领域，诗文作品呈现出浓厚的书卷气，大抵以堆砌典故，妙用音律为尚，是以对“金城泣柳”事典的经典建构自是顺理成章之事。在诗歌方面，朴学家皆好引用“金城泣柳”之典。如王鸣盛《赵北口二首》云：“十载重来系马时，树犹如此不胜悲。”钱大昕《题查恂叔太守榕巢图》云：“乃知寄托苟不凡，一枝居然胜广厦。不然打头矮屋长欠伸，树犹如此徒悲吒。天南榕树多无限，此树因公得名乍。”洪亮吉《金陵怀古十二首和胡孝廉世琦》云：“三复桓公断肠句，树犹如此我何堪。”郝懿行《铁树篇》云：“世人那得身如铁，君看铁树犹如此。”以上几首诗歌，均直引“树犹如此”之语，明白晓畅，情感真挚，感染力较强，但过于直白，艺术

① 陶元藻：《全浙诗话》卷四十三，中华书局，2013 年，第 1237 页。

成就不高。但是，乾嘉时期的诗歌对“金城泣柳”事典的经典建构亦有成就较高者，如《儒林外史》的作者吴敬梓在金陵秦淮为送别友人沈遂初而作的《杨柳曲送别沈五遂初》云：“江南二月春风吹，江边杨柳千万枝。行人欲折不忍折，笼烟蘸雨垂绿丝。王恭张绪不可见，困酣娇眼如欲啼。攀条流涕桓宣武，何不移栽元武陂。”此处用典，含蓄沉郁，寓意深远，格调超逸，气象与朴学家诗歌迥然有别。

道咸以降以至近代，国事日蹙，内忧外患不绝如缕，学界多种思潮并行，诗词创作充溢着悲怨之情。此时期的诗词作品对“金城泣柳”事典的经典建构如故，但大抵是封建王朝没落之际的悲吟低唱。值得注意的是，道光十三年七月十六日的考试翰詹，诗题为《落叶》，要求以“树犹如此，人何以堪”为韵。可见，“树犹如此，人何以堪”这个语典已具有了官方认可的诗文范式意义，具备了文学审美的主流性质，也体现出时代之音。常州词派的后劲谭献《临江仙·和子珍》云：“芭蕉不展丁香结，匆匆过了春三。罗衣花下倚娇憨。玉人吹笛，眼底是江南。最是酒阑人散后，疏风拂面微酣。树犹如此我何堪？离亭杨柳，凉月照毵毵。”结尾处用典，寄托遥深，含蓄隐曲，意味隽永，陈廷焯《白雨斋词话》对此词的评价是：“语极清隽，琅琅可讽。”①词人丁保庵《台城路·咏黄叶》上片云：“晓天霜信疏林早，闲门昼来长闭。薄影篴云，残妆病酒，寒上斜阳鸦背。青山瘦矣。叹憔悴秋心，树犹如此。半榻茶烟，记留诗梦付箫寺。”上片在关键处引“树犹如此”一语，起到了画龙点睛，承上启下的作用，增添了词的悲情氛围，深化了词的意境，增添词的历史厚度与情感深度，深得姜夔、吴文英词之神韵精魂。杜文澜《憩园词话》评云：“其为词寝馈南宋吸白石之神髓，而又得力于草窗，其佳处有玉田所不及者。”②丁

① 赵瑾：《〈白雨斋词话〉校勘研究》，郑州大学出版社，2017年，第106页。

② 唐圭璋：《词话丛编》第三册，中华书局，1986年，第2927页。

氏词有如此之成就与其之用典是有着密切关系的。

要之，明清两代诗文作品对“金城泣柳”事典的经典建构，盖与当时的文化政策与国势兴衰相关，这在清代表现得尤为明显。清初王渔洋等诗人对该典故的积极建构反映了康熙盛世时期，文人对诗歌艺术技法的钻研与探究，清中叶，文人对此典故的经典建构大抵反映了朴学的影响，清后期，对此典故的经典建构尤以词作最为鲜明，盖由当时国力日衰，文人心系家国，这种感伤情怀在词中最易体现。

## 结　　语

文学经典话语的生成与建构是在漫长的历史时空中不断的传播、接受与推阐中进行的，以其深厚浓郁的美学韵致与生命意识引领着历代文人的审美情趣、思想精神，成为各个时代文艺之声的重要组成部分。桓温“金城泣柳”事典之经典建构，即彰显出其对历代文人审美意识、人性精神、文艺思想的引领。从目录分类来看，对此事典的经典建构经历了由子部小说，到史部再到集部的过程，体现了文学对子史的吸纳。从历时性来看，经历了从南北朝到清代，无论是史书、类书还是诗词文章皆对此事典进行了经典建构。文人们结合具体的生活语境与自身的思想心态，化用典故，敷衍大义，将典故之虚景与现实之实景相结合，显得含蓄蕴藉，言近旨远，扑朔迷离，将原典悲情之美衍化为自己诗文作品之美。如此一来，原典的美学价值得到了升华，具有普泛性与文艺性之特质，此即是“金城泣柳”事典的经典化的外部条件。而“金城泣柳”事典本身的文艺价值与美学精神则是其能够经典化的内在因素。纵观此事典的经典化之路，我们不难发现，各代对其之经典建构均折射出当时文学发展的特色与趋势。唐代对此典故的经典建构主要在诗歌之中，极具情趣。宋代的经典建构，以词为主，体现出词之清雅。元代的接受主要在诗歌方面，但质木无文，乏善可陈。清代的经典建构则与其之国势与学术的发展一脉相承，亦主要集中在诗词领域。通过对“金城泣柳”事典的经典建构的历时性和共时性的考察，可以看出，该事典本身即具有的美学、人性、文学等价值，经过历代文人的演绎建构，这些价值的意义越发拓展深化，从而具有永恒的文艺美学价值，成为当之无愧的文学经典话语，彰显出中国古代文学与美学以悲为美的特色。

## 第三节 清代诗学的“脱化”范畴之经典化

“脱化”是中国古典诗学中的一维重要审美意识与审美范畴，在古代诗学中具有重要的价值与意义，具有深厚的美学蕴涵与学理特质。清代诗学即彰显出极其鲜明的脱化意识，因而脱化意识贯穿于清代诗学创作论与批评论中，对创作论与批评论的发展起到了推动作用，“脱化”范畴在清代诗学中的运用一方面体现出了清代学术文化对诗学渗透的深度，另一方面揭示了清代诗学自身发展演变的逻辑特征，从外缘因素与内在理路两个方面彰显出清代诗学的历史进程。所以对“脱化”范畴的研究是极为重要也是必要的，但目前学界并未对“脱化”这个范畴给予应有的重视，不但《辞源》《辞海》这类辞书没有收录“脱化”，而且“脱化”也不见于《中国诗学大辞典》《中国古代诗话词话辞典》这类专门的诗学辞典。虽然学界目前有一些论文涉及“脱化”，但是大多局限于书画等艺术领域，个别篇章虽然也阐释“脱化”的诗学内涵，但是并未对脱化意识在诗学批评理论中的表现形态进行梳理与探讨，至于脱化意识在清代诗学中所彰显出的审美特质、诗学蕴涵更是无人问津。笔者有鉴于此，即试图探讨脱化意识在清代诗学中的意义价值，借以探究清代诗学的发展特质，以此求教于方家。

## 一、“脱化”语义溯源及其诗学蕴涵

“脱化”一词始见于唐代高僧释道世《法苑珠林·变化篇·厌欲部·感应缘》所引《搜神记》之文：“晋献公二年，周惠王居于郑，郑人入王府多脱化为蜮，射人。”①这里的“脱化”是变化、幻化之义，郑人脱化为蜮是一种极为灵异奇怪的事件，可见脱化一词在最初出现时即具有神奇的色彩，正因如此，脱化后来被运用于道教与佛教的语言中，衍生出尸解羽化之义。如宋代紫阳真人张伯端《西江月》词云：“法本空，空有法，不实不虚，不有不无，圆明不昧，久自脱化。”②明人碧山卧樵《幽怪诗谈校注·泊舟逢僧》记载苏州人夏尚忠拜访吴江寺僧端本源：“本源诸弟子出迎，尚忠询师何在，众皆泣曰：‘吾师去秋已脱化矣。君尚未知耶？’……后人往往见师出外游行，盖疑尸解云。”③明人周绍濂《鸳渚志余雪窗谈异》亦有记载本觉寺僧人称文长老“脱化尘寰，经五秋矣”④之语。可见，伴随着古代社会文化的发展，脱化的蕴涵也是与时俱进，由变化幻化衍生出尸解羽化之义，产生出化凡为仙、易俗为圣的深刻寓意。

当然，虽然脱化这一术语的出现与道、佛二家有关，但同时也与儒家思想息息相关，儒家对古与今的问题的辨析探赜是脱化思想的重要渊源。《周易·系辞上》的“通变”思想，两汉经学对溯其源的师法与衍其流的家法之兼收并蓄，汉末经学大师郑玄一统经学，糅合今

① 释道世著，周叔迦、苏晋仁校注：《法苑珠林校注》卷三十二，中华书局，2003年，第1009页。

② 张伯端撰，王沐浅解：《悟真性篇浅解（外三种）》，中华书局，1990年，第196页。

③ 碧山卧樵纂辑，任明华校注：《幽怪诗谈校注》卷二，齐鲁书社，2011年，第83~84页。

④ 周绍濂：《鸳渚志余雪窗谈异·帙上》，中华书局，2008年，第149页。

古文的思维理路，司马迁“究天人之际，通古今之变，成一家之言”的创作理想，王充“夫知古不知今，谓之陆沉……夫知今不知古，谓之盲瞽”①的思想观念，六朝时期经学“疏亦破注”的思想方法均是脱化的思想源头。尤其是南朝学者对师古与革新的辨析更是进一步催生出了脱化理念。沈约《宋书·礼之一序》纵论历代礼仪云：“历代损益，每有不同，非务相改，随时之宜故也。……任己而不师古，秦氏以之致亡；师古而不适用，王莽所以身灭。然则汉、魏以来，各揆古今之中，以通一代之仪。”②沈约强调礼制的建设需要遵循通达古今之原则，不可偏于一隅。刘勰在《文心雕龙》的文术论中提出“变则可久，通则不乏。……望今制奇，参古定法”③的“通变”思想，主张因与革、古与今的合一。他们的师古与革新合一的理念亦是脱化的思想之源。

总之，正是儒释道多元学术文化思潮共同孕育了脱化这一诗学范畴。需要指出的是，“诗学”作为一个概念在中西方古代均存在，但是，涵义不尽相同，西方诗学是指广义的文学艺术理论，而中国古代诗学概念就是诗歌(词)理论。本书所用的“诗学”这一概念就是取义于中国古代诗学而有别于西方广义的诗学概念。

作为一种文化术语、思想概念，脱化进入诗学领域，成为一维重要的审美意识与审美范畴，主要得益于“夺胎换骨”“点铁成金”这组词语在诗学中的运用。与脱化一样，“夺胎换骨”“点铁成金”本是道教、佛教用语，夺胎换骨，即脱胎换骨，又简称“脱换”，指得道之人脱去凡胎而成圣胎，换易凡骨为仙骨。点铁成金即点化，指古代方士将铁即点化成金子的一种法术。宋代，“夺胎换骨”与“点铁成金”

① 王充著，黄晖校释：《论衡校释》卷十二，中华书局，1990 年，第 555 页。

② 沈约：《宋书》卷十四，中华书局，1974 年，第 327 页。

③ 刘勰著，范文澜注：《文心雕龙注》卷六，人民文学出版社，1958 年，第 521 页。

被黄庭坚引入诗学领域，作为诗文创作的宗旨法则，成为江西诗派最重要的理论纲领。惠洪《冷斋夜话》卷一载：“不易其意而造其语，谓之换骨法；规摹其意而形容之，谓之夺胎法。”①黄庭坚《答洪驹父书》云：“虽取古人之陈言入于翰墨，如灵丹一粒，点铁成金也。”②夺胎换骨、点铁成金强调的是从事诗文创作时要善于模仿，融古人诗文之精髓于我之作品中，即取法前人而自出机杼，变俗为雅，别成家数。嗣后，元人韦居安《梅涧诗话·卷上》强调：“夺胎换骨之法，诗家有之，须善融化，则不见蹈袭之迹。”③韦居安认为对前人诗句的点化改造要善于融化，推陈出新，不露痕迹。韦氏在夺胎换骨、点铁成金的诗法原理上增益“融化”这一理念，不但丰富了江西诗派的诗法蕴涵，而且更是强调了“化”的重要意义。值得注意的是，夺与脱互通，点铁成金即点化之义，点化重视的是改造，而融化强调的是创新，所以在宋元诗学中，夺胎换骨、点铁成金的诗学法则与理想，既强调对前人的绍承取法要不露痕迹，又强调创作主体要自主创新，化腐朽为神奇，以至化境。如此一来，脱、化二字即成为夺胎换骨、点铁成金之诗学理念的关键字。因此，脱化一词与脱换语义相近，正好檃栝了夺胎换骨、点铁成金之义，顺理成章地进入诗学领域之中。值得注意的是，夺胎换骨侧重的是革新，点铁成金推崇的是师古，而脱化则兼重师古与革新，既主张能“入”，亦强调能“出”，最终落脚于“化”，因此，相对而言，脱化的审美蕴涵更加丰富、深刻而全面。

脱化在诗学中即是脱胎转化之义，指取法前人陈词语义化为己出，强调的是对古人语意言辞的融化无迹，既重视学力，又重视才能，“入”于古人，以便“出”乎古人。脱化意识揭示出我国古代文学的一个以故为新、借师古以趋新的独特传统，所以模拟的终极目的是

① 魏庆之：《诗人玉屑》卷之八，中华书局，2007年，第265页。

② 何良俊：《四友斋丛说》卷之二十三，中华书局，1959年，第208页。

③ 丁福保辑：《历代诗话续编·梅磵诗话》，中华书局，2006年，第544页。

创新。在学术文化高度发达的宋代，夺胎换骨、点铁成金以及脱化的诗学思想的产生也是与时代学风相呼应的，宋型文化重视学力学问与心性义理，既重视对前代的绍承又有极其强烈的创新精神与主体意识，因此脱化作为一维重要的诗学意识自然在宋型文化中生成发展起来。清代以前，脱化用于诗学领域中仅见诸明人陈懋仁《文章缘起注》与王槚《诗法指南》两部著作中，但仅是点到为止，没有论述，是故，脱化的审美意蕴并未被真正地揭示出来。

脱化作为诗学审美意识与范畴，虽然滥觞于宋代，正式运用于明代，但在诗学批评中作用甚小、微乎其微，而系统化的理论建构更是无从谈起。所以清代以前的诗学主体虽然也有脱化意识，但这个意识并未能上升到体式化、理论化的高度，学者们对脱化这个范畴的体认并不深刻，脱化意识当然也无法在诗学批评中得到广泛运用，而清代诗学主体对脱化这个审美范畴却情有独钟，对脱化的诗学蕴涵进行了深入的开掘，强化了脱化意识，积极建构脱化理论体系，并在具体的创作理论和批评理论中运用脱化理论，将理论与批评相结合，理论寓于批评之中。因此脱化意识在清代诗学中发挥了较大的作用，强化了清代诗学理论的圆融性、学理性、立体性，推进了清代诗学以审美为中心的理论范式的建构。

## 二、清代诗学创作论中的“脱化”范畴

清代诗学中的“脱化”范畴首先在创作论中得到了理论建构并发挥作用。清代诗学主体在创作论中对脱化进行了理论阐释与重构，赋予脱化范畴以新的学理蕴涵与美学特质，昭示了清代诗学的逻辑起点。同时理论阐释与重构的本身在诗学主体的先验理念与前理解中也彰显出独特的历史性、时代性与相对性，凸显出外缘因素在清代诗学发展中的重要作用。

值得注意的是，清代诗学的脱化范畴与杜甫“熟精《文选》理”这句名言密切关联。清初学者徐增《而庵诗话》云：“作诗之道有三：曰寄趣，曰体裁，曰脱化。今人而欲诣古人之域，合此三者，厥路无由。夫碧海鲸鱼，自别于兰苕翡翠，此古人之体裁也；唐人应制之作，皆合于西方圣教，此古人之寄趣也；少陵诗人宗匠，从‘熟精《文选》理’中来，此古人之脱化也。”①徐增认为寄趣、体裁、脱化为作诗之道，此三者要综合运用，方能达到古人诗作之境界，他拈出杜甫“熟精《文选》理”来阐释脱化，但未能具体阐释之。与他同时代的贺贻孙也意识到了脱化之道与杜甫“熟精《文选》理”的密切关系，所以在《诗筏》中进行了阐释：

> 杜子美诗云：“熟精《文选》理”……子美诗中沉郁顿挫，皆出于屈、宋，而助以汉、魏、六朝诗赋之波澜。《文选》诸体悉备，纵选未尽善，而大略具矣。子美少年时，烂熟此书，而以清矫之才、雄迈之气鞭策之，渐老渐熟，范我驰驱，遂尔独成一体。虽未尝袭《文选》语句，然其出脱变化，无非《文选》者。②

贺贻孙所说的“出脱变化”即是脱化，他指出杜甫诗歌的成就乃是脱化于《文选》所致。因为《文选》收录了汉魏六朝以来的诸多优秀的诗赋作品，这些诗赋作品业已蕴涵作诗之大略，所以杜甫学习《文选》，自然取得非凡的成就。贺氏将“熟精《文选》理”与脱化之关系简要地做了阐释，但仍未从根本上将二者之间的关系揭示出来。但清代其他学者对“熟精《文选》理”进行了阐释，透过这些阐释，我们可以体认清代脱化意识的诗学蕴涵。

---

① 丁福保辑：《清诗话·而庵诗话》，上海古籍出版社，2015年，第438页。

② 郭绍虞编选：《清诗话续编·诗筏》，上海古籍出版社，2016年，第162页。

清代诗学对“熟精《文选》理”的探索主要集中在学问与义理两个层面。一方面，清人极为重视学问在诗歌创作中的作用，因而好用学问根柢以解释“熟精《文选》理”。如李调元《雨村诗话》卷下云：“作诗之法，少陵尝自言之矣……曰‘熟精《文选》理’，言有根柢也。”①根柢即学问。李沂《秋星阁诗话·勉读书》云：

> 昔人谓子美诗无一字无来处，由读书多也。故其诗曰：“读书破万卷，下笔如有神。”此老自言其得力处。又尝以教其子曰：“熟精《文选》理，休觅彩衣轻。”……苟以应酬、嬉游、宴会、博弈及蓄种种玩好之精神，用之于读书，则识见日益高，力量日益厚，学问日益富，诗之神理乃日益出，诗之精彩乃日益焕。②

李沂结合杜甫“读书破万卷，下笔如有神”的名言以阐释“熟精《文选》理”，点明这句名言的内涵即是教人读书，因为只有读书才能提高识见，厚实学力，充实学问，如此方能创作出有神理的精彩诗篇。

另一方面，清人也有较深的理性思辨精神，因而也从义理方面解释“熟精《文选》理”。如黄子云《野鸿诗的》云：“子美云：‘熟精《文选》理。’‘精’者，明察之谓；‘理’有是是非非之别；其意盖教人熟察而去就其是非也。”③黄子云分别阐释了“精”与“理”这两个关键字，指出精是明察之义，理是辨别是非之义，杜甫这句名言意在教人通过熟读《文选》中的诗赋作品，以此谙熟诗文创作的义理法则，也就是“去就是非”之道。又如肌理说的倡导者翁方纲《杜诗“熟精〈文选〉理”理字说》云：“杜之言理也，盖根极于六经矣。……理者……其在于人，则肌理也；其在于乐，则条理也，《易》曰‘君子以言有物’，

---

① 《清诗话续编·雨村诗话》，第1454页。

② 《清诗话·秋星阁诗话》，第949~950页。

③ 《清诗话·野鸿诗的》，第883页。

理之本也。又曰‘言有序’，理之经也。天下未有合理而言文者，且萧氏之为《选》也，首原夫孝敬之准式，人伦之师友，所谓‘事出于沉思者’，惟杜诗之真实足以当之。而或仅以藻绘目之，不亦诬乎？自王新城究论唐贤三昧之所以然，学者渐由是得诗之正脉，而未免歧视理与词为二途者，则不善学者之过也。”①翁氏对“理”的阐释是其肌理说理论体系中的重要内容，以六经为圭臬，将“本”与“经”二者结合起来，又引用桐城派的义法说，以言有物为理之本，以言有序为理之经。认为萧统“事出于沉思”的思想原则即是理之本与经的合一，“熟精《文选》理”即是对“事出于沉思”内涵的摄取，并将理与词统一起来。翁氏对“熟精《文选》理”的阐释着眼于文理与义理合一的层面，即是以肌理说的内涵进行诠释，彰显出理性思辨的哲理精神，而肌理说的本身也是强调学问学力在诗歌创作中的作用。

清代诗学从学问与义理两个层面对杜甫“熟精《文选》理”的内涵主旨进行了挖掘，即证明了其对“脱化”内涵的体认就是从学问与义理两个层面入手的，脱化的诗学蕴涵即是与“熟精《文选》理”捆绑在一起的。所以，清人在直接论述脱化时也是强调学问与义理的。如缪荃孙辑本《何世璂然镫纪闻》载神韵说的倡导者王士禛诗论云：“学诗须知脱化，取三百篇、楚辞、汉魏，熟读深思，沈浸秾郁，方可入古；扫尽时流面目，方可入古。”②按这一段中的“学诗须知脱化”一句，丁福保《清诗话》辑本《然镫记闻》作：“学诗须有根柢。”③二者孰是孰非，本书姑且不论，但所异在脱化与根柢，即可看出学问根柢是脱化的诗学蕴涵之一端。翁方纲《石洲诗话》卷三云：“情景脱化，亦俱从字句锻炼中出。古人到后来，只更无锻炼之迹耳。而《宋诗钞》

① 郭绍虞编选：《中国历代文论选》第三册，上海古籍出版社，1980 年，第 527～528 页。

② 缪荃孙辑：《艺风堂杂钞》卷七，中华书局，2010 年，第 340 页。

③ 《清诗话·然镫记闻》，121 页。

则惟取其苍直之气，其于词场祖述之源流，概不之讲。后人何自含英咀华？势必日袭成调，陈陈相因耳。此乃所谓腐也。何足以服嘉、隆诸公哉？”①翁方纲这里所说的脱化，主要指诗法锻炼技巧，但这种字句锻炼方法不仅仅是“术”的层面，还有“道”的内涵，按肌理说之内涵，以儒家诗教为依归，主张学问与义理合一，文理与义理合一。肌理说重视诗歌创作的形式技巧，对实践经验进行研究与总结，进而上升到理论高度，体现出学问与义理的合一，因此肌理说并不停留于空头理论层面，其脱化理论注重对诗歌创作技法的体认，相比于抒情言志、神韵、格调、性灵情味等诗学理论即具体实在得多，所以对神韵、性灵诸说又补弊之功，可见翁方纲对脱化的解读是合学问与义理二者为一的。姚鼐从模拟的层面解读脱化理论，他说：“学诗文不摹拟，何由得入？须专摹拟一家，已得似后，再易一家。如是数番之后，自能熔铸古人，自成一体。若初学未能逼似，先求脱化，必全无成就。譬如学字而不临帖，可乎？”②他认为初学诗文者，如同临帖一样，必须先师法古人，由模拟方能达到“熔铸古人，自成一体”的脱化的境界，他既重视模拟的重要性，又更为重视脱化，所以他说：“是入门之始，不能不有所摹仿，以求与古人相似；及其用功之久，又必求脱化，不可但以摹仿相似为工。”③此即彰显出强烈的脱化意识。姚鼐论文素来主张义理、考据、辞章三者合一，他对脱化的解读也由此可见一斑，强调模拟即是对考据、学问的重视，强调脱化即是对义理、辞章的注重，而归根结底，其脱化理论不外乎义理与学问二端。

清代诗学的脱化范畴彰显出对学问与义理两个层面的观照，这

① 《清诗话续编·石洲诗话》，第1358页。

② 余祖坤编：《历代文话续编·惜抱轩语》，凤凰出版社，2013年，第404页。

③ 《历代文话续编·文章源流》，第1351页。

当然是诗学自身的审美发展所致，脱化理论演变的逻辑必然，但这也是在清代独特的学术文化背景中生成发展起来的。清初学者鉴于明代学风空疏、文化堕落之弊，因此以实学为依归，以打通汉宋二学为宗旨，顾炎武倡导“经学即理学”，开有清一代朴学之风，朴学至清代中叶而发扬光大，是以学界有乾嘉学派之称。倡导实学，并不意味着捐弃理学、摒弃义理，而恰恰是考据与义理合一，尊德性与道问学并重。自明中叶以降，在“义理必须取证于经典”①的思路牵引下，儒家由尊德性转入道问学，道问学与尊德性通过实学有效地联系起来，清代朴学考据的终极目标还是探求义理，所以戴震撰《孟子字义疏证》以阐释经书原文字词义理，并提出“德性资于学问”的观点。焦循作《孟子正义》踵武其后，将考证与义理结合起来。方东树虽撰《汉学商兑》以攻讦考据学，但也服膺汉学家道问学的思想，反对空谈义理。作为扬州学派中坚的阮元，也十分注重义理之学，不仅校刊了《十三经注疏》，而且撰写了《性命古训》与《节性斋铭》等阐扬义理的文章，其《拟国史儒林传序》云：“两汉名教得儒经之功，宋、明讲学得师道之益，皆于周孔之道得其分合，未可偏讥而互诮也。我朝列圣，道德纯备，包涵前古，崇宋学之性道，而以汉儒经义实之，圣学所指，海内向风。”②此即点明了清代朴学家实质上均是走汉宋兼采之路的。阮元同时也是清代推崇骈文的《文选》派成员，阮元推崇《文选》中的诗文作品，在某种意义上也是对杜甫“熟精《文选》理”思想的绍承，也是其兼采汉宋二学，兼重学问与义理的集中体现。所以兼重学问与义理即成为清代诗学的一种先验的理论前提，构成了清代诗学主体的前理解与诗学的逻辑起点。

克罗齐说一切历史都是当代史，科林伍德说一切历史都是思想

① 余英时：《论戴震与章学诚》(增订本)，生活·读书·新知三联书店，2012年，第344页。

② 阮元：《揅经室集·一集》卷二，中华书局，1993年，第37页。

史，这两句名言点明了历史是一种叙述话语的重构，其实不仅历史是如此，文学批评理论也是如此，清代诗学创作论对脱化的阐释也是一种学理重构，清代诗学主体在创作论中对脱化的阐释具有历史性与相对性，特殊的历史文化背景构成了诗学主体特殊的视界，决定了诗学主体的“前理解”，成为诗学发展的外缘因素。要之，清代诗学的脱化意识对学问与义理的双向观照，是在伴随着清代实学的兴起而逐步形成的，汉宋二学的融合，道问学与尊德性的合一均催生了清代脱化范畴的新内涵，也赋予脱化范畴以新的学理内蕴与美学特质。因此学问学力与文理义理合一即构成了清代诗学创作论中的脱化范畴的学理蕴涵，如此一来，脱化意识即促使清代诗学创作论由对实践验的总结而上升到理论思辨的高度，推动了创作论的理论模式朝着圆融化、折衷化、立体化、学理化方向发展。清代诗学脱化范畴的双维向度自然决定了脱化这一诗学范畴的审美标准，因此运用于清代诗学批评论中的脱化范畴即彰显出其都独特的审美理念。

## 三、清代诗学批评论中的脱化意识

清代诗学创作论对脱化这维审美范畴与理念进行了理论阐释与重构，脱化意识也推动了创作论的理论形态升级与完善。与此同时，脱化意识在清代诗学的批评论中也起到了较大的作用，与创作论中的脱化理论相互映衬，既以创作论为理论依据，又为创作论提供具体例证。总的来说，批评论中的脱化意识主要分为两类，一类是直接点明诗歌创作中的脱化手法，揭示艺术特色，这属于形式技法层面，另一类是在揭示形式层面的脱化手法的同时，进行理论推阐，将理论寓于批评之中，体现出一种深层次的批评意识与批判精神，彰显出诗学发展的内在理路。前者是秉承朴学实证之学风，后者则是进行义理层面的探讨。

在诗歌批评中直接点明脱化手法，借以揭示诗歌艺术特色与境界是脱化意识在清代诗学中最为广泛的实践形式与运行模式。如田雯《古欢堂集杂著》卷二云："山谷诗从杜韩脱化而出，创新辟奇，风标媚秀，陵前砾后，有一无两，宋人尊为江西诗派，与子美俎豆一堂，实非悠谬。"①此处用脱化即点明了黄庭坚诗风的渊源，并揭示其成为江西诗派鼻祖之因由。张谦宜《䌹斋诗谈》卷七评杜茶村云："七言绝句耑效初、盛唐，亦近伧。但须意好，不拘格调，茶村最能脱化。"②此即以脱化概括杜茶村诗歌的用意良好、不拘格调艺术成就。何焯《义门读书记》评杜甫《铜瓶》诗"侧想美人意"云："此句追想走向活路便空阔。诗须如此脱化。"③即以脱化概括老杜诗歌的艺术境界。黄子云《野鸿诗的》云："子坚承齐、梁颓靡之习，而能独运匠心，扶持正始。浣花近体以及咏物都从此脱化。"④此即指出浣花近体诗和咏物诗均源于南朝阴铿的诗歌。仇兆鳌《杜诗详注》指出："后人沾丐杜诗，皆成佳句。杜有'春色醉仙桃'句，陈简斋云：'暖日熏杨柳，浓阴醉海棠。'杜有'红绽雨肥梅'句，范石湖云：'梅肥朝雨细，茶老暮烟寒。'各见脱化之妙。"⑤仇兆鳌在注释杜诗的同时，也指出了后人对杜诗的因袭取法之妙，以脱化概括这种创作手法。翁方纲《石洲诗话》卷一："东坡《木山诗》：'木生不愿回万牛，愿终天年仆沙洲。'即从'不露文章'意脱化而出。古人之善用事如此。"⑥此即揭示出苏轼诗句之本原，将善于用事与脱化联系在一起。又如王士禛说："'逢逢白云，一东一西，一南一北'，此亦'鱼戏莲叶东，鱼戏

① 《清诗话续编·古欢堂集杂著》，第678页。

② 《清诗话续编·䌹斋诗谈》，第852页。

③ 何焯：《义门读书记》卷五十三，中华书局，1987年，第1117页。

④ 《清诗话·野鸿诗的》，第897页。

⑤ 杜甫著，仇兆鳌注：《杜诗详注》卷二，中华书局，1979年，第151~152页。

⑥ 《清诗话续编·石洲诗话》，第1315页。

莲叶西，鱼戏莲叶南，鱼戏莲叶北’之类……如杜子美《杜鹃行》首四句，便是从此诗脱化得来。”①可见，王氏在诗评中亦将用事与脱化联系起来。再如方东树《昭昧詹言》评鲍照诗《登黄鹤矶》云：“起句兴象，清风万古，可比‘洞庭波兮木叶下’。孟公‘木落雁南度，北风江上寒’，全脱化此句，可悟造句之法。”②此即点明孟浩然运用脱化手法熔铸鲍照诗句。邓汉仪《慎墨堂诗话》评赵鸣鸾诗句“孤灯未灭龙欲起，名山拟上云仍迷”云：“奇绝。从老杜脱化而出，警拔处得之创获。”③此即以创获来赞誉脱化之功效。

清人在诗歌批评中直接点明脱化手法，使得脱化意识在清代诗学批评论中发挥了作用，脱化意识的这种运行模式与实践方法是批评者凭借深厚的学养进行的直观判断，这种点悟式的批评体现出点到为止、含蓄蕴藉的特点，虽然将脱化意识贯彻于具体的批评之中，体现出朴学的实证学风，但是没有做深入的义理层面的开掘与拓展，因此，另一类批评在揭示脱化手法的同时，也进行了理论推阐，将理论寓于批评之中，提升了批评格局，加深了批评的学理与义理蕴涵，这也是古代诗文评进步的标志，所以清代诗学主体对脱化意识的实际践行与理论建构亦体现在批评论之中。如翁方纲《石洲诗话》卷二云：“昌黎《刘生》诗，虽纪实之作，然实源本古乐府《横吹曲》。其通篇叙事，皆任侠豪放一流。其曰‘东走梁宋，南逾横岭’，亦与古曲五陵、三秦之事相合。末以酬恩仇结之，仍还他侠少本色。不然，昌黎岂有教人以官爵酬恩仇者耶？不惟用乐府题，兼且用其意、用其事，而却自纪实，并非仿古，此脱化之妙也。”④翁方纲从艺术手法层面对韩愈《刘生》诗进行了详尽的解读，总结出韩愈此诗既用乐府题，

① 《清诗话·燃镫记闻》，第 123 页。

② 方东树：《昭昧詹言》卷六，人民文学出版社，1961 年，第 177 页。

③ 邓汉仪：《慎墨堂诗话》卷三十九，中华书局，2017 年，第 1696 页。

④ 《清诗话续编·石洲诗话》，第 1326 页。

又用其意及其事，但最终还是落脚于纪实，这样貌似仿古，但又非仿古，既能得古诗之精髓，又能胜出于古诗，这种方法即彰显出脱化的妙处。翁氏通过对脱化审美蕴涵的辨析将理论融于批评之中，颇具学理性。潘德舆在进行诗歌评论时，对脱化范畴进行了详尽的阐释，彰显出对脱化手法的深刻体认，如《养一斋诗话》卷六云：

> 何大复摹古之心稍淡于李，而古貌未能脱化，则似古者亦多。夫似古则如古人复出，故必令人喜、令人敬；似古则与古人相复，亦必令人疑，令人厌。吾惜二子以盖代之姿禀，而蹈此愚惘之窠臼。盖生于诗教不振之时，但能拣取最高之境而追摹之，即可以弋大名而有余。而李又秦人，倔强不能服善；何又短折，学问不能大成，遂致守其故智，以终一生，为当世之襟冕，来万世之吹求，亦可悲矣！……何必为古人所役，一至此哉？①

潘德舆通过对李梦阳、何景明这两位明代前七子之首的诗歌之评价，点明脱化与摹古的区别，认为李梦阳、何景明二人之诗由于一味模拟古人，所以导致诗作呈现出与古人相复的似古之风，摹古而为古人所役，因而遭人厌弃，这种摹古的失败足为后人之鉴。可以看出，潘德舆认为可以摹古，但因摹古导致过于似古则是未臻脱化之妙。似古则如古人复出，也就是不留痕迹，则尚可接受；似古与古人相复，即模拟痕迹太过于明显，即是摹古之弊。此即彰显出潘氏脱化意识的理性思辨精神和审美内蕴。《养一斋诗话》卷九云：

> 张文潜爱诵坡公“梨花淡白柳深青”一绝，而放翁讥之曰：“杜牧之有句云：‘砌下梨花一堆雪，明年谁此凭阑干？’东坡固

① 《清诗话续编·养一斋诗话》，第1983页。

非穷人诗者，然竟是前人已道之句，何文潜爱之深也？岂别有所谓乎？”愚按坡公此诗之妙，自在气韵，不谓句意无人道及也。且玩其句意，正是从小杜诗脱化而出，又拓开境地，各有妙处，不能相掩，放翁所见亦拘矣。①

陆游讥讽苏轼《东栏梨花》一诗乃蹈袭杜牧《初冬夜饮》诗句，潘德舆则提出了更为精辟的见解，他认为苏轼诗句虽然源出于杜牧诗，但是气韵境界之妙与小杜诗迥然有别，所以苏诗虽用小杜诗而又不为其所囿，达到了脱化的妙境，潘氏通过对陆游评苏话语的辨析，揭示出了脱化的审美蕴涵。

由是观之，清人尤其注重区分脱化与仿古、摹古的不同之处，清代诗学的脱化范畴追求的是一种似古而不为古人所役的境界，反对的是一味地摹古而导致的泥古不化之风，这也展现出清代诗学的时代使命，因为清代诗学的逻辑起点即是对明代自前七子以来形成的“诗必盛唐”的复古模拟风气的反拨。所以清代诗学家对脱化理论的推阐，也是对清初以来祧唐祢宋的诗学思想基调之继承，体现了清代诗学发展的内在理路。清代诗学批评论中的脱化范畴彰显出鲜明的感悟性、审美性与理论性与思辨性，体现出理论寓于批评之中，审美寄于思辨之中，义理融于考据之中的理论形态。因此，脱化意识推动了清代诗学批评论以审美为中心的理论建构，强化了批评论的审美属性、理论思辨性和实践理性，也促进了清代诗学学理层次与格局的提升。

## 余　论

清代诗学具有集大成的特色，以对整个中国古代诗学批评理论

① 《清诗话续编·养一斋诗话》，第 2034 页。

的集中整理与总结为特征。① 这种集大成的特质虽然不以原创性为主，但是在朴学思潮的影响下，在尊德性与道问学合一的学理背景中，清代诗学主体对传统的诗学审美范畴、审美意识以及诗学概念的理论阐释与批评分析均达到了前所未有的理论深度，体现出师古与革新并重的诗学思想。清代诗学中的脱化范畴即鲜明地体现出学问与义理合一、师古与革新合一的学理特质与时代风气。因此，相对于前代诗学的脱化意识来说，清代诗学脱化范畴的独特性即在于其具有高度的融摄性、兼容性与综合性，能够将汉宋二学的内在学理思维融摄进自身的审美思想和学理逻辑之中，从而建构了一套统合古今、兼重因革的整体圆融的理论形态和审美理念，体现出实践理性与理论理性相结合的理论形态，也鲜明地彰显出外缘学术因素对诗学理论的推进作用，这些均是以往诗学的脱化理念所不具备的思想特质和理论形态。脱化范畴在清代诗学创作论与批评论中得到了广泛的运用与理论拓展，创作论为批评论提供理论支撑，批评论又为创作论提供具体论据，同时也进行理论推阐。清代诗学中的脱化意识虽然袭取于前代诗学理念，但是在清代学术兼采汉宋，清代诗学祧唐祢宋的学理背景中衍生出新的学理蕴涵与审美特质，由此不但可以进一步体认脱化范畴的内涵与外延，而且可以窥见清代诗学的美学特性，进而深入理解清代诗学发展逻辑的内外双重理路。

① 参见蒋寅：《清代诗学史(第一卷)》导论，中国社会科学出版社，2012 年，第 23 页。

# 第二章　美学与文论的理论范式之转换

美国科学哲学家库恩在他的名著《科学革命的结构》一书中提出范式(paradigm)理论，指出科学革新就是以新的理论研究范式来替代旧的理论研究范式，这种范式变革的本质即是科学家世界观的改变。库恩的范式理论影响深远，不仅适用于科学研究领域，而且也适用于美学与文论的研究层面。中国传统美学与文论的诸多审美范畴在发展演进的过程中，均或多或少地实现了理论范式之转换，范式转换的背后即是审美观念及价值取向的变更革新，而正是因为理论范式之转换，才使得这些审美范畴获得了持久的生命力。因此在本章中，笔者针对"藏拙""旷达""质实""清空"四个经典的中国传统美学与文论的审美范畴的理论范式之转换进行深入探赜，以揭示出传统美学与文论发展衍化的内在理路和外缘因素。

## 第一节　从文化术语到文论范畴——"藏拙"美学意蕴发微

"藏拙"既是中国传统文化中的一维思想特质，也是中国古典美学、文艺理论的一个重要范畴，具有深厚的文化价值与美学意蕴。把握“藏拙”这个美学范畴的内涵意蕴，是我们领悟中国传统文化特质、思维意识形态、文艺精神的关键之一。而探赜“藏拙”这个美学范畴的衍变发展对于当今的文艺理论研究亦有重要的现实意义。迄今为止，“藏拙”的美学意蕴尚未得到全面深入的开掘，相关的论文实在稀少，这确实是学界的一个缺憾，因此需要我们的发微。本节试就“藏拙”范畴的文化内涵、美学意蕴、理论衍变作初步探讨，以求正于方家。

## 一、藏拙的美学内涵与文化特质

《说文》：“藏，匿也。”“拙，不巧也。”《礼记·檀弓上》：“藏也者，欲人之弗得见也。”《墨子·鲁问》：“利于人谓之巧，不利于人谓之拙。”要之，藏，即潜藏，隐藏，引申为掩饰之义。拙，与巧相对，即拙劣，笨拙无能，引申为不善于，不在行之义。《辞源》对“藏拙”的解释是：“掩其拙劣，不以示人。”可见，“藏拙”即是指将自己的拙劣之处掩饰起来，不让人窥见，与“献丑”“藏用”相反。“藏拙”其实反映了中国传统文化的思维特质与古代伦理道德理念，是古人为人处世，安身立命的一种思维理念与行事方法，是儒家中庸之道的体现，是为尊者讳，一字褒贬，“微而显，志而晦，婉而成章”的“春秋笔法”的一种具体的形式化与拓展延伸。是以，古人修史书，则常为英雄人物隐晦藏拙，例如《史记·魏公子列传》中呈现出的信陵君始终是伟大光辉的形象，而其之污点仅在别人传记中一笔带过，此即藏拙之手法。中国古代将功补过，戴罪立功，扬长避短的思维理念亦是藏拙思维的具体展现。例如《后汉书·独行列传》记载更始帝刘玄派使者查处东郡太守贪赃枉法之事，属官索卢放为太守求情，云：“太守受诛，诚不敢言，但恐天下惶惧，各生疑变。夫使功者不如使过，原以身代太守之命。”①索卢放认为让有过错的人戴罪立功可以维持国家稳定，此即“使功不如使过”之典故，亦是藏拙思维的具体实践。明代还初道人洪应明编辑的处世哲学语录集《菜根谭》云：“藏巧于拙，用晦而明，寓清于浊，以屈为伸。”②劝人以藏拙处世，言简意赅，言近旨远，耐人寻味。

概言之，“藏拙”的美学意蕴就在于将拙劣掩饰隐藏，而显露出优点长处，给人以美的感受，这种自觉自主的心理取向必然带来身心的愉悦快感，而伊壁鸠鲁说快感即美感。由“藏拙”而获得的美感随着审美主体在文化修养、人生阅历、认知水平、价值理念的不同而产生出色彩纷呈的特征。是故，“藏拙”的心理本质在于追求一定的目标及其过程中，展现出的人类审美观念的多维向度性、审美体验的蕴藉性，精神生活的丰富性。“藏拙”的美学意蕴在于人对主体与客体本质特征的体认与审美观照。人类在生活实践中得到不断提升，遂产生极其强烈的自我意识，这种自我意识即促使人们重新审视自己，诚如苏格拉底所言：“认识你自己”，黑格尔所说：“观照自己，认识自己，思考自己。”如此人们随着自身文化修养的加深而愈发体认自己之不足，直观自己映射在外物上的形象特征，追求和谐完美，由此“藏拙”的心态自然伴随着和谐、爱美的心理而产生。因而，在审美感受层面，“藏拙”体现出一种理性的愉悦，由理性而至感性的自由。在审美呈现的形式上，因为“藏拙”不是一个实体，只是一个理念、范畴，因此其必附着在文人的作品之中，在哲学、文学、文论、艺术等领域生根发芽，蔓延演化。是以，“藏拙”的审美特征主要有心理趋向性，虚实相生性与人文情怀性等要素。首先，从审美范畴的发生机制来说，“藏拙”是强烈的心理趋向使然，强烈的爱美护短之心，

① 范晔撰，李贤等注：《后汉书》卷八十一，中华书局，1965年，第2675页。

② 王同书校订：《菜根谭·容斋随笔》，南京大学出版社，2009年，第12页。

促使“藏拙”这种智慧的思想产生。其次，从审美范畴的本质属性来看，“藏拙”并非实体，只是一种思路、办法，而藏拙成功以后，亦只是给审美主体造成美的感觉或错觉，而其本质上还是存在着缺憾不足。这种美是相对的，虚实相生的，因而西塞罗说美产生于主观观念与客观物质的辩证统一。最后，从审美范畴的历史渊源来看，“藏拙”的理念内涵是人类文明发展到高级阶段的产物，是人文情怀的高阶体现。

“藏拙”这一思维理念虽自上古皆已有之，但就目前的文献记载来看，“藏拙”这个术语最早则于唐代出现。唐人刘餗《隋唐嘉话》卷下云：“梁常侍徐陵聘于齐，时魏收文学北朝之秀，收录其文集以遗陵，令传之江左。陵还，济江而沉之。从者以问，陵曰：‘吾为魏公藏拙。’”①南朝萧梁的文坛巨擘徐陵访问北齐，号称北地三才之一的魏收将自己的文集馈赠给他，以期在江左流传。然而徐陵过江时却将魏收文集尽沉水底，说是为其藏拙。南北朝对峙时期，北朝的经济文化远不及南朝，文学尤其如此，因而贵为北朝才子的魏收的文章自是入不了南朝文学大家徐陵的法眼，徐陵也是为了维护魏收的声誉而将其文集沉入水底。由此事件可以窥见“藏拙”的美学内涵与理念意义。

“藏拙”作为一个美学范畴、文化理念，是古代文人的一维重要思想理念。唐代古文运动的领袖韩愈《和席八十二韵》云：“倚玉难藏拙，欢竽久混真。”此两句浅显易懂，却蕴涵深刻。晚唐诗人罗隐《自贻》诗云：“纵无显效亦藏拙，若有所成甘守株。”罗隐用此二句诗以自贻，表明了自己明哲保身之心迹。北宋理学大师程颢、程颐之父程珦《游寿安山》云：“藏拙归来已十年，身心世事不相关。洛阳山水寻须遍，更有何人似我闲。”理学家郑刚中《自怜》诗云：“木偶漂来万里

① 刘餗：《隋唐嘉话》，中华书局，1979年，第55页。

身，自怜藏拙向三春。人穷但有哦诗债，意懒终无下笔神。屋后云深鸡失晓，厨中饭尽鼠嫌贫。”南宋名臣、理学家魏了翁《再和班字韵谢南叔兄见贻生日》云：“且容湖使，静中藏拙，忙里偷欢。”由上述三位理学家的诗词可见，宋代理学家在高谈性理，思考人生哲学的同时，亦将“藏拙”作为心灵的追求与精神的慰藉。元代诗人尤喜“藏拙”，如元淮《唱和诗》：“出关尚风尘，藏拙消万虑。”徐瑞《醉中作》：“人事宜藏拙，天工亦恶盈。”萧𣂏《和人见寄》：“屏迹惟藏拙，全生敢近名。”谢应芳《碧云山房分韵得竹詹字》：“老去甘藏拙，闲来得养恬。”卢琦《松江道中》：“年来自笑行藏拙，独立蓬窗对素娥。”由以上诗句可见，元代文人以藏拙为处世之圭臬，希冀明哲保身，摒除忧虑，而这亦是元人在当时恶劣的生存环境之中的一种无奈的悲吟！明代文人亦怀有“藏拙”之心。如茶陵诗派的创始人李东阳《幽怀》诗云：“幽居有道堪藏拙，巧宦逢时亦自才。”理学家吕坤《茅店语》诗云：“人众藏拙，孤行防蹶。”一代高僧藕益智旭《乐友偈》云：“尘雾任前飞，抱病姑藏拙。忘言且息几。”南山先生黄润玉诗云：“散地宜藏拙，明时共蔽贤。”由上述诗句可见，藏拙亦是明代文人的内心所向，明代大书法家王铎《又答石寓》云：“昔人得魏墨迹，辄投水，曰：吾为魏公藏拙，足下(袁可立子)今为我藏拙。”王铎谦虚谨慎，用“吾为魏公藏拙”之典，表明自己的谦卑心态。可见“藏拙”是明人之处世哲学和思维理念。清人戴望在《颜氏学记卷二·习斋二》中记载清初理学家颜元语云：“如此之类，当时皆能欺人，且以自欺。盖空谈易于藏拙，是以舍古人六府、六艺之学而高言性命也。”①可见，“藏拙”在哲学方面即是空谈性理者之利器。钱大昕《潜研堂文集·惠先生栋传》评价朴学大师惠栋之学云：“宋元以来，说经之书，盈屋

① 戴望：《颜李学派文库5》颜氏学记卷二，河北教育出版社，2009年，第142页。

充栋。高者蔑弃古训，自夸心得；下者窃袭人言，以为已有。儒林之名，徒为空疏藏拙之地，独惠氏世守古学，而先生所得尤深。”①钱氏以“藏拙”概括了宋元以来学者空谈无垠，穿凿空疏之风。清初大画家王时敏在《题自画为吴渔山》中请吴历不要将其画作传阅于人，云：“布鼓雷门，深切自愧，渔山惟为我藏拙，勿以示人。乃益佩相成之爱耳。”②诗人潘乃光《夏日书怀》诗云：“世争智力甘藏拙，腹润诗书未是贫。”号称“粤西诗人之冠”的朱依真诗云：“吾侪不登足藏拙，颇恨壮观无从收。”“扬州八怪”之一的郑板桥《思归行》诗云：“秋云雁为伴，春雨鹤谋梁，去去好藏拙，满湖莼菜香。”可见清代文人均遵奉“藏拙”之旨归，并将“藏拙”这一审美范畴融入诗句之中，借以申纾性灵，浇心中之块垒，或慷慨激昂，或含蓄隽永，或古淡高远，风格不一而足，而宗旨殊途同归。要之，“藏拙”体现了古人谦虚谨慎的行事风格与扬长避短的处世哲学，是古代美学的一维重要的审美范畴。

“藏拙”之藏，有隐藏之义，是故，古代隐逸思想亦与藏拙的审美理念有着密切关联。晚唐诗僧齐己《夏日寓居寄友人》云：“披缁影迹堪藏拙，出世身心合向闲。”反映了一代高僧出世绝尘之心态。宋代高僧普济《五灯会元》记录万寿德兴禅师语云：“老僧久处深山，比为藏拙。”记录清凉泰钦禅师语云：“某甲本欲居山藏拙，养病过时。”③素有诗佛之称的王维在《为干和尚进注仁王经表》中说：“岂堪上尘慧眼、仰称圣心？有命自天，藏拙无地。伏以《集解仁王般若经》十卷，谨随笔奉进。无任惭惶。”④可见，王维晚年一心事佛，欲

① 钱大昕著，陈文和主编：《嘉定钱大昕全集》（增订本）⑨《潜研堂文集》卷三十九传三《惠先生栋传》，凤凰出版社，2016 年。第 625~626 页。

② 吴历撰，章文钦笺注：《吴渔山集笺注》，中华书局 2007 年，第 683 页。

③ 普济：《五灯会元》卷十，海口出版社，2011 年，第 792、859 页。

④ 王维撰，陈铁民校注；《王维集校注》卷十一《编年文》，中华书局，1997 年，第 1113 页。

求藏拙。中隐诗人白居易在闲适诗《再授宾客分司》中称自己：“分命在东司，又不劳朝谒。既资闲养疾，亦赖慵藏拙。宾友得从容，琴觞恣怡悦。乘篮城外去，系马花前歇。六游金谷春，五看龙门雪。吾若默无语，安知吾快活？”可见，白氏这种中隐人生的惬意情趣主要在于能够“赖慵藏拙”。宋代大文豪欧阳修在《与章伯镇五通四》中说：“某昨以目病为梗，求颍自便。养慵藏拙，深得其宜，泛舟长淮，翛然其乐。”①在《与韩忠献王四十五通三十四》中说：“某藏拙于此，幸亦优闲。”②晚年欧阳修的隐逸心态由此可见一斑。苏轼在《与王定国书四十九首之二十六》中云：“自公去后，事尤可骇。平生亲友言语往还之间，动成坑阱。极纷纷也，不敢复形于纸笔。不过旬日，自闻之矣。得颍藏拙，余年之幸也。”③在《与欧阳仲纯五首之一》中说：“彭门本无一事，足以藏拙。”④由此足见，经历乌台诗案之后的苏轼，虽仍居仕宦，但心向隐逸，以藏拙求自保。苏门四学士之一的张耒《离光山驿》云：“老得一州藏拙去，鹓鸾台阁尽豪英。”展现出与乃师同样的藏拙心态。南宋诗人陆游《秋夜读书有感》云：“鬓毛焦秃齿牙疏，老病灯前未废书。卷里光阴能属我，人间声利久忘渠。穷山藏拙犹嫌浅，粝饭支羸不愿余。雨露安能泽枯朽，故人枉是费吹嘘。”陆游此诗表达出其晚年淡泊名利，藏拙归隐，以读书消遣的心境。此外，古人亦有以“藏拙”为居室、文集之名。如陆游《家世旧闻》记载真淡先生所居曰“藏拙堂”，诗人武衍撰有《适安藏拙余稿》《乙稿》，元代李氏有“藏拙斋”。概而言之，古人隐逸思想多由饱经风霜，久阅人世之后，心向玄道佛禅所致，而这样的处世哲学与思想信念亦与

① 欧阳修：《欧阳修全集》卷一四七《书简卷四》，中华书局，2001年，第2406页。

② 《欧阳修全集》卷一四四《书简卷一》，第2345页。

③ 曾枣庄、舒大刚主编：《三苏全集·苏轼文集》卷五一，语文出版社，2001年，第465页。

④ 《三苏全集·苏轼文集》卷五四，第563页。

藏拙的审美特质在本质上是相通的，是以从藏拙的角度来探究隐逸思潮亦不失为一个捷径。

要言之，藏拙是中国传统文化与美学的一维重要的特质，具有极其深刻的文化内涵与美学意蕴，既是一种出世哲学，亦是一维入世思想，是扬长避短、显露优点、获得美感的一种灵巧机智的手法，是以其亦类属于美学范畴，广泛运用于文学创作和文艺理论领域，成为文学艺术和文艺理论的一维重要的审美范畴。

## 二、清前文艺理论中的“藏拙”

作为中国古代文学与美学的重要审美范畴，“藏拙”这个语汇的来源即与文学艺术有关，随着学术文化的发展，其从文化领域进入文艺理论范畴即是学术发展的逻辑必然。徐陵云：“吾为魏公藏拙。”这句话不但是经典名句，其实亦具有文学批评的意味。徐陵对魏收文集的评价即是“拙”。但这尚不能算严格意义上的文学批评。“藏拙”从传统文化、文学艺术领域开始进入文艺理论领域，成为古代文论的一个重要的审美范畴亦是在唐代。日僧空海《文镜秘府论·南卷·集论》收录了唐人一篇诗论，云：“谢病于新声，藏拙于古体，其会意也僻，其适理也疏。”①这里指出谢灵运不懂诗歌之新体，创作古体诗以掩藏其诗之拙陋。这个观念一方面体现了此文作者对新体诗歌及声律的重视，另一方面亦体现出其对谢灵运诗歌的看法，但就实际情况来说，谢灵运的山水诗可谓富艳精工，在体式声律方面亦有创新，只是尚未像永明诗歌那样讲求声律，盖其时代略早，声病之说尚未兴起，沈约在《宋书·谢灵运传论》中曾谈及声律的问题，说明沈约也

---

① 遍照金刚撰，卢胜江校考：《文镜秘府论汇校汇考》，中华书局，2015年，第1439页。

是注意到了谢灵运诗歌的问题，但说其“藏拙于古体”未免有些求全责备，苛刻至极。宋人亦有以藏拙论诗者，如武衍《藏拙余稿自序》云：“昔徐孝穆以魏收之文沉于江，曰：‘吾与魏公藏拙。’衍学诗三年，投质于宗工名胜者甚多，藏拙之余，仅存此稿，故云。”①武衍叙述了自己为文集取名为《藏拙余稿》之缘由乃是借鉴于徐陵为魏收藏拙之故事，而藏拙亦是其对自己诗作之评价。

明代文人亦在文艺批评中运用“藏拙”这个概念。“后七子”的领袖王世贞《艺苑卮言》卷二云：“子云服膺长卿，尝曰：‘长卿赋不是从人间来，其神化所至耶？’研摩白首，竟不能逮，乃谤言欺人云：‘雕虫之技，壮夫不为。’遂开千古藏拙端，为宋人门户。”②王世贞指出扬雄因为学习不到司马相如辞赋之精髓，所以用“雕虫之技，壮夫不为”八字来评价辞赋，以此欺骗后人，而在本质上却是为自己藏拙，这样一来，就开启了宋代文坛藏拙之风气。王世贞之评价虽有些道理，但未免失之偏颇。扬雄之所以说辞赋乃“雕虫之技，壮夫不为”，主要是从儒家政教角度出发，认为辞赋“劝百讽一”，欲讽反劝，徒有华丽之辞藻，而空泛无物，于治世无益。而不是因为其之辞赋不如司马相如。但王世贞认为扬雄此话开启了宋人藏拙之风，倒有一定的道理。盖宋人以道学为形而上的理论思维圭臬，鄙夷汉学，疑古辨古，大兴删改古书之风，虽然在逻辑思维、学术理路方面有所进步，但弊端在空疏蹈虚，侈谈无垠，借贬斥古人古书以藏拙，而于文章则喜议论，为诗则富含理趣，去汉魏古诗与盛唐之音的境界甚远，然却藏拙于巧。《艺苑卮言·卷三》云：“北朝戎马纵横，未暇篇什。孝文始一倡之，屯而未畅。温子升‘寒山一片石’足语及，为当涂藏

① 祝尚书编：《宋集序跋汇编》卷四十二《适安藏拙余稿》，中华书局，2010年，第2019页。

② 王世贞著，陆洁栋、周明初批注：《艺苑卮言》，凤凰出版社，2009年，第32页。

拙，虽江左轻薄之谈，亦不大过。”①王世贞认为北朝文学成就低下，但北地三才之一的温子升的诗歌成就颇高，为北朝政府赚得了荣誉，即是为政府与文人藏拙，所以即使是一直鄙夷北朝文学的极其苛刻的江南文学评论家，也不会对温子升给予太差的评价。

明代后期的大文学家、一代帝师于慎行《谷城山馆集·五言古诗叙》云：

> 余为五言古风，好学魏晋，非其质也夫。魏晋之于五言，岂非神化？学之则迂矣。何者？意象空洞，朴而不敢琱；轨涂整严，制而不敢骋。少则难变，多则易穷，古所谓鹦鹉语不过数声耳。原本性灵，极命物态，洪纤明灭，毕究精韫，唐果无五言古诗哉？余既知其解矣，而不能舍魏晋者，取其可以藏拙，且适所便，非能遂似之也，海内赏真之士，有以吾言为是者，诗虽不视可矣。②

于慎行所处的万历年间，文学复古风气盛行，后七子主张诗歌创作学习汉魏盛唐，于慎行则指出魏晋五言古风虽好，但空洞无物，不可模拟，而当时文人模拟魏晋则是因为“取其可以藏拙”，也就是可以掩盖自己诗歌创作之不足。于慎行认识到当时诗人的“藏拙”审美思想，故而能够找到当时模拟复古之风之根源。可见明代文学批评对“藏拙”这个审美范畴的运用与当时文学复古的环境有关的。

明代文艺理论家沈际飞在《草堂诗余》中说：“严惟中《百字令》‘玉署仙翁’：词之为用，至贺送候答而不幸矣，各狥体而忌讳多

① 王世贞著，陆洁栋、周明初批注：《艺苑卮言》，凤凰出版社，2009年，第49页。

② 钱谦益：《列朝诗集小传·丁集中》，上海古籍出版社，1983年，第546页。

端，限格限韵，兴会才情，子无着处。虽名手难佳，维中本质平等，一调数词，纯步东坡韵，恣意谀人，河下隶、驿中卒供给生活，为彼藏拙，可也。”①沈氏指出严惟中之词纯粹模拟苏轼词之用韵，妨碍情感之表达，读者宜为其藏拙遮丑。可见，沈氏深之文艺思想深谙藏拙之道。

总的说来，清代以前，藏拙进入文艺领域，成为文论范畴主要是在明代，这也在一定程度上彰显出明代文艺理论的兴盛，尤其是诗文评发展的盛况。明代是藏拙由文化领域进入文论领域的过渡阶段，为清代文论家运用藏拙这个范畴提供了可资借鉴的范式，当然，藏拙作为美学范畴在文艺理论的广泛运用则是在传统学术文化总结期的清代。

### 三、清代文艺理论中的“藏拙”

清代学术文化的发展处于古代社会与近代社会的交汇时期，故而兼容并蓄，博大精深。“藏拙”在清人文学批评中得到广泛征引，并被赋予了体式化意义。清初词人毛际可《今词初集跋语》在为纳兰性德的词集作跋时自谦云：“余赋性椎朴，不能作绮语，于词学有村人了之诮，无足为斯集重。顾生平读书不及少陵之半，而谬托以解嘲，益令有识者揶喻。两君其为余藏拙可也。”②毛际可十分推崇纳兰容若的词作，对于为其词集作跋语诚惶诚恐，希望友人为其藏拙。清初词人、文论家贺裳《载酒园诗话下》云：

① 邓子勉编：《明词话全编·〈草堂诗余四集〉词话》，凤凰出版社，2012 年，第 5495 页。

② 纳兰性德撰，赵秀亭、冯统一校笺：《饮水词校笺》，中华书局，2015 年，第 497 页。

宋人诗法，以韦、柳为一体，方回谓其同而异，其言甚当。余以韦、柳相同者神骨之清，相异者不独峭淡之分，先自忧乐之别。……柳构思精严，韦出手稍易，学韦者易以藏拙，学柳者不能覆短也。①

贺裳对韦应物与柳宗元的诗法做了一番比较，指出韦应物诗歌“出手稍易”，即较为自然，因而学习韦应物诗法者易于藏拙。大诗人王士禛《蚕尾续文集·记陈子昂后史记》云：“元人黄渊四如云：‘唐陈伯玉自汉武帝迄唐，为《后史记》，未及，竟亦不传。’吾谓子昂陈符命以媚妖后，甚至言太子当赐姓武氏，不忠不孝，人品又在范晔之下，岂能秉南董之笔，成累代之史，幸其不传，尚为藏拙耳。”②王士禛站在儒家正统伦理道德的立场上认为陈子昂不忠不孝，人品极差，其诗文没有流传下来，反倒为其人品藏拙。这显然是以人品评定文品，这种理念在有清一代的文论中尤其盛行。经学家凌廷堪在《祀古辞人九歌》一文中批评韩愈、柳宗元之散文不守汉学家法，疏于训诂考据云：“降及韩柳，矫彼梁陈，漫云自起八代之衰，实自成一家之学。……于是训诂未辨，遽尔名家，古今未通，裒然成集。……乃朽株且欲驾春华而上之，顽石竟欲浑太璞而同之，斯固陋夫藏拙之方，抑亦后来谈艺之谬也。”③凌氏是乾嘉时期扬州学派的中坚人物，自然从经学的角度来品评古文，是以其视韩、柳为古文别派，并斥责韩柳古文创作乃是“陋夫藏拙之方”，是文学创作的谬误。文学评论家潘德舆《养一斋诗话》云：“钟伯敬云：‘孟襄阳诗易为浅薄者藏拙。’此

① 郭绍虞编选：《清诗话续编·载酒园诗话又编》，上海古籍出版社，1983年，第345~346页。

② 王士禛：《王士禛全集·蚕尾续文集》卷六《记》，齐鲁书社，2007年，第2063页。

③ 凌廷堪：《校礼堂文集》卷六，中华书局，1998年，第44页。

语令人悚然。其实浅薄者万万不能为孟襄阳诗也。为人所欺，乃观者之浅薄耳。东坡谓襄阳诗‘韵高而才短’，非东坡不敢开此口。”①潘氏指出浅薄者根本不能做出像孟浩然那样的好诗，更不能效法孟浩然诗以藏拙。认为孟诗浅薄者乃是自己浅薄愚陋。《养一斋诗话》对后世文人吟咏东汉隐士严子陵之诗作了评价：

> 咏子陵钓台者，或云：“经过百世见清风，争羡羊裘一钓翁！不有云台诸将力，钓台亦在战争中。”或云：“一著羊裘便有心，虚名传诵到如今。当时若著蓑衣去，烟水茫茫何处寻。”自以为独开生面，而不知其刻绳无味也。以严先生之高节，而犹不免诋諆，何不乐成人之美如此？晚唐王贞白诗“山色四时碧，溪光七里清。严陵爱此景，下视汉公卿”。不著议论而行以古直之气，最属高格。惜其下接云：“垂钓月初上，放歌风正轻。”局振不起，晚唐通病。末云：“应怜渭滨叟，匡国祇论兵。”欲扬子陵，遂抑太公，何无识乃尔！此亦如温飞卿《磻溪》诗：“桥上一通名利迹，至今沙鸟背人飞。”同一揶揄古圣，犯大不韪也。“方密之《钓台》诗云：“先生无行事，先生不著书，但能不肯为人臣。今人不能弃富贵，乃以藏拙讥古人。”兀傲不群，深中时人隐痼之疾。如“不有云台诸将力”，“当时若著蓑衣去”二诗，皆不能弃富贵而以藏拙讥古人者也，徒见其轻薄可哂而已矣。②

潘德舆引方密之《钓台》诗之语指出后世文人吟咏严子陵钓台之诗之所以刻绳无味，气格低下，识见短浅，是因为此类诗人“不能弃富贵而以藏拙讥古人”，即此类诗人自己的功名利禄之心太重，反而讥讽

① 潘德舆：《养一斋诗话》卷一，中华书局，2010年，第20页。

② 《养一斋诗话》卷六，第96页。

古人的高洁情趣与隐逸情怀，而这样做是为了藏拙，所以他们的诗歌轻薄可笑。

清中后期的名臣梁章钜《楹联丛话·卷三·庙祀》："著笔甚难，故无人不知藏拙。"《浪迹续谈卷三·游雁荡山日记》云："余之禁体游山诗也，亦藏拙之一端云尔。"①由是观之，梁章钜于文艺方面深谙"藏拙"之道。晚清学者谢章铤在《赌棋山庄词话续编五·戈载词平庸少味》中说戈宝士之词平庸少味：

> 而其自负者，以为"吾词能辨四声，能分宫调。"然而张玉田有言："音律固当参究，词章先宜精思。"《词源》诚以声音丽于虚，文字征于实，实者既难惬心，虚者何由动听？且吾亦未见其词之出，果能使四方传唱也，则律之叶否，终不可知。而人转因其守律之严，反恕其临文之劣，则律者真藏拙分谤之具也。近日浙派盛行，立说莫不如此，盖不独宝士然也。②

谢章铤指出当时浙江文人的词章创作专以声律为矩矱法度，而忽略思想内容的高下虚实，声律即成为诗文创作的藏拙工具。

晚清四大词人之一的况周颐在《蕙风词话》卷一中说："初学作词，最宜联句和韵，始作，取办而已，毋存藏拙嗜胜之见。久之，灵源日濬，机括日熟，名章俊语纷交，衡有进益于不自觉者矣。"③况周颐论词推尊常州词派的"意内言外"之说，强调词境的"深静"，又借鉴王鹏运之说，提出词境的三个要求：重、拙、大。这是言辞技法浑成的一种审美标准，其实是追求一种厚重质实、凝重质直、朴素自

① 梁章钜：《浪迹丛谈 续谈 三谈》，上海古籍出版社，2012年，第207页。

② 谢章铤：《谢章铤集》，吉林文史出版社，2009年，第656页。

③ 况周颐：《况周颐集》第三册《蕙风丛书》，广西师范大学出版社，2012年，第435页。

然、气象广大的词境。况周颐提出这样的词学观，虽是受到王鹏运的启发，但是亦与“藏拙”的审美理念有关联之处，只不过是反其道而行之而已。近人汪国垣《光宣诗坛点将录》云：“少陵七绝寓奇于正，藏拙于巧，后人罕有能及之。”①可见，汪辟疆以藏拙论杜诗之技法。近人钱锺书在《谈艺录》中评论王士禛的诗歌云：“盖谓渔洋以人工胜也。窃以为藏拙即巧，用短即长；有可施人工之资，知善施人工之法，亦即天分。”②钱锺书指出王士禛能够“藏拙即巧善，用短即长”，即善于掩饰自己天赋之缺陷，而以人工技法取胜，如此扬长避短之法，亦可谓天分。钱氏显然是继承了前人的“藏拙”理念而推阐之。值得注意的是，清代亦有女文人以藏拙论诗，如经学家毛奇龄《西河诗话》记录才女徐昭华应其要求赋诗而作自谦语云：“门不作古诗七八年，苦无长句对仗，故作此体以藏拙，惟慈谅之。”③徐昭华谦虚地说自己的不能作长句对仗之诗，只能作古体以藏拙。

上述文人虽以“藏拙”论诗文，但并未将其作为文艺理论的一维审美范畴确定下来，而清中叶的大文学家袁枚正式将“藏拙”作为一维文学理论的审美范畴提出，使其具有体式化的意义。袁枚在《随园诗话》卷五中云：“虽才力笔性，各有所宜，未容勉强，然宁藏拙而不为则可，若护其所短，而反讥人之所长，则不可。所谓以宫笑角，以白诋青者，谓之陋儒。”④袁枚对藏拙的美学内涵有一定的体认，他认为藏拙可以，但不能掩饰自己之短而讥刺别人之长，否则即为陋儒，这其实亦是从伦理道德、人品的角度来论诗。可见其对藏拙是很

① 张寅彭主编：《民国诗话丛编 · 光宣诗坛点将录》，上海书店出版社，2002年，第338页。

② 钱锺书：《谈艺录 · 二七 · 王渔洋诗》(补订本)，中华书局，1984年，第97页。

③ 陶元藻编：《全浙诗话》卷五十一《清闺秀》，中华书局，2013年，第1468页。

④ 袁枚：《随园诗话》，江苏古籍出版社，2000年，第113页。

有清醒的认识的。是以他在《续诗品》中列“藏拙”为一品，并有阐释之语：

书赢宵缩，天不两隆。
如何弱手，好弯强弓。
因謇徐言，因跛缓步。
善藏其拙，巧乃益露。
右师取败，敌必当王。
霍王无短，是以无长。①

与唐人司空图《二十四诗品》论述诗歌之美学风格不同，袁枚的《续诗品》主要论述文学创作过程，共分三十二则，“藏拙”列在第二十三品。此段阐释文字形象生动，富含哲理。在此则释文中，袁枚先是以“书赢宵缩，天不两隆”起兴，引出话题，意在告诫人们不要求全责备，追求完美无瑕，接着用弯强弓导致手臂乏力，潜力丧尽，丑态毕露为譬喻，以告诫士人作诗应当留有余韵，不能才华用尽。接下来用“因謇徐言，因跛缓步”二语指出虽然口吃与跛足是拙劣之处，但因此拙劣反而徐言缓步，展现出一种从容不迫之风。通过这种辩证的分析法指出“善藏其拙，巧乃益露”，也就是说只有善于藏拙，才能将巧妙的一面进一步显露出来，藏拙是露巧的前提，露巧是藏拙的目的。他在《随园诗话・卷五》中说“善藏其短而长乃愈见”也是言及此理。紧接着又说“右师取败，敌必当王”，即是说如果不善于藏拙，一味露巧逞能，力小而任重，那么必将失败，使对方取胜。最后两句“霍王无短，是以无长”，即是运用典故，体现出辩证思维。关于此则典故，《随园诗话・补遗卷八》有论述：

① 袁枚著，郭绍虞辑注：《续诗品》，人民文学出版社，1963年，第169页。

> 诗有通首平正，无可指摘，而绝不招人爱。晋人称王安北相对不厌，去后人亦不思是也。唐霍王元轨有贤名。或问人：“霍王何长？”其人曰；“无长。”问者愕然。乃答曰：“人必有所短也，而后见所长。霍王无所短，又何所见其长？”二事皆可参悟。①

袁枚通过霍王之诗歌没有短长而无长处之典故指出诗歌整篇平正，没有诗病，反而不是好诗，也不招人喜爱，正因为有短处缺憾方能展现出其之长处之美。有短处则有长处，无短处则无长处，长短是对立统一的，而美即是这一种对立统一的辩证关系。袁枚这种辩证的观点在中外美学史上的例子颇多，如断臂的维纳斯，之所以精美绝伦，主要在于那残缺的双臂，而《红楼梦》之所以吸引众多学者，形成红学，亦在于其之残缺不全。总的说来，此段阐释文字形象生动，富含哲理，将“藏拙”的美学意蕴开掘得淋漓尽致，使其具有体式性意义。

可以看出，清代文学批评对“藏拙”的运用体现出重视学问、醉心考据、喜用典故的倾向，这是在清代朴学，亦即汉学的兴盛的学术环境中生成的，即如袁枚这样讥唊汉学考据的纯文学家亦未能免俗，在论“藏拙”时亦表现出浓厚的学问倾向。这即是清代文论对“藏拙”的论述能够系统化、学问化、体式化的原因所在，也是能够超越前代的缘由之一。

“藏拙”作为文艺理论的审美范畴，在古代文论史上出现和成熟相对较晚。唐代以降，得到了文论家的垂青，无论是赞成“藏拙”，还是否定“藏拙”，抑或持折衷态度，文论家都离不开对“藏拙”的征引使用。“藏拙”作为文论范畴，衍化于唐代以前，成型于唐宋，承传于明代，深化于清朝，成为中国古代社会后期以及近代文学理论的

---

① 《随园诗话》，第 582 页。

重要术语之一。从唐人开始运用“藏拙”这个概念进行文学批评活动，到清代学者广泛运用“藏拙”的美学蕴涵与理论意趣来为自己的理论张本，我们不难看出，“藏拙”的审美意蕴与理论价值在不断地发掘与深化之中，从而愈发成为中国文学理论中的重要范畴术语，在形而上的意识层面，从较为深邃的理论高度给予并激活文论家的思想灵性，从而创作更为系统完善的文艺理论。

## 余　论

西方古典美学理论即指出，“美在和谐”。是以，美是主体与客体之间一种辩证关系，因此美具有相对性与偶然性。“藏拙”的美学目的就在于追逐和谐，从而产生快感，快感就构成了美感。从艺术发生的角度来看，“藏拙”亦是一种艺术手法与艺术创造，艺术创造使审美客体高出自然，高出现实，从而理想化，产生理想美，获得精神上的愉悦，如此，美就自然而然地产生了。伏尔泰说：“美是称赞和快乐。”言即此理。席勒认为美是感性与理性的统一，是主观与客观在人的意识中的统一，由是言之，“藏拙”正是缘于人的理性意识的高涨，而对拙劣缺陷的体认而采取的掩饰方法，从而使审美主体产生感性上的美感，进而升华为理性之美，而主观意识与客观情况即在人的心理意识层面统一起来，而产生美的韵致，所以黑格尔说美是理念的感性展现。从历时性的角度看，“藏拙”在中国古典美学、文学艺术、文艺理论的领域的发展衍变亦是由感性到理性，由浅显到深邃，由方法到理论，由分散到系统，由不自觉到自觉，从唐代直至清代，这种趋势愈来愈明显。“藏拙”既是中国古人的处世哲学，又是中国古典美学的重要概念，更是文学艺术与文艺理论的重要范畴，在哲学、史学、文学等领域均有重要的理论价值，在汉学与宋学体系之中亦不乏范畴意义，其集中体现了中国传统文化的特质。

是以，透过“藏拙”的美学内涵来审视中国传统文化，亦不失为一个较好的视角。

## 第二节　从品人术语到文论范畴——“旷达”美学蕴涵之流衍

“旷达”既是中国传统文化中的品人术语，也是中国古典美学及文学批评中的一个重要范畴、概念，具有深厚的美学蕴涵与学理价值，“旷达”这个词汇产生于魏晋之际，运用于南北朝美学与文论中，在唐代正式成为文论范畴，且在唐代以后的美学与文论中亦彰显出强大的生命力。探赜“旷达”从最初的品人术语到后来的文论范畴的发展历程与内在逻辑将有助于我们更深入地理解其美学内蕴，有利于我们对传统文化思维特质的体认，而对于当下的中国古典文学理论批评研究也具有一定的意义。然而，在近些年的研究中，对于“旷达”的美学蕴涵的探讨仅仅停留在美学层面，而忽略了“旷达”这一审美范畴形成与衍化的历史文化背景以及“旷达”在不同文化领域所展现出的美学特质与意义价值。笔者有鉴于此，尝试对旷达范畴做一番梳理与探讨。

### 一、旷达的美学蕴涵及生成因缘

《说文》：“旷，明也。”“达，行不相遇也。”《玉篇》：“旷，光明也。”《篇海》：“旷，久也，豁也。”《博雅》：“旷，远也。”《广雅·释诂》：“旷，达也，又久也。”“达，通也。”由以上训释可见，旷是指光明、久远，达是指通达、通畅，旷与达意义相通，可以互训。旷与达二字连用，构成旷达一词，即是运用二者之引申义，要言之，旷达即是指心境宽广、心胸豁达、通达事理，是对人的精神气质与处世风格的概括总结。旷达这个美学概念、品人术语出现于魏晋时期，是玄学清谈的产物。魏晋玄学名士雅好清谈，因而放旷高逸、豁达飘逸、蔑视礼法，乃有“旷达”之称，《世说新语》“雅量”“豪爽”“任诞”“简傲”等篇在某种程度上即是对魏晋名士“旷达”的精神风貌与行事风格的书写。旷达作为审美理念是对魏晋风度的一种概括，作为品人术语则是对名士品行的评价。

就现存文献而言，旷达一词最早出现于西晋玄学家裴頠的《崇有论》中。裴頠《崇有论》是针对玄学的贵无论之弊端而创作的，而旷达即是贵无思想的产物，自然成为崇有论批判的对象之一。《晋书·裴頠传》云：“頠深患时俗放荡，不尊儒术，何晏、阮籍素有高名于世，口谈浮虚，不遵礼法，尸禄耽宠，仕不事事；至王衍之徒，声誉太盛，位高势重，不以物务自婴，遂相放效，风教陵迟，乃著崇有之论以释其蔽。”①魏晋之际，以何晏、王弼为代表的正始玄学祖述老庄，主张以无为本的贵无论，提倡“名教本于自然”之说，嗣后，以嵇康、阮籍为代表的竹林玄学，将正始玄学“名教本于自然”之说推向极端，将道家的自然无为与儒家的纲常名教对立起来，主张“越名教而任自然”，采取一种旷达不羁、率性而为、不拘礼俗的生活方式，这种思想主张虽然起到了思想解放的作用，但亦产生了十分消极的影响，导致魏晋名士大多“口谈浮虚，不遵礼法，尸禄耽宠，仕不事事”，这种旷达之风对社会的发展、国家的治理均极为不利。《崇有论》对嵇康、阮籍为代表的贵无论进行了激烈的批判，指出贵无论导致士人：“立言藉于虚无，谓之玄妙；处官不亲所司，谓之雅远；奉身散其廉操，谓之旷达。故砥砺之风，弥以陵迟。放者因斯，或悖吉凶之礼，而忽容止之表，渎弃长幼之序，混漫贵贱之级。其甚者至于裸裎，言

① 房玄龄等：《晋书》卷三十五《裴頠传》，中华书局，1974 年，第 1044 页。

笑忘宜，以不惜为弘，士行又亏矣。”①裴頠的批判可谓切中肯綮，值得注意的是，其对旷达下了定义：“奉身散其廉操”。这个定义的本质即是指不拘礼俗、放旷不羁的言行方式。无独有偶，东晋干宝对贵无论者的旷达之风，亦是大加贬斥，并将西晋亡国归咎于玄学清谈者。干宝《晋纪总论》指出：“风俗淫僻，耻尚失所，学者以庄老为宗，而黜六经，谈者以虚薄为辩，而贱名俭，行身者以放浊为通，而狭节信，进仕者以苟得为贵，而鄙居正，当官者以望空为高，而笑勤恪。是以目三公以萧杌之称，标上议以虚谈之名，刘颂屡言治道，傅咸每纠邪正，皆谓之俗吏。其倚杖虚旷，依阿无心者，皆名重海内。若夫文王日昃不暇食，仲山甫夙夜匪懈者，盖共嗤点以为灰尘，而相诟病矣。……礼法刑政，于此大坏，如室斯构而去其凿契，如水斯积而决其堤防，如火斯畜而离其薪燎也。国之将亡，本必先颠，其此之谓乎！故观阮籍之行，而觉礼教崩弛之所由。”李善注引干宝《晋纪》：“阮籍宏逸旷达，居丧不帅常检。”②此处与孙盛《魏氏春秋》相类，可见，阮籍等人旷达之风格为裴頠、干宝等有识之士所诟病，而且干宝更是点名批评以阮籍为代表的旷达之品行，指出这种品行正是名教废弛之缘由。

清人徐釚《南州草堂集·史话序》云：“余窃怪典午以来，清言流弊，蔑弃礼教，以旷达为高率。至士大夫转相效慕，诐辞崎行，诡随相向，遂至典型荡然。”③魏源在《书乡饮酒礼》一文中说：“吾尝谓阴司果有地狱，其必何晏、王弼辈居之。盖自旷达之说起，一时轻薄之徒争相趋效，而学士大夫又美之以文章风雅之目，而淑慎尔仪之君

① 《晋书》卷三十五《裴頠传》，第1045页。

② 萧统编，李善等注：《六臣注文选》卷四九《史论》，中华书局，2012年，第932~933页。

③ 周兴陆：《世说新语汇校汇注汇评·评论资料选编》十七，凤凰出版社，2007年，第1723页。

子，反诋为鄙吝，盖至是而酒之中于人心风俗甚矣。”①英雄所见略同！清代学者对玄学清谈导致的旷达行为之弊端有着清醒的认识。虽然旷达是裴頠、干宝以及徐鈜、魏源等人批判的对象，却在一定程度上反映了当时士人的审美风尚、精神风貌与价值取向。要之，玄学的贵无论催生了旷达这一审美风尚与品鉴术语，汤用彤在《魏晋玄学论稿·言意之辨》中指出：

> 言意之辨，不惟与玄理有关，而于名士之立身行事亦有影响。按玄者玄远。宅心玄远，则重神理而遗形骸。神形分殊本玄学之立足点。学贵自然，行尚放达，一切学行，无不由此演出。阮籍《答伏义书》有曰：“徒寄形躯于斯域，何精神之可察。”形骸粗迹，神之所寄。精神象外，抗志尘表。由重神之心，而持寄形之理，言意之辨，遂亦合于立身之道。……魏晋士大夫心胸，务为高远，其行径虽各有不同，而忘筌之致，名士间实无区别也。概括论之，汉人朴茂，晋人超脱。②

按言意之辨是玄学贵无论中的一维理论体系，也是玄学清谈的重要论题，汤先生以阮籍等人的事例点明了言意之辨对魏晋名士放达的立身行事风格之影响，即证明了玄学思想与旷达这一风范的内在关系。

正是玄学的贵无论导致了旷达之一处世风格的形成，是以旷达这一词汇在魏晋时期亦是主要用来品鉴人物的。如陈寿《三国志·阮籍传》：“阮籍瑀子籍，才藻艳逸，而倜傥放荡，行己寡欲，以庄周

① 魏源：《皇朝经世文编》卷六十八《礼政》十五，岳麓书社，2004年，第705页。

② 汤用彤：《魏晋玄学论稿及其他》，北京大学出版社，2010年，第29页。

为模则。”刘宋裴松之注引东晋孙盛《魏氏春秋》：“(阮)籍旷达不羁，不拘礼俗。性至孝，居丧虽不率常检，而毁几至灭性。”①孙盛以“旷达不羁，不拘礼俗”来评价阮籍是恰如其分的。又如《世说新语·言语第二》：“竺法深在简文坐，刘尹问：‘道人何以游朱门？’答曰：‘君自见其朱门，贫道如游蓬户。’”刘孝标注引东晋竺法济《高逸沙门传》：“法师居会稽，皇帝重其风德，遣使迎焉。法师暂出应命。司徒会稽王天性虚澹，与法师结殷勤之欢。师虽升履丹墀，出入朱邸，泯然旷达，不异蓬宇也。”②竺法济以“泯然旷达，不异蓬宇”来形容竺法深在得到简文帝礼遇之后的表现，彰显出一代高僧的高雅气质与豁达风貌。再如《世说新语·任诞第二十三》：“阮浑长成，风气韵度似父，亦欲作达。步兵曰：‘仲容已预之，卿不得复尔！’”刘孝标注引东晋戴逵《竹林七贤论》：“籍之抑浑，盖以浑未识己之所以为达也。后咸兄子简，亦以旷达自居。”③阮简亦以旷达自居，展现出当时士人对旷达之美的崇尚。《任诞篇》又载：“张季鹰纵任不拘，时人号为‘江东步兵。’或谓之曰：‘卿乃可纵适一时，独不为身后名邪？’答曰：‘使我有身后名，不如实时一杯酒。’《文士传》曰：‘翰任性自适，无求当世，时人贵其旷达。’”④张翰像阮籍一样具有旷达的处世风格，而为当时人所推崇，当时社会的审美风尚由此可见一斑。

元人吴师道云：“仲长统述志诗，允谓奇作，其曰‘叛散五经，灭弃风雅’者，得罪于名教甚矣。盖已开魏晋旷达之习，玄虚之风，

① 陈寿撰，裴松之注：《三国志》卷二十一《魏书》二十一，中华书局，1982年，第604页。

② 刘义庆著，刘孝标注，余嘉锡笺疏：《世说新语笺疏》卷上之上，中华书局，2011年，第97页。

③ 《世说新语笺疏》卷下之上，第634~635页。

④ 《世说新语笺疏》卷下之上，第639页。

昌黎志辟异端，而汉三贤赞，统与焉，殆未之察也。”①吴师道指出汉末仲长统蔑视名教，业已开魏晋旷达之先河，并批评韩愈撰《汉三贤传》不应当将仲长统纳入三贤之中，由此可见，旷达这一美学范畴、精神品格、行事风范肇始于汉末，而形成于魏晋，受玄学影响而最终形成，是以有“魏晋旷达”之称。

总的来说，旷达是中古士人内在的心理状态的感性体现，是非理性的存在，是一种超理性的生命感悟与人生态度促成的审美观照方式，属于超功利性、主观普遍性的审美范畴，是在一定的社会历史文化发展过程中逐渐形成的美学概念，具有逻辑的必然性，因而是逻辑与历史的统一，具有一种超验的人格精神与诗性人生之美，因此也是一个历史文化范畴。

## 二、旷达作为品人术语在魏晋以后的运用

“旷达”不仅在魏晋时期被作为品人术语而运用，在魏晋以后的古代社会中依然为评鉴家所青睐。如北魏邢子良《与王昕王晖书》赞扬王昕之弟王晞云：“贤弟弥郎，意识深远，旷达不羁，简于造次，言必诣理，吟咏情性，往往丽绝。”②可见，邢子良对王晞的旷达之风极为赞赏。萧梁释宝唱《比丘尼传·建福寺慧湛尼传七》云：“慧湛，本姓彭，任城人也。神貌超远，精操殊特，渊情旷达，济物为务，恶衣蔬食，乐在其中。”③可见慧湛作为一代名尼，颇具旷达之性。姚思

① 丁福保辑：《历代诗话续编·吴礼部诗话》，中华书局，1983 年，第 584 页。

② 李百药：《北齐书》卷三十一《王晞传》，中华书局，1972 年，第 417 页。

③ 释宝唱著，王孺童校注：《比丘尼传校注》卷第一，中华书局，2006 年，第 21 页。

廉《梁书·张缵传》云：“(裴)子野性旷达，自云：‘年出三十，不复诣人。’”①可以想见裴子野作为一代名士的旷达之风。初唐诗人卢照邻《咏史四首》其一对西汉朱云的评价是：“伟哉旷达士，知命固不忧。”独孤及《唐故特进太子少保郑国李公墓志铭》称赞墓主李遵云：“公聪朗奇伟，豪迈旷达。率性忠孝，临节有勇。”②可见，旷达之风为唐人所推崇。张籍在《祭退之》中称赞乃师韩愈云：“公有旷达识，生死为一纲。及当临终晨，意色亦不荒。赠我珍重言，傲然委衾裳。”言辞凄恻，较为中肯。唐代大诗人杜牧《润州二首》诗云：“大抵南朝皆旷达，可怜东晋最风流。”此二句中，旷达与风流互文，东晋南朝名士如王导、谢安、王羲之等人皆风流倜傥、旷达高逸，是以杜牧有此慨叹。

由于受到道学的影响，理性思维极为发达，宋人对旷达有着更深入的体认。王钦若等人在《册府元龟·总录部》旷达一类中列举了从先秦至唐五代的诸多人物及事例，并在序中说：“夫夷情得丧，忘怀荣辱；外傥荡以无检，中恬漠而自适；简易威仪，脱略富贵；抗心俗表，不屑物议；任放肆志，率诣不羁；穷厄靡动，其情哀乐，罔婴其虑；斯皆晏然自得，不以世务为累者已。其有望实既重，才位兼着，不以名德骄物，不以事任经怀，体宽裕以安异同，徇谭宴以常胜会，亦有靡修小节，不求当世，事于文酒之适，极乎山泉之致，兹乃处闲旷，齐物我，一端之士也。其或不励风操，惟任纵诞，礼法之所见诮，名教之所不容者，盖亦无取焉。”③此序阐释了旷达的基本内涵，较为客观理性地评价了旷达之一人格风操，对积极向上的旷达品行

① 姚思廉：《梁书》卷三十四《张缵传》，中华书局，1973年，第493页。

② 独孤及：《毗陵集校注》卷十一《墓志墓表》，辽海出版社，2006年，第247页。

③ 王钦若等编纂，周勋初等校订：《册府元龟》卷八五五《总录部》一百五，凤凰出版社，2006年，第9954页。

予以肯定，但对“惟任纵诞”，有违礼法的旷达之举则持否定态度，由此足见宋人对旷达是有深刻的体认的。宋祁、欧阳修等人编修的《新唐书·李华传》以旷达概括传主之品行：“（李）华少旷达，外若坦荡，内谨重，尚然许，每慕汲黯为人。”①苏轼在《苏州僧》一文中说：“近在苏州，有一僧旷达好饮，以醉死。将暝，自作祭文云：‘唯灵生在阎浮提，不贪不妒，爱吃酒子，倒街卧路。想汝直待生兜率天，尔时方断得住。何以故？净土之中，无酒得沽。’”②苏轼以旷达概括苏州僧之性情，而观其自祭文，可以印证。叶适《朝奉黄公墓志铭》评黄仁静云：“天性旷达，不作疑吝；推己利人，不自封殖。”③文天祥《刘定伯墓志铭》赞刘定伯云：“余东家诗人刘君定伯，类晋宋间旷达。”④此皆为极高之赞誉。

金、元、明文人亦自觉地将旷达运用于人物品评之中。金人元好问在《三知己·李讲议汾》中对李汾的评价是：“旷达不羁，好以奇节自许。”⑤元人吴存在《祭徐松巢》中赞叹友人徐松巢云：“呜呼！巢君人中之麟，文中之虎。金石击撞，云雾吞吐。万牛不能回其翰墨之锋，三峡不足供其清谈之麈。其萧散也，以风月为朋徒。其旷达也，以天地为逆旅。”⑥在吴存看来，徐松巢颇具魏晋清谈家的旷达风度。郝经《饮酒》诗云：“谢安旷达士，携妓游东山。”彰显出对一代名士谢安的无限推崇。明人常伦《杜工部》诗赞誉杜甫云：“少陵本旷达，神秀钟华峰。”李东阳《明故赠文林郎广东道监察御史石公墓表》赞扬石

① 宋祁、欧阳修：《新唐书》卷二百三《文艺传》下，中华书局，1975 年，第 5775 页。

② 苏轼撰，茅维编：《苏轼文集·佚文汇编》卷六《人物杂记》，中华书局，1986 年，第 2588 页。

③ 叶适：《叶适集》卷十五《墓志铭》，中华书局，2010 年，第 284 页。

④ 曾枣庄、刘琳主编：《全宋文》第三百五十九册，卷八三二一，上海辞书出版社、安徽教育出版社，2006 年，第 224 页。

⑤ 姚奠中主编：《元好问全集》卷四十一，三晋出版社，2015 年，第 809 页。

⑥ 李修生主编：《全元文》卷六一八，凤凰出版社，1998 年，第 130 页。

大器云：“公生而爽朗旷达，不事容饰。”①张岱《西湖梦寻·明圣二湖》云：“即湖上四贤，余亦谓：‘乐天之旷达，固不若和靖之静深；邺侯之荒诞，自不若东坡之灵敏也。’”②张岱认为白居易性情旷达，但不如林逋性情之静深。可见在其心中，静深之美胜过旷达。

清代学者既在评议人事时广泛运用旷达这个美学概念，又对旷达之美有新的体认。如章学诚《文史通义·质性》指出：“大约乐至沉酣，而惜光景，必转生悲；而忧患既深，知其无可如何，则反为旷达。屈原忧极，故有轻举远游餐霞饮瀣之赋；庄周乐至，故有后人不见天地之纯、古人大体之悲；此亦倚伏之至理也。”③章氏用辩证的观点来看待旷达的生成机制，指出士人对忧患的无可奈何反而催生了旷达之气，并以屈原、庄子为例证，是颇具道理的。所谓物极必反，在忧患愈深，超过常人之承受能力之后，反而会促使遭遇忧患者看淡一切、沉淀下来，从而获得精神上的自由与心理上的慰藉，所以海德格尔认为自由是对必然性的认识。与前代一样，清人用旷达一词来品评人物，亦是以褒扬为目的的。如戴名世《涛山先生诗序》评其外祖父涛山先生云：“先生奇情旷达，与人交无畛域，或有不合，面斥之，事过则已，复欢如平常。”④寥寥数语，即可见其人旷达之品性。王士禛《豹嵒唐公墓志铭》称唐公：“先生襟情旷达。”⑤刘熙载等人在《重修兴化县志》卷八《人物志》中评郑板桥云：“燮生有奇才，性旷达，不拘小节，于民事则纤悉必周。”⑥当然，旷达在清人对人事的品

① 李东阳：《李东阳集·文后稿》卷十七《墓表》，岳麓书社，2008年，第1150页。

② 张岱：《西湖梦寻》卷一《西湖总记》，中华书局，2007年，第121页。

③ 章学诚撰，叶瑛校注：《文史通义校注》卷四《内篇四》，中华书局，1985年，第419页。

④ 戴名世：《戴名世集》卷二，中华书局，1986年，第24页。

⑤ 王士禛：《蚕尾续文集》卷十三《墓志铭》，齐鲁书社，2007年，第2180页。

⑥ 卞孝萱、卞岐编：《郑板桥全集》附录一，凤凰出版社，2012年，第32页。

评中亦有贬损之意，如黄倬《国朝学案小识跋》对清乾嘉以来的学风进行了严厉的鞭挞："夫天下有性学而后有纲常，有纲常而后人道不至于澌灭。自性学之不明于天下也，于是旷达之流以名教为虚设，以性命为空谈，以荡检逾闲为豁达，以秉礼守义为拘牵。遇有一二尊崇正道、讲求性理者，辄非之笑之，且大肆狂言以讥之。不斥为怪，即訾为迂；不鄙为愚，即目为矫。今夫圣贤之道，即人人当尽之道，亦即人人同具之道也。"①唐鉴服膺程朱理学，重视义理学派，撰《国朝学案小识》即意在阐扬程朱性理之学，然乾嘉学派以复兴汉学为旨归，与以程朱理学为代表的宋学分庭抗礼，并对宋学大加排斥，所以引发理学家唐鉴等人的不满，黄倬作为唐鉴的外甥自然大力批驳汉学，斥责当时汉学家们"旷达"的学风，以此推尊宋学。

总之，旷达作为品鉴术语、审美范畴、文化概念，活跃于魏晋以后的传统文化之中，大抵以正面色彩，褒扬意义为主，而以负面贬义为辅。由此足见，古人对旷达美学价值界定的大体倾向。当然，旷达不仅仅作为品人术语，亦作为文论范畴运用于古代文学批评之中。

### 三、旷达作为审美范畴在唐代文论中的发展

无论是品人还是衡文，都是文人有意识地进行品鉴与审美活动，都是传统文化领域内的活动。旷达作为品人术语，是一种审美价值判断，本身即具有诗性之美，而文学即是一种美学，文艺学即是文艺美学、文学批评、文学评论，也是审美价值判断，是以，从终极目标与内在本质上来说，品人与衡文是具有内在相通性与一致性的，都是在同一种文化场域内的品鉴活动。正因为这种共通性，旷达从品人术语平移到文论范畴即是顺理成章、自然而然之事。从品人术语扩展为文

① 唐鉴：《国朝学案小识》，岳麓书社，2010年，第731页。

论范畴，旷达的内容发生了革命性的变化，即从主体精神的自觉走向主体精神的超越。从起初的仅仅在清谈品鉴之中流行，而逐渐超越品人的局限，进入文艺理论领域，彰显出超越主体的自由意志。

旷达一词开始进入文学批评领域并正式成为一维重要的文论范畴是在唐代。唐代诗歌处于古代诗歌发展史上的巅峰时期，诗歌的发达自然推动了诗歌理论的发展，虽然唐代诗学远不及诗歌发展兴盛，但是在诗歌的美学风格、审美范畴的探索方面，还是取得了一定的成就。此外，唐代古文运动的发展也推动了散文创作的兴盛，古文理论也有一定的发展。旷达这一文论范畴的美学蕴涵即是在唐代文学批评中发掘出来的。李华《元鲁山墓碣铭并序》评元德秀文章云：“所著文章，根元极则《道演》，寄情性则《于蒍于》，思善人则《礼咏》，多能而深则《广吴公子观乐》，旷达而妙则《现题》，穷于性命则《蹇士赋》，可谓与古同辙，自为名家者也。”①李华以旷达界定元德秀《现题》一文，可以称得上是首次将旷达运用于文论之中。中唐诗僧皎然在《诗式·辨体有一十九字》中总结了诗歌的十九种美学风格，其中一类即是“达”，自注云：“心迹旷诞曰达。”②虽然未明确提出“旷达”，但“旷诞曰达”，业已是旷达之雏形了。嗣后，晚唐诗论家司空图在《二十四诗品》中将“旷达”列为二十四类诗歌美学范畴中的一品，并用四言韵语进行诠释：

生者百岁，相去几何。
欢乐苦短，忧愁实多。
何如尊酒，日往烟萝。
花覆茅檐，疏雨相过。

① 董诰等编：《全唐文》卷三百二十，中华书局，1983年，第3248页。
② 何文焕：《历代诗话》上《诗式》，中华书局，1981年，第36页。

倒酒既尽，杖藜行歌。
孰不有古，南山峨峨。①

司空图对“旷达”这一诗歌美学范畴的内在蕴涵有着深刻的体认，具有历史的厚度与时空的广度，这首四言诠释诗糅合了《古诗十九首》的意悲而远，魏武帝曹操《短歌行》的慷慨悲壮以及陶渊明《饮酒》诗的豁达自然、隐逸情怀，同时又兼具白居易《达哉乐天行》的丰神情韵。可谓得汉魏之风骨、魏晋之情趣，是中古社会文化思想与审美蕴涵的结晶。可以看出，司空图对“旷达”的体悟主要渊源于魏晋诗歌之美。司空图近承皎然、白居易，远绍魏晋，从而总结出“旷达”这一诗歌美学范畴。这亦体现出司空图本人的思想志趣与审美心态。按《旧唐书·司空图传》载：

图有先人别墅在中条山之王官谷，泉石林亭，颇称幽栖之趣。自考盘高卧，日与名僧高士游咏其中。晚年为文，尤事放达，尝拟白居易《醉吟传》为《休休亭记》曰：……休，休也，美也，既休而具美存焉。……尚虑多难不能自信，既而昼寝，遇二僧谓予曰：“吾尝为汝师。汝昔矫于道，锐而不固，为利欲之所拘，幸悟而悔，将复从我于是溪耳。且汝虽退，亦尝为匪人之所嫉，宜耐辱自警，庶保其终始，与靖节、醉吟第其品级于千载之下，复何求哉！”因为耐辱居士歌，题于东北楹曰：“咄咄，休休休，莫莫莫，伎俩虽多性灵恶，赖是长教闲处着。休休休，莫莫莫，一局棋，一炉药，天意时情可料度。白日偏催快活人，黄金难买堪骑鹤。若曰：‘尔何能？’答云：‘耐辱莫。’”其诡激啸傲，多此类也。图既脱柳璨之祸还山，乃预为寿藏终制。故人来者，

① 《历代诗话》上《二十四诗品》，第44页。

引之圹中，赋诗对酌，人或难色，图规之曰：“达人大观，幽显一致，非止暂游此中。公何不广哉！”①

可见司空图晚年与名僧高士交游，行文放达，仿效白居易《醉吟传》而作《休休亭记》，反映出其对“美”的自觉向往与执着追求，其以陶渊明、白居易为精神楷模，喜好赋诗酌酒，并劝友人达观，心胸广大，可见，其晚年为真旷达之人，因此他提出“旷达”这一美学范畴是自然而然之事。陶渊明之旷达自不必赘言，而白居易亦是追寻陶渊明之精神情志而成为旷达之士。如《旧唐书·白居易传》称居易：“效陶潜五柳先生传，作《醉吟先生传》以自况。文章旷达，皆此类也。”②是以，宋人在论述司空图时秉承于《旧唐书》，然易“放达”为“旷达”，更直接地点明了司空图的旷达之风，如《册府元龟·总录部》文章五云：“司空图，僖宗时，为中书舍人，未几以疾辞。晚年为文，尤事旷达。常拟白居易《醉吟传》为《休休亭记》。”③后世文人皆仰慕司空图之旷达，如清人阎镇珩《黄君寿圹铭序》云：“今岁都转从孙小鲁观察自鄂来书，言黄君年七十晋三矣，精强不衰，慕唐司空表圣之旷达，放其迹为生圹。”④序中指出黄都转从孙黄小鲁在书信中称其祖父仰慕并仿效司空图之旷达。可见，司空图本人之风操与《二十四诗品》之“旷达”深入人心。司空图将旷达作为一品诗歌美学风格单独列出，具有体式化的意义，使得旷达正式成为古代文论的一个审美范畴，可谓厥功甚伟！

要言之，旷达在唐代进入文论领域，成为文论范畴，经过《二十

① 刘昫等：《旧唐书》卷一百九十下《文苑传下》，中华书局，1975年，第5083~5084页。

② 《旧唐书》卷一百六十六《白居易传》，第4355页。

③ 《册府元龟》卷八四一《总录部》九十一，第9771页。

④ 阎镇珩：《北岳山房诗文集·文集》卷十四《圹铭》，岳麓书社，2009年，第217页。

四诗品》的书写而具备体式化意义，其美学蕴涵在古代文论中得以发展流衍，同时也拓展了旷达的美学价值与意蕴，使其在唐以后的文论中被大量采用。唐以后的各代文人均在评诗论文时或自觉或不自觉地运用旷达这一审美范畴，提高了文化格调、深化了文学意境。是以，唐代是旷达从品人术语发展到文论范畴的开始阶段，也是过渡阶段。

## 四、旷达作为审美范畴在唐以后文论中之流衍

“旷达”虽然在唐代正式成为文论范畴并被赋予体式化意义，但在文学批评之中并未被广泛运用，而自唐以后，宋元明清各代文人皆好于文学批评中运用“旷达”这一美学范畴，以此阐释自己的文艺美学理念，是以旷达的文艺美学蕴涵主要在唐以后得到发展深化。

“旷达”首先活跃于宋人的诗评中，彰显出极强的生命力。北宋吴处厚《青箱杂记》卷七云：“白居易赋性旷达，其诗曰：‘无时日月长，不羁天地阔’，此旷达者之词也。孟东野赋性褊狭，其诗曰：‘出门即有碍，谁谓天地宽？’此褊狭者之词也。然则天地又何尝碍郊，盖郊自碍耳。”①此条诗论通过对比白居易与孟郊的性格及诗风格调，以此突出白居易之旷达、孟郊之褊狭。南宋江西诗派陈师道在《后山诗话》中说：“孟嘉落帽，前世以为胜绝。子美《九日》诗云：‘羞将短发还吹帽，笑倩傍人为正冠。’其文雅旷达，不减昔人。故谓诗非力学可致，正须胸肚中泄尔。”②按江西诗派祖述杜甫，虽学杜甫，但亦认为杜甫可望而不可即，是以陈师道在称赞杜诗旷达之同时亦指出诗乃出于胸臆之自然抒发，非力学可致。真德秀《跋黄瀛甫

① 程毅中主编：《宋人诗话外编·青箱杂记》，中华书局，2017年，第162页。

② 《历代诗话》上《后山诗话》，第302页。

拟陶诗》评陶渊明诗云：“虽其遗宠辱，一得丧，真有旷达之风，细玩其词，时亦悲凉感慨，非无意世事者。”①此即点明陶渊明之诗以旷达为特质，而内在蕴藏着悲慨，旷达与悲慨对立统一于陶诗之中。罗大经尤好以旷达赞扬白居易诗，如《鹤林玉露》“以学为诗”条云：“如白乐天之诗，旷达闲适，意轻轩冕，孰不信之？”②“乐天对酒诗”条评白居易《对酒诗》云：“自诗家言之，可谓流丽旷达，词旨俱美矣。”③可见罗大经十分推崇白诗旷达之美。吴子良《石屏诗后集序》评价石屏晚年诗歌云：“行年七十七矣，焚香观化，付断简于埃尘，隐几闭关，等一楼于宇宙，离群绝侣，对独影为宾朋，而时发于诗，旷达而益工，不劳思而弥中的。然则诗固自性情发，石屏所造诣有在言语之外者，非世俗所能测也。”④吴氏指出石屏晚年诗歌之成就在于言语之外，即言外之意、象外之象，此处用旷达概括其诗风，即是着眼于诗歌之意境与内在蕴藉。刘克庄《林子显诗序》云：“余敬其人，得其诗若干首，皆五言也，无郊、岛之艰深，而有元、白之旷达。”⑤刘氏以元稹、白居易诗风之旷达以喻林子显之五言诗，可谓评价甚高。刘克庄《跋赵公纲摘稿》评尤溪二赵文章云：“其言旷达而切情，闲淡而诣理，纵不逾矩者也，戏不为虐者也。”⑥可见刘氏以旷达赞二赵文辞的情调意境之美。

要之，从北宋到南宋，旷达愈发得到文论家之重视，被广泛运用于诗论之中，成为诗论中必不可少的审美范畴，而在文评中较少运用，在词评中更是鲜有涉及。旷达在宋人文论中之运用，将品人与衡

① 曾枣庄主编：《宋代序跋全编》卷一七六《题跋》八〇，齐鲁书社，2015年，第5021页。

② 罗大经：《鹤林玉露》卷三《乙编》，中华书局，1983年，第163页。

③ 《鹤林玉露》卷三《丙编》，第287页。

④ 《宋代序跋全编》卷五六《书（篇）序》五六，第1521页。

⑤ 《宋代序跋全编》卷五四《书（篇）序》五四，第1458页。

⑥ 《宋代序跋全编》卷一八一《题跋》八〇，第5151页。

文有机地结合了起来，对于诗文意境的阐发、思想格调的理解、古今诗风的比较均大有裨益。元人亦有以旷达论诗文者，如王恽《送东崖学士总尹建昌军》诗云："颜笔谢诗增旷达，铜陵碧涧梦跻攀。"此处即以旷达概括颜延之文章与谢灵运诗歌之风格。但总的来说，旷达一词罕见于元人的文论之中，这与元代整体文化精神的没落与文论发展的式微有着巨大关系。旷达在明代文论中主要用于诗论与词论之中，亦别具特色。

朱升《风林类选小诗》选录自汉魏至晚唐的五言绝句，并效法方回《瀛奎律髓》分类思想，将所选诗歌共分 38 体，而"旷达"即为一体，可见朱升创造性地继承了司空图《二十四诗品》的美学思想，不仅将旷达作为一维重要的诗歌美学范畴，而且将其作为一种诗体，如此即推动了旷达在明清两代文论的运用，拓展了旷达的文艺美学价值。"后七子"之一的谢榛在《四溟诗话》中说："(宗)诚轩《炙背》诗曰：'昨夜清霜重，晴檐炙背初。宁言工我赋，兼得课儿书。钟鼎形骸外，溪山梦寐余。角巾庭际影，坐惜鬓毛疏。'俨然写一负暄障子。老成之语，旷达之气，此造少陵之渐也。"①谢榛称赞宗诚轩《炙背》诗旷达之气直逼杜甫，可见其对杜诗旷达之风的推崇。唐宋派茅坤在《唐宋八大家文钞》卷一七中说："子厚最失意时最得意书，可与太史公《与任安书》相参，而气似呜咽萧飒矣。予览苏子瞻安置海外时诗文及复故人书，殊自旷达，盖由子瞻晚年深悟禅宗，故独超脱，较子厚相隔数倍。"②茅坤在文中比较了柳宗元与苏轼文风之差异，强调柳文之失意处与司马迁《报任安书》相类，而与苏轼落魄时之诗文旷达之风貌相去甚远，并指出其中缘由在于苏轼晚年因参禅而超脱。竟陵派钟惺在《古诗归》中评陶渊明诗云："陶公山水朋友诗文之乐，即从

① 《历代诗话续编·四溟诗话卷四》，第 1216 页。

② 柳宗元撰，尹占华、韩文奇校注：《柳宗元集校注》卷三十，中华书局，2013 年，第 1969 页。

田园耕凿中一段忧勤讨出，不别作一副旷达之语，所以为真旷达也。”①此处辩证地指出陶诗正是因为自然平淡，不强作旷达之风，反而形成真旷达之美，可见钟惺对旷达之美的本质有深刻的体悟。以上诸家诗论运用旷达或阐释诗境，或推断诗人个性，或对诗人风格进行比较分析，皆彰显出旷达的作用与生命力。而旷达在词论中也是大抵如此。

张綖好以旷达评苏轼词，如其《草堂诗余后集别录》云：“东坡《南乡子》‘霜降水痕收’和《西江月》‘点点楼前细雨’：《南乡子》尾句‘休休，明日黄花蝶也愁’，翻案郑谷诗句，而意殊衰飒。《西江月》尾句‘酒阑不必看茱萸，俯仰人间今古’，翻案老杜诗句，则意度旷达，超越千古矣。”②此条通过对比指出，东坡词《南乡子》尾句承袭郑谷诗句，是以“意殊衰飒”，而《西江月》尾句源于杜甫诗句，是以意度旷达，可见张綖对杜诗旷达之风极为推崇。《别录》又云：“东坡《念奴娇》‘大江东去’：赤壁周、曹之战，千古英雄遗迹也。坡翁既作赋以吊曹公，复作此词以吊周瑜。《赋》后云‘自其变者而观之，则天地曾不能一瞬；自其不变者而观之，则物与我皆无尽也’，及此词结句‘人生如梦，一樽还酹江月’，其旷达之怀，直吞赤壁于胸中，不知区区周、曹为何物，不如是，何以为雄视千古乎？”③此条兼评苏轼《念奴娇·赤壁怀古》与《赤壁赋》，指出苏词及赋具有旷达之襟怀，是以雄视千古，揭示了苏文的境界之高与美学价值之大。汤显祖评韦庄《菩萨蛮五首其四》云：“一起一结，直写旷达之思。与郭璞《游

① 北京大学、北京师范大学中文系编：《陶渊明资料汇编》四《明代》，中华书局，1962年，第170页。

② 邓子勉：《明词话全编·张綖词话》，凤凰出版社，2012年，第1106页。

③ 《明词话全编·张綖词话》，第1107页。

仙》、阮籍《咏怀》，将无同调。”①卓人月《古今词统》云：“朱希真《浪淘沙》‘风约雨横江’：真伤心人，作假旷达语。”②可见明人在词论中对旷达之运用也是得心应手，借助阐释旷达的美学蕴涵而将词论与诗论结合起来，形成诗词互证之特色，这是明代超越宋代文论的一个方面。

要之，明代文论中的“旷达”，与前代一样，都是对诗歌美学蕴涵的探赜，当然宋明两代也各有特色。大抵宋人偏重论诗，明人诗词兼重。明代七子派、唐宋派、竟陵派等主要的诗文流派皆运用旷达以评诗，可见，旷达的美学蕴涵符合各派的审美理念，具有强大的生命力。清人也继承了前人的优秀传统，在文论中更为广泛地运用旷达，赋予了旷达更加强大的文艺生命力。

叶燮《南游集序》云：“余历观古今数千百年来所传之诗与文，与其人未有不同出于一者，得其一，即可以知其二矣。即以诗论，观李青莲之诗，而其人之胸怀旷达、出尘之概，不爽如是也；观杜少陵之诗，而其人之忠爱悲悯、一饭不忘，不爽如是也；其他巨者，如韩退之、欧阳永叔、苏子瞻诸人，无不文如其诗，诗如其文，诗与文如其人。盖是其人，斯能为其言；为其言，斯能有其品。人品之差等不同，而诗文之差等即在可握券取也(《已畦集》卷八)。”③作为大诗论家，叶燮善于从诗之本原出发来探讨诗歌之美学蕴涵，在这篇序中他通过列举李白诗歌旷达之风与其人格精神相一致来证明诗文如其人，诗与人合一，人品决定诗品，这种观念显然是儒家正统的思想理念在文艺理论中的反映。格调派沈德潜《古诗源》云：“晋人诗旷达者征引

① 赵崇祚编，杨景龙校注：《花间集校注》卷二，中华书局，2014年，第342页。

② 《明词话全编·古今词统》，第4334页。

③ 洪本健：《欧阳修资料汇编》四《清代·叶燮》，中华书局，1995年，第693页。

老、庄，繁缛者征引班、扬，而陶公专用《论语》。”①沈氏点明了晋诗旷达之风形成的原因是征引老庄玄学所致。纪昀《玉溪生诗说》卷上评李商隐《览古》诗云：“首二句浅率，中四句庸下。且既以警戒意入，又以旷达语收。首尾衡决，全无诗法。”②纪昀在此虽用旷达评李诗，却用意在贬，可见旷达也不尽是优点，关键在于如何运用。阮元在《定香亭笔谈》中评黄宗羲《不寐》诗云：“语极旷达，盖无意求工，而诗愈工也。”③他指出旷达的风发展到极致而使诗歌自然工整。经学家郝懿行在《颜氏家训斠记》中指出：“陶渊明自作《挽歌》，乃愈见其旷达，然故是变格尔。”④郝氏指出陶渊明《挽歌》虽有旷达之风，但属于变格，可见陶诗不拘一格，灵活善变的特色。方东树在《昭昧詹言》中评价韩愈诗歌云：“韩公诗，文体多，而造境造言，精神兀傲，气韵沈酣，笔势驰骤，波澜老成，意象旷达，句字奇警，独步千古，与元气侔。”⑤作为桐城派文人，方东树极为推崇杜、韩诗歌，此处称赞韩愈诗歌“意象旷达”，也彰显出桐城派诗学主张。魏源《诗比兴笺》评李贺《相劝酒》诗云：“忧时之语，托之旷达，殆亦元和末年所作。时天下虽治，君臣渐侈，故隐然忧之。”⑥此即阐明了李诗旷达背后的隐忧心态。方玉润《诗经原始》评《国风·蟋蟀》云：“此真唐风也。其人素本勤俭，强作旷达，而又不敢过放其怀，恐耽逸乐，致荒

① 沈德潜选：《古诗源》卷九，中华书局，1963年，第204页。

② 刘学锴、余恕诚、黄世中：《李商隐资料汇编》五《清代》，中华书局，2001年，第650页。

③ 钱仲联主编：《清诗纪事·明遗民卷》，凤凰出版社，2004年，第72页。

④ 颜之推撰，郝懿行斠记：《颜氏家训斠记》卷四《文章第九》，齐鲁书社，2010年，第5165页。

⑤ 方东树著，汪绍楹点校：《昭昧詹言》卷九《韩公》，人民文学出版社，1961年，第219页。

⑥ 魏源：《诗比兴笺》卷四《李贺诗笺·长吉七言古诗》，岳麓书社，2004年，第608页。

本业。”①评《小雅·无将大车》云：“此诗人感时伤乱，搔首茫茫，百忧并集，既又知其徒忧无益，祇以自病，故作此旷达，聊以自遣之词。亦极无聊时也。”②方玉润以旷达解《诗经》中之名篇，可谓经学与文学、心理学之合璧，道毛诗郑笺、孔颖达、马瑞辰、陈奂所不能道。刘熙载《艺概·诗概》云：“古诗十九首，与苏、李同一悲慨。然古诗兼有豪放旷达之意，与苏、李之一于委曲含蓄，有阳舒、阴惨之不同。知人论世者自能得诸言外，固不必如钟嵘诗品谓‘古诗出于国风，李陵出于楚辞’也。”③刘氏认为古诗十九首有旷达之风，与苏、李诗不同，并进而指出钟嵘《诗品》所谓的古诗和苏、李诗之渊源论不足为据，可见《艺概》颇具创见。刘熙载又在《赋概》中说：“赋有以所纪之事实重者，如王无功《游北山赋》，似不过写其闲适旷达之意，然叙文中子一段抽出之，足为文献之征，乃赋中有关系处也。”④此即点明王无功《游北山赋》既要以旷达看待，又不能囿于旷达，具有辩证思想。常州词派后劲陈廷焯《骚坛精选录》评南朝文宗沈约诗云：“《长歌行二首》《长歌》二首，择言高雅，的的名作。于前人中颇近陆士衡。……末作旷达语亦佳。”⑤又评吴均《边城将三首》其三云：“双(脱一‘关’字)起，妙在不乏风骨。句奇语重。结亦作旷达语。”⑥在《白雨斋词话》中评元人刘因《木兰花·未开常探花开未》一词云：“疏狂风雅之至。真旷达之语，即‘人生行乐耳’之意，而语却婉委。”⑦

① 方玉润：《诗经原始》卷六《国风六·唐》，中华书局，1986年，第252页。

② 《诗经原始》卷十一《小雅三·北山之什》，第426页。

③ 刘熙载撰，袁津琥校注：《艺概注稿》卷二《诗概》，中华书局，2009年，第240页。

④ 《艺概》卷三《赋概》，第476页。

⑤ (清)陈廷焯：《白雨斋诗话》上编《骚坛精选录》，凤凰出版社，2014年，第24页。

⑥ 《白雨斋诗话》上编《骚坛精选录》，第31页。

⑦ 陈廷焯撰，孙克强主编：《白雨斋词话全编·云韶集辑评》卷一一，中华书局，2013年，第259页。

由以上三例可见，提倡沈郁之美的陈廷焯亦对旷达之美有着深刻的体认。

要言之，旷达主要运用于清代诗评中，用于阐释诗歌风格，鉴赏诗歌意境之美，但其于词评与文评仅仅是偶尔涉及。是以，旷达在清代与宋代中的运用情形较为相近，而与明代差别较大，这也反映出词在古代文坛中地位的低下，而文章的旷达之风不太为学者重视。值得注意的是，乾嘉学派诸老运用旷达评诗，使得旷达在清代诗论中的运用也呈现出一定的朴学特色，而清代的格调派、桐城派、常州词派等诗文流派皆用旷达评诗，亦可看出旷达的美学蕴涵具有主观普遍性的意义与价值。

## 结　　语

黑格尔说美是绝对理念的感性显现，是以旷达之美即是中古名士内心思想理念的感性显现、外化彰显，是中古名士返璞归真、追求内在之我，与天地万物融为一体从而获得心灵的安顿畅快的诗性之美。魏晋时期的玄学清谈催生了“旷达”这一美学范畴与品人术语，嵇康、阮籍用自己的实际行动践行了旷达的处世态度与精神人格。旷达在唐代进入文艺领域，经过皎然《诗式》、司空图《二十四诗品》的演绎，获得了深厚的文艺美学蕴涵，正式由品人术语演变为文论范畴，并具备了体式化的意义。品人与衡文在本质上都是对旷达美学蕴涵的运用，都是在传统文化场域中进行的话语阐释行为，二者具有天然的共通性，因此作为中国古典美学及文学批评中的一个重要范畴、概念，旷达在宋、明、清三代的文论，尤其是诗论中得到广泛运用，一方面拓展深化了自身的美学蕴涵与文艺价值，另一方面反映出各个时代的学术文化风貌与文学发展态势。因而旷达的美学蕴涵并不局限于其概念之本身，更多的在于将其置于各种文化领域内而进行的阐释，其在史学、哲学、美学、文学、文学批评之中皆具有深厚的美学蕴涵，而其之诗学价值更值得学界去关注。

## 第三节 正反褒贬的交替更迭——“质实”审美内蕴之衍变

“质实”是中华思想文化的一个术语，也是一个审美范畴，有着深厚的思想文化价值与审美内蕴。由品人到衡文，由经史子诸领域到文学批评领域，由汉末到唐宋再到元明清，质实的审美内蕴在正反褒贬的交替更迭的过程中不断地发展衍变，既折射出传统学术的智慧，亦反映出中华思想文化有着生生不息的生命张力。目前学界对质实审美内蕴的考察与探赜大多集中于词学领域和书画领域，对其在诗学批评、文章批评以及其他学术文化领域中的发展衍变的形态与格局鲜有涉及。笔者有鉴于此，拟从思想文化的宏观角度出发对质实的审美内蕴做一个整体性的审视和探研，揭示其在古代思想文化场域中的衍变轨迹以及其所昭示的思想文化价值，并以此求教于方家。

### 一、“质实”审美内蕴自汉末至宋代的发展

“质实”这一术语和范畴始见于汉末建安七子之一的阮瑀的《文质论》：“夫远不可识，文之观也；近而得察，质之用也。文虚质实，远疏近密。”①这里的“文”指的是人的外在的表现以及文采修饰，“质”指的是人的内在品性本质。此篇《文质论》重在论述人物品质与为政治国之间的关系，阮瑀认为“文虚质实”，而且“丽物苦伪，丑器

① 俞绍初辑校：《建安七子集》卷五，中华书局，2005年，第169页。

多牢，华璧易碎，金铁难陶”①，也就是说文是远的、虚的，是形式，质是近的、实的，是内质，文华而不实，质却利于实用，所以阮瑀的《文质论》倾向于重质轻文，推崇“质实”，贬抑“文虚”。可见在阮瑀《文质论》中，“质”是作为“文”的对立面而存在的，“质实”即内质利于实用之义。在古代思想文化场域中，文一般指外在的形式、华美的文采，质，指的是内容、内在的品质。梁代皇侃《论语义疏》云：“质，实也。……文，华也。”②可见质与实内涵一致，质实即朴实无华之意。梁代僧祐在《弘明集后序》中称自己所辑录的《弘明集》中的文章：“言非荣华，理归质实。”③又在《安玄传》中评竺将炎所传译的佛经云：“将炎未善汉言，颇有不尽。然志存义本，近于质实，今所传法句是也。”④僧祐所说的质实即是平直笃实之义，他把质实作为衡量佛理文章的一个审美标准。通过以上几例可以看出，作为一个思想文化术语和审美范畴，“质实”的基本意涵明确，即质朴平实之义，彰显出中古学者的审美趣味。

唐宋时期，“质实”又成为品人术语。如唐初魏徵等人在《隋书·侯莫陈颖传》文末评云：“周摇以质实见知……皆有可称焉。”⑤此中“质实”即人品质朴笃厚之意。宋人杨万里在《宋故龙图阁学士张公神道碑》中称赞张大经云：“公忠孝天得，方重质实，白事清俭，待人谦和。”⑥朱熹评曾参云：“其为人质实，心不大段在外。”⑦陆九渊

① 《建安七子集》卷五，第169页。

② 皇侃：《论语义疏》卷第三，中华书局，2013年，第140页。

③ 僧祐撰，李小荣校笺：《弘明集校笺》，上海古籍出版社，2013年，第794页。

④ 释僧祐：《出三藏记集》卷第十三，中华书局，1995年，第512页。

⑤ 魏徵、令狐德棻：《隋书》卷五十五，中华书局，1973年，第1382页。

⑥ 杨万里撰，辛更儒笺校：《杨万里集笺校》卷一二一，中华书局，2007年，第4682页。

⑦ 黎靖德编：《朱子语类》卷第二十一《论语三》，中华书局，1986年，第489页。

《与朱元晦书》评古人为学云："古人质实，不尚智巧，言论未详，事实先着，知之为知之，不知为不知。"①叶适《叶君墓志铭》评叶梓云："性行质实，无异好恶，门内如一人。"②洪迈《夷坚志》评都昌吴孝妇云："赋性质实，不与人妄交一言。虽他人财物，纷杂在前，不举目一视，其所取唯称其直。"③由此可见，宋人好以"质实"评人，究其缘由，乃是宋代道学文化的浸润所致，宋学文化理念极为重视个人的精神修为与品质节操，质实自然就成为一个理想人格的标志，也成为宋人价值观念的一个标准，是故宋人不但好以质实品人，亦将质实运用于经学专著之中。如程颐在《周易传》中阐释《周易·坎卦》六四爻辞"樽酒簋贰，用缶，纳约自牖，终无咎"云："大臣当险难之时，唯至诚见信于君，其交固而不可间，又能开明君心，则可保无咎矣。夫欲上之笃信，唯当尽其质实而已。多仪而尚饰，莫如燕享之礼，故以燕享喻之，言当不尚浮饰，唯以质实。所用一樽之酒，二簋之食，复以瓦缶为器，质之至也。其质实如此，又须纳约自牖。"④程颐在注文中强调大臣要以至诚见信于君主，就务必要为人质实，这显然是在宣扬忠君思想。朱熹《诗集传》注《小雅·天保》中"民之质矣，日用饮食"二句云："质，实也。言其质实无伪，日用饮食而已。"⑤朱熹以质实释"民之质"，即是将道德评断融入诗学阐释。朱熹弟子蔡沈《书集传》注《周书·冏命》"慎简乃僚，无以巧言令色，便辟侧媚，其惟吉士"云："巧，好。令，善也。好其言，善其色，外饰而无质实者也。"⑥蔡沈将巧言令色与质实对立起来，反映了理学家的观念。由是

---

① 陆九渊：《陆九渊集》卷二，中华书局，1980年，第27页。

② 叶适：《叶适集》卷之十三，中华书局，2010年，第231页。

③ 洪迈：《夷坚志·夷坚志补卷第一》，中华书局，2006年，第1555页。

④ 程颐：《周易程氏传》卷第二，中华书局，2011年，第165~166页。

⑤ 朱熹注：《诗集传》第九，凤凰出版社，2007年，第122页。

⑥ 蔡沈撰，（宋）朱熹授旨：《书集传》卷六，华东师范大学出版社，2010年，第254页。

观之，宋代理学家在经学著作中运用“质实”的语义内涵，以表达自己的政治思想、理学观念与价值判断。在理性精神高涨的宋代学人的心中，质实是一种正面褒义的价值标准与理想品性。

“质实”作为一个思想文化术语和审美范畴，不仅运用于经史子诸领域之中，亦在文学批评领域发挥作用。其进入文学批评领域，成为古代文学批评的一个审美范畴也是发生在宋代。如杨天惠《王君礼诗集序》称赞王君礼诗文云：“君于诗文深矣，体裁质实如其为人，而悫词强句间足自立。”①此即以人品之质实类比诗文体裁之特质。又如得轩漫叟《采石瓜洲毙亮记序》评刘省干《采石瓜洲毙亮记》云：“其文质实典雅，笔势远轧韩、柳，盖与夫靡曼不根者去万万矣。”②此即将质实作为一种优良的文风与靡曼不根的不良文风对立起来。再如程珌《吴基仲诗集序》评吴垕诗云：“然君之诗平淡质实，亦皆践履体察之所形，见者、读者可以想见其人焉。”③程珌以质实评吴诗，亦是将诗品与人品等同起来。复如刘克庄《跋何谦诗》云：“余识何君乃翁，尝品其诗，今君复以诗名。翁诗质实而饱足，坐胸中书融化未尽，所欠高简；君稍变体，借虚以发实，造新以易腐，因难以出奇。”④刘克庄指出何谦父亲的文章“质实而饱足”，即是称赞其文章质朴无华，内容充实。但是他同时又指出，何父文章缺乏“高简”之质，而何谦能够改变乃父文风，以虚发实，以新易腐，因难出奇，也就是在文章质实的基础上，加以润饰，增添文采，将华美与质朴统一起来，达到虚实相生，奇正相补的艺术境界，可见刘克庄是主张文质统一的。朱熹评汉初文章云：“汉初贾谊之文质实。晁错说利害处

---

① 曾枣庄主编：《宋代序跋全编》卷一七《书(篇)序一七》，齐鲁书社，2015年，第441页。

② 《宋代序跋全编》卷二九《书(篇)序二九》，第779页。

③ 《宋代序跋全编》卷四六《书(篇)序四六》，第1236页。

④ 《宋代序跋全编》卷一八三《题跋八七》，第5215页。

好，答制策便乱道。”①可见，在朱熹眼中贾谊文章的经世之文正是质实文风的代表。

总之，从汉末至宋代，质实作为一个思想文化术语和审美范畴，被运用于各类学术文化领域之中。质实由经史子诸领域进入文学批评领域之中，由品人术语衍化为衡文标准，均是其内在意涵的衍生与发展，而其审美内蕴皆体现出正面褒义性。但是随着时代的发展演变，质实的审美内蕴在文学批评中也悄然发生了变化，即产生了反面贬义性。

## 二、张炎《词源》及元明文学批评中的质实

质实在古代文学批评中以反面贬义的性质出场是在宋元之际。宋末词坛最后一位大家张炎在其词学名著《词源》卷下中说：

> 词要清空，不要质实；清空则古雅峭拔，质实则凝涩晦昧。姜白石词如野云孤飞，去留无迹。吴梦窗词如七宝楼台，眩人眼目，碎拆下来，不成片段。此清空质实之说。梦窗《声声慢》云：“檀栾金碧，婀娜蓬莱，游云不蘸芳洲。”前八字恐亦太涩。如《唐多令》云：“何处合成愁。离人心上秋。纵芭蕉不雨也飕飕。都道晚凉天气好，有明月、怕登楼。前事梦中休。花空烟水流。燕辞归、客尚淹留。垂柳不萦裙带住，谩长是，系行舟。”此词疏快，却不质实。如是者集中尚有，惜不多耳。白石词如《疏影》《暗香》《扬州慢》《一萼红》《琵琶仙》《探春》《八归》《淡黄柳》等曲，不惟清空，又且骚雅，读之使人神观飞越。②

① 《朱子语类》卷第一百三十九《论文上》，第3299页。
② 唐圭璋：《词话丛编·词源》，中华书局，2005年，第259页。

在张炎的论述中，质实是与清空对立并存的一种创作风格、审美理想。所谓清空，即是一种“古雅峭拔”“如野云孤飞，去留无迹”的美学风格，易言之，即是一种语意疏快，境界空灵，清峭拔俗，遗神取貌的审美境界，以姜夔词为代表。而作为清空对立面的质实，则是一种意象密丽、典实繁冗、藻饰太甚、运虚于实、“凝涩晦昧”，平直而拘于事实，缺乏浑成如化的整体美感的一种词学风格，以吴文英词为代表。清空词风重在一个“虚”字，是虚写促成的，而质实词风重在一个“实”字，是实写导致的。张炎明确提出“词要清空，不要质实”，将质实之词风作为反面教材，质实的审美内蕴在《词源》中即被赋予了贬义。这在质实审美内蕴的发展衍变史上具有划时代的意义，在以往各个学术文化场域以及文学批评领域中，质实均是作为正题出场的，皆具有褒义，但在张炎这里，质实则变为寄寓贬义的反题，这是一个大转折。张炎在词学领域中将质实范畴的审美内蕴以反易正，以贬易褒，确立了质实范畴作为反题的典范。当然，张炎之所以提出这样的词学审美观念，也是特殊的时代背景使然。南宋灭亡之后，蒙元政府对宋遗民进行了严密的监控，而遗民们只能采用空灵神韵的表达手法委婉间接地表达内心的苦闷与诉求，而清空正符合当时历史条件下的审美需求，而以实写为导向的质实之风自然不能为遗民文人所用。

张炎之后，在元明两代的文学批评中，质实作为一个审美范畴，大体上是以正面褒义的角色出场的。如元人苏天爵在《元故国子司业砚公墓碑》中称赞砚弥坚云：“公问学淳正，文章质实，务明道术，以敦世教，其为人亦然。”①在《元故中奉大夫……孛术鲁公神道碑铭》中称赞孛术鲁翀云：“公为文章严重质实，不为浮靡，其词悉本

① 苏天爵：《滋溪文稿》卷第七，中华书局，1997年，第108页。

诸经，如米粟布帛，皆有补于世教。”①苏氏以质实评文，并以之比附道术世教与人之品性，意在主张人品与文品合一。明代理学家吕坤《呻吟语》云：“其文典雅者，其人必质实。”②此中质实与典雅在本质内涵上是一致的。理学家吕柟《太常南所语第二十九》云：“如汉董仲舒、汲长孺，其文质实，自然有生意。”③即是说质实是文章有生意的一个前提条件。文论家顾起纶《国雅品·士品三》称赞湛司马元明云：“其为文章平易质实，诗词颇酝藉逸秀。”④顾起纶认为质实之美与平易之风是统一的。诗文家张綖《草堂诗余别录》云：

> 宋谦父《贺新郎》“灵鹊桥初就”：此词如“岁月不留人易老，万事茫茫宇宙。但独对西风搔首”，语亦高雅。若“休笑双星经岁别，人到中年已后。云雨梦，可曾常有”，则村夫子俚语耳。然通篇质实近情，有乐天之遗风，老年人谓之可以适兴。⑤

张綖认为宋谦父《贺新郎·灵鹊桥初就》一词质实近情，颇具白居易之诗风，可见在他看来，质实就是一种像白居易新乐府一样质朴无华、自然平易的审美风格，他也是极为推崇这种质实词风的。

要言之，元明两代文学批评中的质实范畴，大抵以正面褒义出场，而且其之审美内蕴与张炎之前的传统审美理念大体一致，指的是一种质朴无华的美学风格与审美理想，与张炎《词源》的观念迥然不同。所以张炎所说的质实主要是指以吴文英为代表的一种词风。除了

① 《滋溪文稿》卷第八，第126页。

② 吕坤：《吕坤全集·呻吟语卷六外篇·词章》，中华书局，2008年，第898页。

③ 吕柟：《泾野子内篇》卷之二十二，中华书局，1992年，第222页。

④ 丁福保辑：《历代诗话续编·国雅品》，中华书局，2006年，第1103页。

⑤ 邓子勉：《明词话全编·张綖词话》，凤凰出版社，2012年，第1105页。

张炎《词源》，质实在元明两代的文论中均以正面角色出现，由此可见，宋元易代之际，质实的审美内蕴发生了由正及反、由褒及贬的衍变，但是张炎之后，随着遗民群体的消亡，政治高压的解除，情况旋即发生了反转，即质实重又作为正题屹立于文学批评场域之中。如此看来，质实审美内蕴的衍变是交替更迭的。值得注意的是元明两代的文学批评家对于质实并不是很重视，因此对于质实的审美内蕴之挖掘与评断极为有限，及至清代，文学批评界对于质实审美内蕴的探论方才热烈起来。

### 三、清代文学批评中“质实”审美内蕴衍变的多元化

清代是中国传统文化的总结期，各类学术文化思潮发展至清朝皆臻于成熟稳定乃至完善，其标志之一即是学术思想的多元化发展。在学术文化发展的整体态势的驱动下，质实的审美内蕴在清代文学批评场域中的发展衍变也呈现出多元化格局，约略而言，这种格局主要由正面、负面与折衷正负三类审美形态构成。

对质实审美内蕴持正面褒义态度的清代学人以潘德舆最为著名。潘德舆的诗学批评宣扬温柔敦厚的诗教，因而提倡质实的审美风格，试图扭转 代诗风，使之朝向风雅方向发展。他在《养一斋诗话》中说：

> 吾学诗数十年，近始悟诗境全贵“质实”二字，盖诗本是文采上事，若不以质实为贵，则文济以文，文胜则靡矣。吾取虞道园之诗者，以其质也；取顾亭林之诗者，以其实也。亭林作诗不如道园之富，然字字皆实，此“修辞立诚”之旨也。竹垞、归愚选明诗，皆及亭林，皆未尝尊为诗家高境，盖二公学诗见地犹为文采所囿耳。

潘德舆指出质实在诗境之中最为重要，质实即是一种质朴自然、厚重充实的美学风格和境界，他列举元代诗人虞集的诗作为“质”之代表，指出虞诗“气苍格迥”，“质直近天机”①，朴实无华，真气充盈，诚为“质直”之诗。他以顾炎武的诗作为“实”之代表，赞叹“亭林之诗坚实，皆非以诗为诗者，而其诗境直黄河、太华之高阔也”②。顾炎武诗笔力雄健，境界阔大，诚为“坚实”之诗。潘德舆标举质实，意在矫正南宋以来崇尚浮靡绮艳，取神蹈虚的诗词审美风尚，所以他说：

> 或言诗贵质实，近于腐木湿鼓之音，不知此乃南宋之质实，而非汉、魏之质实也。南宋以语录议论为诗，故质实而多俚词；汉、魏以性情时事为诗，故质实而有余味。分辨不精，概以质实为病，则浅者尚词采，高者讲风神，皆诗道之外心，有识者之所笑也。③

在潘德舆看来，质实之诗出于“性情时事”而有余味，而非“近于腐木湿鼓之音”，诗贵质实乃是贵汉魏之质实，而非南宋之质实，他认为“南宋以语录议论为诗”只是俚词，并无质实之美，他主张以质实矫正尚词采、讲风神的诗风之弊。潘德舆的质实论是针对清中叶以来的浮靡的诗风而发的，具有一定的影响力。钱仲联《梦苕盦诗话》云：“潘四农养一斋诗根底盘深，嘉、道间一作手，所著诗话，标举‘质实’二字，以救渔洋、仓山两派之弊，洞见本源，可范来学。”④钱先生一语道破了潘德舆诗论标举“质实”的意义之所在。

---

① 潘德舆：《养一斋诗话》卷三，中华书局，2010年，第41页。
② 《养一斋诗话》卷三，第45页。
③ 《养一斋诗话》卷三，第45~46页。
④ 钱仲联：《清诗纪事·道光朝卷》，凤凰出版社，2004年，第2400页。

除潘德舆外，无论是在诗学批评中，还是在文章批评中，抑或在词学批评中，质实审美内蕴的正面褒义性均得到了一定程度的褒扬与推崇。例如在诗学批评方面，清初学者邓汉仪也推崇质实之美，其评汪如龙《登道场山顶》“岚气千岩扑面重”一句云：“诗体质实，而秀气自溢毫端。”①其评孙志乔《作客》一诗云：“一味质实，得杜意。”②清中叶学者王昶《蒲褐山房诗话》论彭端淑诗云：“乐斋诗大抵质实厚重，不为鞶帨之习者也。”③其以厚重与质实并举，并贬抑鞶帨之习，审美取向昭然可见。大学者刘熙载论诗亦尚质实，他在《艺概·诗概》中说：“昌黎、东野两家诗，虽雄富清苦不同，而同一好难争险。惟中有质实深固者存，故较李长吉为老成家数。”④他认为唯有质实之诗方可以久存。晚清古文经学大师孙诒让《温州经籍志》评林大椿诗云：“予甚喜其五言古诗，质实有义理，以为可传。”⑤此即彰显出朴学家的诗学审美情趣。

在文章批评方面，《四库全书总目提要》也以质实为审美标准，其评司马光《传家集》云：“今案集中诸诏，亦有用俪体者，但语自质实，不以骈丽为工耳。”⑥评《刘左史集四卷》云：“其文章亦明白质实，不失为儒者之言。”⑦评《文溪存稿提要》云：“其文质实简劲，如其为人。”⑧在评文时将文品与人品等同起来，这体现了清中叶官方文学批评的审美立场。清中叶学者管世铭在《文体科目上习策》中指出：

① 邓汉仪：《慎墨堂诗话》卷十六，中华书局，2017年，第698页。

② 《慎墨堂诗话》卷三十三，第1414页。

③ 钱仲联：《清诗纪事·雍正朝卷》，凤凰出版社，2004年，第1115页。

④ 刘熙载撰，袁津琥校注：《艺概注稿》卷二，中华书局，2009年，第310页。

⑤ 孙诒让：《温州经籍志》卷三十一《集部》，中华书局，2011年，第1602页。

⑥ 永瑢等：《四库全书总目》卷一百五十二《集部五》，中华书局，1965年，第1315页。

⑦ 《四库全书总目》卷一百五十五《集部五》，第1341页。

⑧ 《四库全书总目》卷一百六十四《集部十七》，第1402页。

“文章盛衰，与世运相表里，西京之治，最为远古，故其文醇厚质实，有三代之遗风，东京稍靡，然经术之文彬彬如也。”①他站在文学发展史的高度对文章的风格演变进行审视，认为三代及西汉之文皆有质实之风，东汉以后渐趋靡丽，表现出推崇质实文风的倾向。

在词学批评方面，晚清词论家对质实之美多有褒扬。如藏书家丁丙在《善本书室藏书志》中称南宋王炎词云：“今读其词，质实妍雅，虽未能与姜白石、高竹屋方驾，亦一时作手也。”②词论家陈锐在《袌碧斋词话》中说：“姜白石《长亭怨慢》云：‘树若有情时，不会得青青如此。王碧山云：水远怎知流水外，却是乱山尤远。似觉轻俏可喜，细读之，豪无理由。所以词贵清空，尤贵质实。’”③陈锐在此提出了“词贵清空尤贵质实”这个著名的词学口号，表达了自己尤为推崇质实之风的审美理念。清代词坛，词论家好以清空论词，陈锐提出这个口号意在扭转这个偏向。他认为清空固然很好，但要以质实为基础，把质实与清空结合起来，使得词作既具有清空之美，又富有质实之性，而不流于轻浮空泛。陈锐认为质实比清空更加重要，在清代词坛上具有重大意义。

要言之，无论是官方，还是个人；无论是诗学批评，还是文章批评，抑或词学批评，均表现出对于质实这一审美风格的褒扬赞誉。质实的审美内蕴被赋予正面意义。但是，任何事物都具有两面性，也都存在着矛盾的对立面，作为审美范畴的质实也是如此。在一些词论家那里，质实被赋予贬义，只能以反面角色出现。

在清代文学批评中，质实以反面贬义的性质出现主要是在词学批评之中，这是清代词学受宋末张炎的词学思想影响所致。清代词论

① 管世铭：《韫山堂文集》卷七，凤凰出版社，2017年，第291页。

② 傅璇琮、辛更儒主编：《宋才子传笺证·南宋前期卷》，辽海出版社，2011年，第599页。

③ 陈锐：《抱碧斋集·抱碧斋续集·词话》，岳麓书社，2012年，第175页。

家尤重清空之美，而贬斥质实之风。如清初诗人施闰章《峡流词题词》云："词贵清空，不尚质实，盖清空则灵，质实则滞，所以梦窗、白石未免有偏胜之弊耳。词名峡流，则全以气胜，能使清空质实相为表里，此丹麓之词在所必传也夫？"①施闰章推崇张炎的词学理念，指出"清空则灵，质实则滞"，但同时也强调"清空质实相为表里"，也就是在主张清空的同时也不废质实。学者沈雄《古今词话·词品》云："大约质实则苦生涩，清空则流宽易。"②他认为质实之弊是易导致词作语言不流畅。清前期文人田同之《西圃词说》云："《乐府指迷》云：'词要清空，不要质实。'此八字是填词家金科玉律。清空则灵，质实则滞，玉田所以扬白石而抑梦窗也。"③田同之也极为信服张炎、沈义父的词学观，并奉为金科玉律。清中叶词人戈载《香隐盦词跋语》云："大箸运意空灵，出笔秀逸。清气往来，而无质实之病；深情绵渺，而无冶靡之风。"④戈载将质实作为一种病态风格来看待。文学大家吴锡麒《银藤花馆词序》云："倚声之道，雅正为难。质实者连蹇而滞音，浮华者苛缛而丧志。"⑤吴锡麒指出词风质实之病在于"连蹇而滞音"，即行文不畅，音声不谐，这是从形式层面进行的评断。

晚清学者江顺诒在《词学集成》"词不宜质实"条中指出："以梦窗之才，尚不免质实之弊，后之尚词藻者，可知矣。"⑥他将质实与尚词藻之风联系起来。学者谢章铤尤好清空，反对质实，如其《赌棋山庄词话》评冯柳东词云："繁缛弗删，遂嫌质实。"⑦他将质实之病归于繁缛。其《眠琴小筑词序》云："词忌质实，韵舫之词则已清空矣。方

① 冯干：《清词序跋汇编》卷三，凤凰出版社，2013年，第311~312页。
② 《词话丛编·古今词话》，第838页。
③ 《词话丛编·西圃词说》，第1456页。
④ 《清词序跋汇编》卷十二，第1254页。
⑤ 《清词序跋汇编》卷七，第731页。
⑥ 《词话丛编·词学集成》，第3266~3267页。
⑦ 《词话丛编·赌棋山庄词话》，第3346页。

且骎骎然期骖靳于两宋之间，乃不自满，而来求益于予。夫予何能词？自抒胸臆，殆为无弦之琴、无腔之笛而已。”①他忌讳质实之词风，推崇的是自抒胸臆的清空之词。其在《双邻词钞序》中又结合具体的词例点明了清空与质实之别：“词也者，意内而言外者也。言胜意，剪彩之花也。意胜言，道情之曲也。固与其言胜，无宁意胜，意胜则情深。‘梧桐树。三更雨。不道离情正苦。一叶叶，一声声。空阶滴到明。’羌无故实，其感人有甚于‘手里鹦鹉，胸前凤凰’者矣。‘何处合成愁？离人心上秋。纵芭蕉、不雨也飕飕。’都无点缀，其移情更有甚于‘檀栾金碧，婀娜蓬莱’者矣。是故词贵清空，嫌质实。”②谢章铤秉承常州词派张惠言的“意内言外”之说，强调词作要“意胜言”，“意胜则情深”，并结合具体的词例，指出词贵清空，不尚质实。此即将清中叶以来的常州词派和浙派的词学理论结合起来，把“意内言外”之意蕴与“清空”之美结合起来以贬斥质实之境。学者李佳《左庵词话》亦指出：“词要清真，不要质实。昔人谓吴梦窗词如七宝楼台，眩人眼目，碎拆下来，不成片段。如声声慢云：‘檀栾金碧，婀娜蓬莱，游云不蘸芳洲。’前八字不免板滞。若唐多令云：‘何处合成愁？离人心上秋。纵芭蕉、不雨也飕飕。都道晚凉天气好，有明月、怕登楼。年事梦中休。花空烟水流。燕辞归、客尚淹留。垂柳不萦裙带住，谩长是、系行舟。’此却疏快，无质实之病。”③李佳以具体例子证明清空则疏快，质实则板滞。词人郑文焯指出：“词之难工，以属事遣词，纯以清空出之，务为典博，则伤质实，多著才语，又近昌狂。”④郑文焯点出了质实的成因乃是“务为典博”“多著才语”。

① 《清词序跋汇编》卷十九，第1962页。

② 葛渭君：《词话丛编补编・赌棋山庄词话补辑》，中华书局，2013年，第1106页。

③ 《词话丛编・左庵词话》，第3105~3106页。

④ 《词话丛编・大鹤山人词话》，第4330页。

总之，清代词学批评大抵秉承张炎的词学理念，倡导清空澹雅的词风而贬抑质实之风。即如服膺常州词派的谢章铤也是与浙派一样，推崇清空之美。这体现出清代词学批评思潮的主导倾向是尚清空而贬质实。当然，既然对质实审美内蕴的看法有正有反，那么就有折衷的一面。

在清代文学批评中，以折衷正负褒贬的观念来审视阐论质实审美内蕴的主要体现在诗学批评与词学批评之中。在诗学批评方面，清中叶学者郭兆麒《梅崖诗话》云：“张籍、王建乐府多质实语，其佳处在是，其短处亦在是。”①可见，他对质实之风的看法较为辩证。晚清诗评家林昌彝《射鹰楼诗话》针对潘德舆倡导质实之说进行了反思，他说：“潘四农论诗专取‘质实’二字，亦有偏见。盖诗之品格多门，如雄浑、古逸、悲壮、幽雅、冲淡、清折、生竦、沉着、古朴、典雅、婉丽、清新、豪放、俊逸、清奇、妙悟诸品，皆各有所主，岂得以‘质实’二字遂足以概乎诗，而其余可不必问耶？不知质实易流于枯，质实易流于腐，质实易流于拙。盖质实为诸品之一品则可，谓质实用以概诸品则不可。盖质实为诸品中之一品则无流弊，若专言质实，流于枯，流于腐，流于拙，则其弊有不可胜言者！”②林昌彝认为只能将质实作为诗之多门品格中的一格，不应当偏重质实，偏于质实易流于枯涩腐拙之弊，所以艺术风格应当多样化，不能偏于一格，此主张可以矫潘氏之偏。

在词学批评方面，清中后期学者杜文澜《憩园词话》指出：“小令，风也，触景言情，不宜间以质实。慢词，雅、颂也，述怀咏物，慎勿徒取虚神。惟引与近，今所谓中调者，则可情景虚实兼用之耳。”③杜文澜从词的体裁形制着眼，认为小令不能质实，慢词可以质

① 郭兆麒：《梅崖诗话》，三晋出版社，2010年版，第280页。

② 林昌彝：《射鹰楼诗话》卷十六，上海古籍出版社，1988年，367页。

③ 《词话丛编·憩园词话》，第2863页。

实，看法较有新意和见地。晚清学者辛中仁在《随山馆词稿题词》中说："词贵清空，然须于质实中见清空，乃真清空尔。谷莽先生诸作殆无愧此言。"①他主张统一清空与质实，认为以质实为基础的清空才是真清空，看法较为折衷，并未将二者对立起来。学者郑由熙《淑园诗余跋》云："《小雅》《离骚》之变，肇为倚声。无论慢令犯引之辞、铁拨铜弦之曲，壹以尚清空忌质实二义为宗，余论皆枝叶也。然求清易，求空难。去实易，去质难。南北宋诸家，石帚、白云，犹不免出入。梅溪近似，碧山、梦窗离合其间，苏辛则大而未化。欣合无间者，其惟清真乎？"②他指出各类词体均"以尚清空忌质实二义为宗"，但是"求清易，求空难。去实易，去质难"，也就是说，清空的境界是很难达到的，而且质实的风格也很难完全摒弃，并列举南北宋的大词人为证，此即点明了"尚清空忌质实"的理念是片面偏颇的，彰显出折衷清空与质实的词学观念。词论家蒋兆兰《替竹盦词序》云："夫清空而流为剽滑，质实又入于晦涩，又病也。必也文质相宣，情韵兼至，使人骤读之，见为华美；熟复之，叹其精深。要如初拓黄庭，适当其可。词人虽多，致斯境者绝鲜。"③蒋兆兰认为清空与质实皆有弊端，所以他推崇文质相宣、情韵兼至的美学境界。他将清空、质实之论与文质论结合起来，其实质就是主张清空与质实统一起来，以达到文质统一，情韵合一的境界。清末词论四大家之一的况周颐在《蕙风词话》中论清空与质实云：

其实两种皆北宋人法，读周清真词，便知之。清真非不用虚字勾勒，但可不用者即不用。其不用虚字，而用实字或静辞，以为转接提顿者，即文章之潜气内转法。今人以清真、梦窗为涩调

① 《清词序跋汇编》卷十四，第1500页。

② 《清词序跋汇编》卷十七，第1733页。

③ 《清词序跋汇编》卷十八，第1907~1908页。

一派。梦窗过涩则有之，清真何尝涩耶。清真造句整，梦窗以碎锦拼合。整者元气浑仑，碎拼者古锦斑斓。不用勾勒，能使潜气内转，则外涩内活。白石、玉田一派，勾勒得当，亦近质实，诵之如珠走盘，圆而不滑。二派皆出自清真。及其至，品格亦无高下也。今之学梦窗者，但能学其涩，而不能知其活。拼凑实字，既非碎锦，而又捍格不通，其弊等于满纸用呼唤字耳。词固不可多用典，用典充塞，非佳词也。清初竹垞、迦陵犯此弊，后人为之笺注，阅之尚可厌，自注则尤鄙陋。①

况周颐指出北宋词人周邦彦即完美地兼用清空与质实之法，使得词作“潜气内转，则外涩内活”。但吴文英片面运用质实之法导致语言晦涩。即如词以清空著称的姜夔、张炎一派词人亦有质实之风，但因为勾勒得当，所以显得“如珠走盘，圆而不滑”。清空和质实这两个词学流派均出于周邦彦，本身并无高下之分，只是所达到的境界不同而已。后世词人学吴文英者，只学到其之生涩处，即一味地拼凑实字，充塞典实，导致词作晦涩，捍格不通，朱彝尊、陈维崧等人之词风即有此弊。况周颐绍承常州词派的理念，借助清空质实之论对以朱彝尊、陈维崧为代表的浙派词人进行了批判，可谓一针见血、切中肯綮。他指出清空与质实是两种并存的词法，并无高下之分，关键看如何运用与协调，这种折衷的词学观念是独具慧眼、高人一筹的。

总之，质实的审美内蕴在清代文学批评中衍生出正面、负面与折衷正负三类形态，形成了多元并立格局。值得注意的是，在清代文学批评中，质实审美内蕴是以正面褒义性出场的，主要体现在诗学批评

① 《词话丛编·蕙风词话》，第4592页。

与文章批评之中，以负面贬义性出场的则皆存在于词学批评之中，而以折衷正负的性质出场的则主要体现在词学批评之中。造成这种形态与格局的个中原因固然与诗、词、文章的文体特质有关，但是深层则是由清代朴学思潮的熏染所致。朴学，即质朴、质实之学，朴学思潮又称实学思潮，以尚征实、黜空疏为特征，有清一代的学术形态即以朴学为代表。朴学主要涵盖经史子诸领域之学术，而由于诗素来以言志为主，文章向来以经世为用，是故诗和文章即与学术思潮密切关联。所以在清代，诗与文章受到朴学思潮影响较大，诗学批评与文章批评自然就彰显出尚质实的朴学风范。而词乃诗余，以抒情为务，不尚经世致用与温柔敦厚之旨，是故其与学术思潮关系较小，很少受到朴学思潮的影响，所以不用刻意地追求质实之风。

## 结　　语

作为一个思想文化术语，质实的审美内蕴随着时代的发展而衍变流转，从汉末至于宋代，无论是作为品人术语还是作为衡文标准，无论是在经史子领域，还是在文学批评场域，质实皆以正面褒义性的角色发挥着作用。然而在宋末元初以降的文学批评场域之中，质实审美内蕴的衍变即呈现出正反褒贬更迭交替的形态。尤其是在清代的文学批评中，质实审美内蕴之发展呈现出正面性、反面性与折衷正反的三足鼎立的多元格局。总的说来，在文学批评中，质实审美内蕴的衍变形态和发展格局之形成既与各类文体之特色密切相联，又与历史文化背景和时代学术思潮息息相关。质实作为中华思想文化术语的强大生命力即体现在其审美内蕴的性质与形态的正反褒贬的更迭交替之中。质实审美内蕴的发展衍变也恰恰折射出中华思想文化生生不息、和而不同的生命张力。

# 第四节　从词学概念到诗学范畴——清代诗学的“清空”理论范式

“清空”虽是古代诗学的一个审美范畴，而清空理论范式则在宋代词学场域中形成，并在明代诗学中得到了实践运用。明清易代不仅导致政治社会变革，也促成了学术文化思潮转变，在清代道问学与尊德性合一的实学场域中，原先的清空理论范式已不再适应清代诗歌与诗学的发展，已不复能够有效地指导诗歌创作与诗学研究。换言之，清空范畴在清代诗学中衍生出新的美学蕴涵，清空之美在清代诗歌中的表现也别具一格，这既是宋明清空理论范式无法预期到的，也是与之不相符的。因此清空理论发生了范式转换，审美倾向由宋明时期的尚虚转变为清代的尚实，由先前偏重神理、轻视学问转变为新时期的兼重学问与神理；内在理路也一改以往的由虚而虚而为新时期的由实而虚，这种范式转换是革命性与突破性的。学界目前对清空范畴与理论虽有一定的重视，产生了一些科研成果，但系统地论述清空理论在古代诗学场域中衍变发展的理论成果却尚属罕见，至于清空理论范式在清代诗学的转换与实践更是无人问津，鉴于此，笔者尝试探讨清空理论范式在清代诗学场域中的转换革新及其在诗学批评中的实践运用，以此揭示清空理论的诗学价值与美学蕴涵，以期起到抛砖引玉之功效。

## 一、“清空”概念的生成及其在清前诗学中的运用

“清空”是一个古代诗学概念与审美范畴，指的是一种清雅空灵的诗歌审美风格与境界。“清空”作为审美范畴，有着深厚的历史文

化渊源，出入于儒释道三家，涵育于中古时期，具有典型的中国传统美学之特质。

“清”作为一个审美概念最早见诸《诗经》《老子》等先秦元典，如《国风·齐风·猗嗟》：“猗嗟名兮，美目清兮”；《老子》：“清静为天下正”。而“清”作为文学批评的审美范畴出场则是始于魏晋，因为受到崇尚清虚的玄学思潮的影响，魏晋南朝文论即体现出尚清的审美意识，如《典论·论文》：“文以气为主，气之清浊有体”；《文赋》：“箴顿挫而清壮”；《文心雕龙·才略》：“张华短章，奕奕清畅”；《诗品·下品》：“希逸诗气候清雅”。“空”字虽在《诗经》中业已出现，如“小东大东，杼柚其空”（《小雅·大东》），但“空”被赋予美学意蕴，并与“清”相结合，则是佛学思想促成的，如玄奘所译《般若波罗蜜心经》：“色不异空，空不异色，色即是空，空即是色。”这里的“空”即是清静虚空之义。虽然《心经》中的“空”是佛教术语，但是却凝聚着深厚的思想文化蕴涵，“空”因为具有清虚之意蕴，故而能够进入诗学领域，与“清”结合，构成“清空”这一美学概念和审美范畴。“清空”这一概念虽在唐代尚未正式出现，但其审美意蕴在唐人诗论中业已具备，如李白评谢朓诗所用的“清发”，杜甫评庾信诗所用的“清新”，皆含有“清空”之义。司空图在《二十四诗品》中对冲淡、清奇、含蓄、高古、形容等品的阐释，则将“清空”之意蕴全面而深刻地表现出来。在其之演绎下，以上审美范畴皆表现出一种清新淡雅、空灵幽远的美学意境与审美风格，而这些审美风格就本质而言即是一种清空之美。

“清空”范畴孕育于古代学术文化场域中，涵盖了儒释道三家的精神旨趣，自然会被运用到诗学场域之中，而清空的审美意蕴虽然出现得较早，但其作为一个范畴术语正式运用于古代诗学之中，最早是在南宋，比如周密《浩然斋雅谈》云：“水心翁以抉云汉、分天章之才，未尝轻可一世，乃于四灵若自以为不及者，何耶？此即昌黎之于东野、六一之于宛陵也。惟其富赡雄伟，欲为清空而不可得。”①他指出叶适认为自己的诗歌成就不如永嘉四灵，主要是因为其诗歌富赡雄伟，缺乏清空之风，富赡雄伟即是与清空对立的一种美学风格。

南宋时期的诗学批评虽然运用了清空这个概念范畴，但其美学蕴涵并未得到学界重视，清空诗学理论也没有建构起来。真正将清空作为一维重要的文论范畴提出，并对之进行理论阐释的则是在南宋末年问世的《词源》这部词学著作。宋末词坛骚雅派的代表者张炎在《词源》卷下说：

> 词要清空，不要质实；清空则古雅峭拔，质实则凝涩晦昧。姜白石词如野云孤飞，去留无迹。吴梦窗词如七宝楼台，眩人眼目，碎拆下来，不成片段。此清空质实之说。梦窗《声声慢》云：“檀栾金碧，婀娜蓬莱，游云不蘸芳洲。”前八字恐亦太涩。如《唐多令》云：‘何处合成愁。离人心上秋。……谩长是，系行舟。’此词疏快，却不质实。如是者集中尚有，惜不多耳。白石词如《疏影》《暗香》《扬州慢》……等曲，不惟清空，又且骚雅，读之使人神观飞越。②

张炎在《词源》中标举清空，反对质实。他指出姜夔词如野云孤飞，彰显出清空之美，而吴文英词则如七宝楼台，体现出质实之弊。“野云孤飞，去留无迹”即是一种清远灵动、潇洒飘逸、不黏滞于物象的境界。“七宝楼台，眩人眼目，碎拆下来，不成片段”即是因拘泥实相、造语奇丽、用事绵密、意象堆积而造成事典物象间毫无内在联系，缺乏整体浑成的艺术美感。他举例说吴文英《声声慢》中“檀栾金碧，婀娜蓬莱”两句太晦涩，徒有好字词，但让人费解，指出吴文英

---

① 周密：《浩然斋雅谈》卷上，中华书局，2010年，第10页。

② 唐圭璋编：《词话丛编·词源》，中华书局，2005年，第259页。

《唐多令》词风疏快，但不质实。要之，吴文英词风的质实风格关键在“实”，多实写，即用层层铺垫、处处渲染、繁复密集、沉着坚实的手法以取“实”来蓄势，而姜夔清空的词风重心在“虚”，多虚写，即不著色相，取其神理，虚灵无迹。总之，清空即是一种清新空灵、取神遗貌、典雅峭拔、自由舒卷的尚虚的美学风格，而质实则是一种意象细密、典故堆砌、凝滞晦涩、穷形尽相的美学风貌。

张炎强调姜夔《疏影》《暗香》等词不仅具有清空之妙，而且具备骚雅之美。可见，张炎将清空与骚雅统一起来，骚雅即彰显出南宋词学的尚雅倾向，而尚雅又是“诗化”的结果。随着南宋词的发展成熟，词学也越发完备，为了抬高词体地位，王灼《碧鸡漫志》以“回归诗本位”观点引领着南宋词学的发展向度，南宋词学向着“诗本位”方向发展，引入诗学思想，提升理论格局与深度。骚雅这一词学审美范畴正是熔铸词学与诗学思想的结晶而产生的，所谓骚雅即要求词作性情要雅正，情感的抒发要合度中节，词要有思想深度，要有诗人的情志格局，要将缘情与言志统一，但不能过度追求“比兴寄托”，以免失去本色。张炎将清空与骚雅并举，这无疑揭示了清空理论的实质。

南宋末年诗坛普遍反对江西诗派以学问为诗、以议论为诗、以文字为诗的风尚，批评其好使事用典、铺陈排比的创作倾向，诗论家多追求一种空灵传神的审美境界，如姜夔《白石道人诗说》即追求“自然高妙”之境。严羽《沧浪诗话》即提倡“羚羊挂角，无迹可求”的艺术境界，刘将孙也以“清气”论诗。这些诗学理论思想均渗透于词学之中，在清空这一范畴理论上集中体现出来。是以，清空的美学蕴涵具有诗学与词学的双重向度，彰显出诗学思想对词学审美的渗透，词学思想对诗学思想的拓展。张炎通过比较法、象喻手法、举例论证等方法，援引诗学概念范畴，建构了清空这一词学理论范式，将词学创作论、风格论拓展至境界论，将艺术之美上升到哲理之美的高度。张炎对清空范畴进行了初步的理论建构，清空理论范式首先在词学场域中形成。明代学者在诗论中沿袭了南宋的清空理论范式，清空范畴及理论又从词学领域回到了诗学领域。胡应麟将清空理论运用于诗学批评之中，其《诗薮·内编五》云：“初唐体质浓厚，格调整齐，时有近拙近板处。盛唐气象浑成，神韵轩举，时有太实太繁处。中唐淘洗清空，写送流亮。”①他认为初、盛唐诗歌均有质实板滞之弊，而中唐诗歌则清空流亮，在比较中揭示中唐诗风。许学夷将清空理论与其“源流正变”说结合起来，其《诗源辩体》卷二十云：“开元天宝间，高、岑、王、孟古、律之诗，始流而为大历钱、刘诸子。钱、刘才力既薄，风气复散，故其五七言古气象风格顿衰，然自是正变；五七言律造诣兴趣所到，化机自在，然体尽流畅，语半清空，而气象风格亦衰矣，亦正变也。”②他认为唐代自开元、天宝以至大历年间，五七言律诗具有清空流畅之风，大历以后诗风衰变，即从清空流畅降而为工巧衬帖，所以律诗以开元、天宝为正，以大历、元和以降为变，并称钱起、刘长卿的诗歌为“正变”。

由南宋至于明代，清空这个审美范畴出入于诗学与词学之间，先出于诗学领域，然后由张炎引入词学领域，并进行理论建构，清空理论范式即在词学场域中正式生成，明代诗学继承了张炎建构的清空理论范式，胡应麟、许学夷等人在诗学理论批评中援引清空概念，以清空概括唐代律诗的风格。但是明代诗学的清空理论还是沿袭宋代的范式框架，虽略有新意，但大同小异，没有质的变化。究其原因在于宋明两代均处于宋学的文化场域之中，由宋至明，儒学以理学为主导，因此在宋学场域中，清空理论范式得以发展定型并基本保持不变，宋明诗学场域中的清空理论范式偏重诗歌本身美学特质的阐释与建构，偏重内在义理蕴涵的开掘，彰显出一种由虚而虚的思维理路与尚虚黜实的审美精神。宋明学者对清空理论范式的建构，固然推动了诗学的进步，解决了一些问题，但同时也产生了留待后世学者解决

① 陈广宏、侯荣川编校：《明人诗话要籍汇编》诗评卷，复旦大学出版社，2017年，第3184页。

② 《明人诗话要籍汇编》诗评卷，第2835页。

的诸多问题，比如清空能否与质实协调起来，而不是一直相互对立，这是宋明学者未涉及的。明清易代，政治社会、文化思潮均发生了巨大变化，先前学者所建构的清空理论范式已然不再适应诗学的变革与时代的变化，因此在新的学术文化前提下，清代诗学共同体对清空理论范式进行了革新，结合时代学术文化重新阐释清空，建构出一种新的清空理论范式，并将革新后的清空理论范式运用于诗歌批评之中。因此在清代诗学中，清空理论即发生了范式转换，新的清空理论范式在诗学理论阐释与诗歌批评中得到了践行与完善。

## 二、清代诗学中的清空理论范式转换

清代以前的清空理论范式均是由虚而虚，偏重神理，轻视学问根柢，是尚虚黜实的，清代诗学的清空理论范式则是由实而虚，在学问根柢的基础上追求神理、文理，主张虚实结合，是尚实的，因此清代诗学共同体通过这种内在理路实现了清空理论的范式转换。清代诗学的清空理论范式是在旧的理论传统中孕育出来的，因此是对前代革命性的绍承，不但注重从虚处着眼，从艺术精神层面发掘清空的美学蕴涵，更注重从实的层面，从学问素养与神理义理结合的角度来观照清空理论内涵的文化底蕴。

田同之《西圃诗说》云："诗之妙处无他，清空而已。然不读万卷，岂易言清；不读破万卷，又岂易言空哉！杜诗云：'读书破万卷，下笔如有神。''神'者，清空之谓也。而'清空'二字，正难理会。"①田氏的清空理论檃栝了杜甫"读书破万卷，下笔如有神"这句名言，郎廷槐《师友诗传录》载张历友语："'读书破万卷，下笔如有

① 郭绍虞编选：《清诗话续编·西圃诗说》，上海古籍出版社，2016年，第730页。

神’，‘贯穿百万众，出入由咫尺’。此得力于后天者，学力也。”①《唐宋诗醇》卷九御评：“‘读书破万卷，下笔如有神’，学问之根柢也。”②可见，杜甫这两句名言即是强调学问根柢，但意义又不止于此，仇兆鳌《杜诗详注》：“胸罗万卷，故左右逢源而下笔有神。书破，犹韦编三绝之意，盖熟读则卷易磨也。张远谓识破万卷之理，另是一解。”“魏文帝《典论》：傅武仲下笔不能自休。孔文举表：性与道合，思若有神。”③可见，读破即识破万卷之理，有神即是因识破其理而思与道合，下笔富有神理，由读书多而得道，进入道的境界。所以，田同之认为诗歌之妙在于清空，即一种清远虚灵的艺术境界，而要达到清空的艺术境界，关键要读万卷书与读破万卷书，读万卷书，有了学问根柢、实学基础即能达到“清”的境界，而读破万卷书，参透万卷之文理，则能够达到“空”的境界。田同之将清空与神等同起来，认为二者的艺术意境相通，而这个神即是“读书破万卷，下笔如有神”之神，神是清与空的合一，但不是那种绝对虚无缥缈的清与空，而是以识破万卷书之理的实学为基础，将学问素养转化为清虚的空。这个清空是以实学为基础又脱化于实学的清空，是包蕴万卷之理的清空，是将学问与文理合一的清空。田同之以学问之实以矫清空之虚，对清空理论范式进行了新的建构，援学问之实以入清空理论范式之中，这就有别于宋明时期偏重艺术文理之虚的理论范式。

田同之的清空理论表现出注重学问根柢的尚实重神之风，将实与神统合起来，与田氏相类，贺贻孙《诗筏》的清空理论将厚、神、学问根柢结合起来，他指出：“清空一气，搅之不碎，挥之不开，此

① 丁福保辑：《清诗话·师友诗传录》，上海古籍出版社，2015年，第127页。

② 乾隆御选：《唐宋诗醇》上，中国三峡出版社，1997年，第156页。

③ 杜甫著，仇兆鳌注：《杜诗详注》卷之一，中华书局，1979年，第74页。

化境也。然须厚养气始得，非浅薄者所能侥幸。”①他认为清空是一种整体浑成的化境，而这种化境是基于养气之厚，而无浅薄之弊，这里即强调一个“厚”字，他说：“诗文之厚，得之内养，非可袭而取也。博综者谓之富，不谓之厚。秾缛者谓之肥，不谓之厚。粗僿者谓之蛮，不谓之厚。‘厚’之一言，可蔽《风》《雅》。《古十九首》，人知其澹，不知其厚。所谓厚者，以其神厚也，气厚也，味厚也。”在贺氏看来，诗文之厚即是得自作家内在的学问素养，诗文之厚即是神厚、气厚、味厚的合一，是诗文的精髓所在，所以神与厚又是紧密相联的。他对神的解释是：“诗文有神，方可行远。神者，吾身之生气也。老杜云：‘读书破万卷，下笔如有神。’吾身之神，与神相通，吾神既来，如有神助，岂必湘灵鼓瑟，乃为神助乎？老杜之诗，所以传者，其神传也。”“神者，灵变惝恍，妙万物而为言。读破万卷而胸无一字，则神来矣，一落滓秽，神已索然。段落无迹，离合无端，单复无缝，此屈、宋之神也，惟《古诗十九首》仿佛有之。”可见，神即是诗歌之生气，即是“读书破万卷，下笔如有神”之神，是既基于学问，又融化学问，深得其理的神，是出于实学而落入虚空的神。贺贻孙对神的看法与推崇是与田同之一致的。当然，厚与实的内涵是一致的，都是学问素养所促成的。但是，贺贻孙主张厚与无厚的统一，厚的目的即是无厚。他说：“《庄子》云：‘彼节者有间，而刀刃者无厚。’所谓‘无厚’者，金之至精，炼之至熟，刃之至神，而厚之至变至化者也。夫惟能厚，斯能无厚。古今诗文能厚者有之，能无厚者未易觏也。无厚之厚，文惟孟、庄，诗惟苏、李、《十九首》与渊明。后来太白之诗，子瞻之文，庶几近之。虽然，无厚与薄，毫厘千里，不可不辨。”他指出无厚即是至精至熟、至神、至变至化，只有先做到厚，才能达到无厚，而诗歌创作的终极目标即是无厚之厚，而苏李诗、古

① 《清诗话续编·诗筏》，第128页。

诗十九首以及陶诗正是无厚之厚的鲜明代表。他强调必须认真辨析无厚与薄的区别，因为无厚是基于学养之厚上的无厚，而薄即学养浅薄。无厚即是融化学养，深得其理之后达到的虚空境界，厚的美学实质即是由实而虚，由实而神，在虚实相生中营造出清空这一艺术境界，所以清空既是学养之厚的彰显，也是神厚之境的昭示，是学养与文理的合一。

清代诗学家用厚、神等概念范畴来论述清空，援学问根柢之实以矫以往清空蕴涵之虚，转换了清空理论范式，因此清人诠释清空注重学养与文理、神理的合一，体现出尚实之风，如张谦宜《絸斋诗谈》卷一云：“诗要刻入，久乃养至浑成处。诗要锤锻，久乃溶入空清处，盖刻入者欲其透，锤锻者欲其稳耳。”①张谦宜强调诗歌创作需要刻入、锤炼方能达到清空之境，刻入、锤炼正是对学问素养的要求，而透、稳即是对神理、文理的诉求，所以刻入欲透，锤锻欲稳正是彰显出清空的学理蕴涵，即学问与神理、文理的合一。杨昌言认为，“诗中用古，亦须清空一气，无使事之迹乃佳”②，用古使事即以学问为基础，而不留痕迹即是得其神理，这种主张彰显出其清空理论对学问与神理的并重。

自南宋以降，清空进入诗学领域以来，质实即是与之相对的概念，在清代以前二者几乎是绝对对立的，但在清代诗学场域中，二者可以相互转化，具有通约性。潘德舆即十分推崇质实，并对质实进行了重新的阐释，《养一斋诗话》卷三云：“吾学诗数十年，近始悟诗境全贵‘质实’二字，盖诗本是文采上事，若不以质实为贵，则文济以文，文胜则靡矣。吾取虞道园之诗者，以其质也；取顾亭林之诗者，以其实也。亭林作诗不如道园之富，然字字皆实，此‘修辞立诚’之

① 《清诗话续编·絸斋诗谈》，第767页。

② 钱仲联主编：《清诗纪事·顺治朝卷·杨昌言》，凤凰出版社，2004年，第609页。

旨也。竹垞、归愚选明诗，皆及亭林，皆未尝尊为诗家高境，盖二公学诗见地犹为文采所囿耳。”①潘德舆最为推崇质实这一风格，强调文采与内容的统一，尤其赞赏顾炎武诗歌之实与虞集诗歌之质。他对质实有着深刻的体认，将汉魏之质实与南宋之质实区分开来，他说：“或言诗贵质实，近于腐木湿鼓之音，不知此乃南宋之质实，而非汉、魏之质实也。南宋以语录议论为诗，故质实而多俚词；汉、魏以性情时事为诗，故质实而有余味。分辨不精，概以质实为病，则浅者尚词采，高者讲风神，皆诗道之外心，有识者之所笑也。”②潘德舆认为汉魏之质实是因为其以性情时事为诗，而有余味，也就是诗中充溢着真情实事，富有余韵，而南宋诗歌之质实则是以语录议论为诗，多俚词，也就是以空疏清谈为诗，显得空虚。所以他推崇的是汉魏的质实诗风，鄙薄的是南宋的质实诗风，这一方面是对质实诗学理论范式的重构革新，另一方面也表现出对实学的推崇，他所推崇的顾炎武即是一个实学家，开有清一代朴学之先河。所以，潘德舆的质实诗学理论与清代诗学的清空理论在本质上是一致的，都主张以实学为基础，所以《养一斋诗话·李杜诗话》卷二云：“《东皋杂录》云：‘或问荆公，杜诗何故妙绝古今？荆公云：老杜固尝言之：读书破万卷，下笔如有神。’予考‘破’字之义，张氏迩可谓‘识破万卷之理’，仇氏沧柱谓‘熟读则卷易磨’。愚以张氏为近之。惟其识破万卷之理，故能无一字无来处，而又能陶冶点化也。”③潘德舆赞同张氏“识破万卷之理”的说法，又指出这样方能“陶冶点化”，此即体现出其对学问与神理的兼重，这与田同之、贺贻孙的看法是颇为一致的，不同的是，潘德舆用此以证质实，田、贺用此以证清空，所以质实与清空这对看似对立的范畴概念，在清代诗学中却具有通约性，在本质上是趋同的，

① 《清诗话续编·养一斋诗话》，第1936页。
② 《清诗话续编·养一斋诗话》，第1937页。
③ 《清诗话续编·养一斋诗话》，第2067页。

均强调诗歌创作以实学为基础，以神理为目标。

清代诗学共同体对清空理论的范式转换赋予清空范畴以全新的美学蕴涵，使清空理论变得空前深邃。这种理论范式转换固然是诗学共同体的自主选择，但是这种自主选择的背后有着极其深厚的学术文化在驱动，学术文化作为外缘因素对清空诗学理论的范式转换起到了推动作用，同时也促进了诗学内在理路的改变。传统学术大体分为汉学与宋学两大体系，汉学以道问学为标志，偏重学问根柢，宋学以尊德性为依归，偏重义理思辨。清代学术表现出明显的汉宋兼采，尊德性与道问学合一，学问与义理合一之特色。清代朴学一改明代学术的空疏而以实学为尚，是对明末清初以道问学为传统的实学的延续与发展。清儒在道问学的同时，也重视尊德性，只是将尊德性的学理传统转移到对道问学的追求上来，即通过道问学以尊德性，以学问为基础来探求义理，而不是一味地空谈。顾炎武即主张“经学即理学”，吴派朴学大师惠栋主张“六经尊服郑，百行法程朱”。皖派朴学大师戴震即提出学有三难(淹博难、识断难、精审难)的观点，淹博与精审大体属于学问素养层面，而识断则是在淹博与精审基础上对义理的探求了，所以他的《孟子字义疏证》以阐释义理为旨归。扬州学派朴学家阮元主张“义理从古训中来”，其《孟子论仁论》即是阐发义理之作。桐城文派大师姚鼐则提出义理、考据、辞章三位一体的文学创作思想宗旨，曾国藩在此基础上增益“经济”一类，然究其实质仍是主张学问与义理的合一。因此，清代朴学的实质即是以实学为基础，进行义理的探求，兼采汉宋二学，兼融道问学与尊德性。余英时先生指出：“清儒所向往的境界可以说是寓思于学，要以博实的经典考证来阐释原始儒家义理的确切涵义。”①这一观点是极富见地的。

① 余英时：《论戴震与章学诚·自序》增订本，生活·读书·新知三联书店，2012年，第3页。

在这种学术思潮的刺激与推动下，道问学与尊德性的合一，学问与义理的兼重即成为清代诗学的主导思想与潜在意识。如朱庭珍《筱园诗话》卷一云："少陵云'读书破万卷'，非谓学乎？'下笔如有神'，非谓悟乎？味此二句，学与悟可一贯矣。"①学与悟的一贯即是学问与神理的统一。又说："诗人以培根柢为第一义。根柢之学，首重积理养气。积理云者，非如宋人以理语入诗也，谓读书涉世，每遇事物，无不求洞析所以然之理，以增长识力耳。……读经则明其义理，辨其典章名物，折衷而归于一是。……作诗之际，触类引伸，滔滔涌赴，本湛深之名理，结奇异之精思，发为高论，铸成伟词，自然迥不犹人矣。此可以用力渐至，而不可猝获也。"②这就是强调夯实学问根柢的目的是善于积理养气，但不是以理语入诗，而是洞析名理，即脱化于学问而得其神理。最后指出"积理于经，养气于史，炼识储材于诸子百家……皆于诗有益。"③可见，他将经史百家之学作为学问的基础与文理的渊薮。总之，朱庭珍的看法极为深刻辩证，主张学问与义理、神理、名理的合一，反对以理语入诗，对理的重视在神不在貌。乔亿《剑溪说诗》卷上云："诗学根本六经，指义四始，放浪于庄、骚，错综于左、史，岂易言哉！""杜子美'读书破万卷，下笔如有神'。何谓破？涣然冰释也，如此则陈言之务去，精气入而粗秽除，是以'有神'。"④此即鲜明地体现出对学问与义理、神理的重视。吴雷发《说诗菅蒯》云："作诗须多读书，书所以长我才识也。然必有才识者，方善读书。"⑤多读书即是对学问的追求，才识即是趋向于义理层面。李重华《贞一斋诗说》云："诗至淳古境地，必自读破万卷后

① 《清诗话续编·筱园诗话》，第2203~2204页。

② 《清诗话续编·筱园诗话》，第2206~2207页。

③ 《清诗话续编·筱园诗话》，第2224~2225页。

④ 《清诗话续编·剑溪说诗》，第1023页。

⑤ 《清诗话·说诗菅蒯》，第933页。

含蕴出来；若袭取之，终成浅薄家数。多读书非为搬弄家私，震川谓善读书者，养气即在其内。故胸多卷轴，蕴成真气，偶有所作，自然臭味不同。”①读破万卷即蕴成真气，即学问深厚则孕育出神理，如此一来诗歌方能达到淳古境地。由是观之，清空与质实的理论范式对学问与神理、文理的兼重以及由实而虚、由清到空的内在理路之形成，即是对清代诗学思想旨归的折射与彰显。所以清空与质实这对原本悖反对立的范畴概念在清代诗学的场域中体现出学理向度与审美蕴涵的高度一致性。

## 三、清空理论范式在清代诗学批评中的运用

清空理论范式在清代诗学中转换革新并成功运用于诗学批评之中。范式的存在即决定了要解决什么样的问题，清空理论范式即被清代诗学共同体用来开展诗歌批评，理论范式既是诗学批评的重要前提，也决定了批评对象的选择标准。清空理论范式被清代诗学共同体所接纳，那么在此范式引导下选择的批评对象即具有清空的审美蕴涵或彰显出清空的诗学意义。总的说来，清代诗学批评对清空理论范式的运用，主要表现在两个方面。一方面是将清空作为点评诗句的术语，表现出点到为止、言近旨远的特色，另一方面是将清空置于诗人整体风格的评价之中，将清空的理论蕴涵融于批评阐释之中。这两方面均折射出学问与文理合一的尚实的清空理论范式之特色。

清空作为点评术语在清代诗学批评中的出镜频率较高，彰显出清空理论业已成为清代诗学批评的一个理论前提。施闰章《蠖斋诗话》云：“襄阳五言律、绝句，清空自在，淡然有余。”②施氏精于理

① 《清诗话·贞一斋诗说》，第968页。

② 《清诗话·蠖斋诗话》，第401页。

学与史学，其论诗素来主张“言有物”“事核意真”，也就是推崇质实之美，他评价孟浩然诗所说的清空，也正是融贯了内质之美的清空，体现出学问与文理的合一的审美旨趣。神韵派的倡导者王士禛评宋人冯山《山路梅花》诗云：“风趣盎然。昔人所云，清空一气如话者也。”①评点明人薛蕙《忆东堂三桐树遥示诸弟》诗云：“清空一气，章法最高。”②王士禛素来主张“为诗须要多读书，以养其气”③。可见其用清空评诗，与其读书养气的思想一脉相承，这也是对清空理论范式的自觉运用。清人好以清空评杜诗，如浦起龙《读杜心解》评《寄杨五桂州谭》云：“清空一气如话。”评《奉寄李十五秘书文嶷二首其一》云：“一气滚下，清空如话。”评《野人送朱樱》云：“通体清空一气，刷肉存骨，宋江西派之祖。”④卢世漼评杜诗《送郑十八虔贬台州司户》云：“如中二联，清空一气，万转千回，纯是泪点，都无墨痕。诗至此，直可使暑日霜飞、午时鬼泣，在七言律中尤难。”⑤金圣叹评杜诗《江村》云：“清空一气，有如说话耳。”⑥杜甫“读书破万卷，下笔如有神”，且诗歌“无一字无来处”，这是清代诗学对清空理论范式建构的重要参考理论，甚至可以说是立论基础，所以清人好以清空评杜诗，既是理论范式的引导所致，也为理论范式提供了实例证据。徐德泓《李义山诗疏》评李商隐《春日寄怀》云：“清空如话，已为宋元人启径。”⑦屈复《玉溪生诗意》评李商隐《夜雨寄北》云：“即景见情，清空

---

① 王士禛：《居易录》卷四，齐鲁书社，2007 年，第 3746 页。

② 王士禄撰，王士禛选编：《考功集选评注》第一卷，齐鲁书社，2014 年，第 65 页。

③ 《清诗话·燃镫记闻》，第 123 页。

④ 浦起龙：《读杜心解》卷三、四，中华书局，1961 年，第 411、499、626 页。

⑤ 《杜诗详注》卷之五，第 425~426 页。

⑥ 金圣叹：《唱经堂杜诗解》卷之二，凤凰出版社，2016 年，第 692 页。

⑦ 刘学锴、余恕诚：《李商隐诗歌集解·编年诗》，中华书局，2004 年，第 552 页。

微妙，玉溪集中第一流也。”①李商隐诗素以用典使事见长，极具学问根柢，上述两则评语皆以清空评其诗句，可见清空理论范式含有学问与神妙之蕴涵。邓汉仪《慎墨堂诗话》亦好运用清空理论范式评诗，如其评冒起宗《新春》诗云：“清空疏老，全洗饾饤。”②全洗饾饤即无杂凑堆砌文辞典故的质实之弊，清空疏老正是由全洗饾饤而来，这也隐含了对学问根柢的重视。其评陆鸿《拱极台即事》诗云：“清空如一泓秋水，足见家学渊源。”③此即将清空之风格与学养联系起来。沈德潜《国朝诗别裁集》评俞南史父子云：“羡长以博雅胜，无殊(俞南史)出以清空，父子各擅长也。”④此即通过对羡长、无殊父子的诗风进行比较后指出父亲诗歌以博雅胜，即辞藻博赡，具有质实之风，但儿子诗歌能从质实之中脱化出清空之风，此即运用了清空理论范式。方东树《昭昧詹言》评陆游《西村》诗云：“情景交融，清空如绘，佳制也。”⑤方氏论诗秉承姚鼐义理、考据、辞章三者合一的文章创作理念，强调诗歌既要义理深厚，又要文法高妙，因此，他评陆诗所说的清空，亦是学问与文理合一的思想观念所促成的。许灿《梅里诗辑》评李符云：“《桃乡诗》五卷，才力学问远逊两兄。独其清空一气、奔放绝尘之概，非两兄所可掩也。”⑥此处评语先是论及诗人之才力学问，然后赞其独具清空一气之风，辩证地看待才力学问与清空之风的关系，这种批评思维即是清空理论范式所促成的。

清代诗歌评点对清空范畴的运用虽然较为简单，但也彰显出清空理论范式的导向作用。而将清空的理论蕴涵融于诗学批评阐释之

---

① 《李商隐诗歌集解·编年诗》，第1357页。

② 邓汉仪：《慎墨堂诗话》卷二十，中华书局，2017年，第856页。

③ 《慎墨堂诗话》卷三十一，第1374页。

④ 《清诗纪事·明遗民卷》，第266页。

⑤ 方东树：《昭昧詹言》卷二十，人民文学出版社，1961年，第461页。

⑥ 《清诗纪事·顺治朝卷·李符》，第600页。

中，则较为复杂得多，体现出清空理论范式的实践意义。如贺裳《载酒园诗话》评苏轼诗云："至其清空而妙者，如'野阔牛羊同雁鹜，天长草树接云霄'，'古琴弹罢风吹座，山阁醒时月照杯'，'行乐及时须有酒，出门无侣漫看书'，'狙公欺病来分栗，水伯知馋为出鱼'，'床下雪霜侵户月，枕中琴筑落阶泉'，俱清新俊逸。"①贺裳胪列了苏轼的若干诗句，以证其诗具有清空之妙境，并指出这些诗句清新俊逸，也就是以清新俊逸释清空之美，"清新俊逸"一词乃源于杜甫《春日忆李白》中的"清新庾开府，俊逸鲍参军"二句，指的是南北朝诗人庾信、鲍照之诗具有清新俊逸之风，此二人是南北朝时期的著名文人，他们的诗歌创作以学问为根柢，重视数典用事，亦重诗歌的思想义理。因此，贺裳称颂苏轼诗歌有清空之妙，即体现出对苏诗学问与文理合一的推崇。贺裳又评黄庭坚诗云："读黄豫章诗，当取其清空平易者，如《曲肱亭》：'仲蔚蓬高宅，宣城诗句中。人贤忘陋巷，境胜失途穷。……'不堪矫揉，政自佳。其诗病在好奇，又喜使事，究其所得，实不如杨、刘。"②贺裳指出黄庭坚诗歌有清空的一面，并举例证明，同时指出其诗有喜使事好奇之弊，不如杨万里等人诗歌清新流畅。按：黄庭坚乃江西诗派鼻祖，为诗主张点题成金、夺胎换骨，兼重学问与神理，所以其清空之诗也是以学问为基础而富有神理、不留痕迹，也就是贺裳所说的"不堪矫揉"，而且贺裳将清空与使事好奇对立起来，作为两种不同的诗风进行对比，使事好奇即是对学问的过度运用，由此可见，贺裳对黄诗清空之评是对清空理论范式的践行。

邓汉仪《慎墨堂诗话》指出："历下、公安，其敝已极。故钟、谭出而以清空矫之。然其流也，展转规摹，愈乖正始，不有大雅，谁能

① 《清诗话续编·载酒园诗话》，第 417 页。

② 《清诗话续编·载酒园诗话》，第 419 页。

救乎?”①邓汉仪说七子派与公安派的诗歌实践与理论均出现了多重弊端，以钟惺、谭元春为代表的竟陵派在理论上和实践上以清空之风予以矫正。邓氏所说的清空当是指“厚”，钟惺、谭元春见七子派与公安派之弊在于俚俗浅露，遂主张效法古人以成其“厚”。谭元春《诗归序》说自己和钟惺“约为古学，冥心放怀，期在必厚”，这个“厚”即是主张学养之厚，这个诗学思想即为贺贻孙所继承，贺氏将厚、神、清空统合起来，所以邓汉仪所说的清空之风即彰显出清代诗学范式的指导作用。彭洋中《思贻堂诗集序》评黄文琛云：“先生诗原本温厚和平之旨，清空澹远，不假雕饰……盖一以渊明为宗，而神明变化于盛唐诸家。性之所近，学亦副之；情之所深，笔亦肖之。”②他以清空澹远、不假雕饰评价黄文琛之诗，并以神明变化目之，最后指出其“性之所近，学亦副之”，即是强调黄氏有较深的学养，可见彭氏所云清空亦是将学问与神理结合起来。赵翼《瓯北诗话》评陆游诗云：“其晚年有得，非随声附和，以道学为名高者矣。至其诗之清空一气，明白如话，而无迂腐可厌之习，则又有余事也。”③在他看来，陆游诗歌的清空之风，只是其诗作之余事，其诗歌创作主要是以蕴涵道学义理见长，也就是说，陆游晚年诗歌的清空之风主要是建立在其深厚的道学素养基础上的，这样的论断即是将学问与文理合一，体现出了清空理论范式之精髓。

张谦宜在《絸斋诗谈》中评元末诗人葛逻禄易之云：“易之胸襟、笔力、藻采、风神，皆能轶宋超唐。易之诗离其色相，追至清空一气处，便证元次山境界。”④他指出葛逻禄易之的诗歌因为“离其色相”，而具有清空的特质，所谓“离其色相”，即超越了表面的文辞事典，

① 《慎墨堂诗话》卷七，第265页。
② 《清诗纪事·道光朝卷·黄文琛》，第2393页。
③ 《清诗话续编·瓯北诗话》卷六，第1176页。
④ 《清诗话续编·絸斋诗谈》卷五，第830页。

“追至清空一气处”，即达到一种脱化入神的审美境界，而这种清空之美也是根柢于学问素养的，基于色相而又能够离其色相，所以他说易之诗的清空特质与中唐诗人元结相类，而元结之诗就十分注重现实与学养，具有质实之风。在张谦宜看来，诗风的清空与质实是辩证统一的，我们在前文业已指出，他的清空理论是主张学问与神理、文理的合一，因此，他先盛赞易之的胸襟笔力、藻采风神超越前人，然后称颂其诗有清空之美，如此一来，即把清空理论寓于诗学批评之中，诗学批评也印证了他的清空理论。翁方纲《石洲诗话》评孟浩然诗云：“读孟公诗，且毋论怀抱，毋论格调，只其清空幽冷，如月中闻磬，石上听泉，举唐初以来诸人笔虚笔实，一洗而空之，真一快也。”①翁方纲论诗倡导“肌理”说，既强调以儒学经典为基础的学问与“义理”，又重视诗歌文辞所蕴含的“文理”，也就是主张学问与文理的合一，他认为孟浩然诗一洗前人之笔虚笔实，因而具有清空之美，也就是说孟诗超越了虚与实，融学问义理和文理神韵于一体。

梁章钜《退庵随笔·学诗二》云：“李文贞不喜苏诗，谓东坡诗殊少风韵音节，逐句俱填典故，亦不是古法。此非笃论也。苏诗清空如话者，集中触处皆有。如《和陶》云：‘丈夫贵出世，功名岂人杰。’……《赵阅道高斋》诗云：‘长松千尺不自觉，企而羡者蓬与蒿。’……此岂得以少风韵、填典故概之？文贞意在讲学，于诗诣力未深。其于唐诗，只取张曲江及燕、许、李、杜、韩、柳数家，宋诗只取欧阳文忠、王荆公、朱子三家。讲学与论诗，自是两事，学者不必为所惑也。”②李光地作为一代大学问家，评价苏诗自然采取学问视角，认为其诗只是堆砌事典，而缺乏韵致，但梁章钜却否定了李的看法，并胪列了苏轼的若干诗句以证苏诗大多具有清空之美，并指出李

① 《清诗话续编·石洲诗话》卷一，第1306页。
② 《清诗话续编·退庵随笔》，第1873~1874页。

光地之所以有如此偏见，原因则在于他擅长讲学而不长于论诗，讲学与论诗不能等同起来。梁氏的看法是颇有见地的，他从诗论家的角度评价苏诗，认为苏诗具有清空的特质，这就是不拘泥于学问一途，而是兼顾诗歌本身之神理韵致，此即彰显出其论诗注重学问与文理的合一。康发祥《伯山诗话》评厉鹗云：“钱唐厉樊榭诗，视杭堇浦为一时瑜、亮。……近体之佳者，《秋日游铁佛寺》《东昌阻风》《蒙阴绝句》诗，清空高朗，尽以堆垛目之，则失其本来面目矣。”①他认为在诗歌方面，厉鹗与杭世骏在伯仲之间，其近体诗中的佳作有清空高朗之风，而不能简单地用堆垛来评价，堆垛即体现出质实之风，可见厉鹗诗必定具有学问根柢较深，善于用事雕琢，但其诗歌必是能够出于学问，得其神理，从而达到清空高朗之境，所以不能用堆垛目之，这样的评价即是辩证地看待清空与质实两种风格，而归根结底则是清空理论范式的指导所致。

清空理论范式在清代诗学批评中得到了实践运用，这一方面为理论范式提供了实例支撑，另一方面使得理论范式的学理蕴涵得到进一步的拓展。清代诗学批评中的清空范畴与理论彰显出学问与文理的合一，既体现出清代诗学的精神蕴涵，也体现出清代学术的特质。虽然诗学批评大多依据的是批评者的直觉经验，但究其本质却是理论范式在背后起着指导作用，因为理论范式在一经确立之后即成为诗学批评实践的前提。诗学共同体是理论范式的践行者，将理论范式寓于批评之中，在具体的批评实践中固化了理论范式的权威性与合法性，因而诗学批评是理论范式在确立以及发展过程中的重要环节。

## 余　　论

清代诗学虽是对前代诗学的总结与集大成，但更是对前代诗学

---

① 《清诗纪事·康熙朝卷·厉鹗》，第885页。

理论的重新审视与革新，清代的诗歌创作与诗学理论均处于古代学术文化的最后发展阶段，因此占有的资源材料，具备的思想精神比以往任何时代都要丰富得多、复杂得多、深邃得多，因此宋学场域中形成的清空理论范式，到了清代业已不再适应诗学的发展需要了，在清代全新的学术思潮的笼罩下，清空理论的范式转换是势在必行之事。诗学理论的范式转换既是诗学观念的转换，也是时代学术思潮的转换。清代实学思潮将尊德性与道问学结合起来，呈现出学问与义理合一的发展特质，因此清代诗学也是实学的诗学，清代诗学大家叶燮的门人薛雪《一瓢诗话》云："好浮名不如好实学，岂有实学而名不远者乎？"①此即彰显出清代诗学具有鲜明的尚实旨趣。所以质实是清代诗学思想的一个重要范畴与理论概念，也是潘德舆所热衷鼓吹的诗学理念，但是清代诗学的质实理想与宋代诗学大相径庭，清代诗学共同体取法乎上，即取法于汉魏诗歌之质实，而不是取法宋代理语之质实。这种质实理想当然也与清代实学思想密切相关，因为清代实学即主张复兴汉学，研习学问也以先唐为准，而不取唐以后的学问，因为唐以后即是宋学的天下了，这种思潮很快影响的诗学中来，如方贞观论诗云："用事选料，当取诸唐以前，唐以后故典，万不可入诗，尤忌以宋、元人诗作典故用。"②此即彰显出清代学者的学问取径。值得注意的是，汉魏诗歌因为以性情时事为主，而被清人目为质实，其实诗风的质实即是在汉学的学风影响下形成的，以性情时事为主即展现出诗歌情感的真实，而不是像宋人那样堆砌典故、密集意象而缺乏真情实感的质实，所以汉魏诗歌之质实其实就是清空的质实，是融学问与神理、义理合一的质实。是故，从清代诗学的质实理论范式可以看出，清空理论范式即是在质实理论基础上的推进，是指在学问根柢

① 《清诗话·一瓢诗话》，第711页。

② 《清诗话续编·方南堂先生辍锻录》，第1840页。

深厚质实的基础上，衍生出神理义理，抒发出真情实感的一个理论结构。在清代诗学场域中的清空理论范式中，质实与清空对立统一，清空以质实为基础，又超越质实。而在宋代诗学、词学场域中，清空与质实相互悖立，并不统一。

要而言之，宋代诗学的清空理论范式是由虚而虚，是尚虚的，而清代则是由实而虚，是尚实的；宋代理论范式更偏重艺术神理层面，而清代则偏重学问根柢与神理义理的调和；宋代理论范式将清空与质实对立起来，而清代则将二者统一起来；宋代理论范式是在理学场域中生成发展的，而清代理论范式则是在实学的场域中转换革新而成的。

# 第三章 美学与文论的内在理路发覆

中国古代美学与文论的发展演进虽然与特定的历史文化、社会环境息息相关，但不能完全将其看作历史与社会的产物，因为任何一种学术思想的产生与发展都有着自身的内在逻辑(内在理路)，因而考察特定的学术思想需要回归到其自身所处的语境之中。在某种限定的意义上，学术思想、审美观念具有强烈的独立于历史文化及社会环境而存在的能动性和生命力。是以，对于中国古代美学与文论，也要从其自身的内在逻辑来探赜和诠释，也就是通过对思想原理的内在理路的发覆，以揭示古代美学与文论的本质精神与审美底蕴。在本章中，笔者即以独特的视角和切入点对中国古代美学与文论的一些具体的思想原理的内在理路进行探赜，以此来深度剖析古代美学与文论的本质意蕴。约略而言，即通过对中国美学与文论中的脱化范畴的自由精神的考察，以揭示脱化范畴发展演进的内在理路；通过对汉代四部之学的发展的探论，以揭示汉代集部之学(文论)的嬗变衍化的内在理路；通过对宋代学者的诗词互证这一现象的探析，以揭示宋代诗论与词论发展演进的内在理路；通过章太炎对曾国藩的文学观的继承与革新这一个案，以揭示中国近代文论发展的内在逻辑规律及动态特征。

# 第一节　中国美学的脱化与自由

中国美学素来有着极其强烈的自由精神，古代文人往往在美学中实现真正的自由，而脱化智慧即是古人实现精神自由的一大利器。脱化是中国美学的重要智慧之一，其之美学特质蕴涵着极其鲜明的自由精神。无论是在古代书画美学之中，还是在古代文学批评之中，脱化智慧均发挥着极大的作用，这是因为其不但蕴涵着理论的深度和广度，而且包蕴着超越形迹、出神入化、追求自由的美学精神。是以，在中国美学语境中探究脱化的学理意蕴，考察脱化与自由的密切关联，既可以进一步揭示脱化这一美学范畴的学理意义与价值底蕴，又可以更深入地体认中国美学的自由张力。

## 一、美在自由：脱化精神的美学蕴涵

“脱化”既是一个文化术语，又是一个美学范畴，既有因革相成、遗形取神之意蕴，又有尸解羽化之意涵，这一概念根植于中国传统历史文化的土壤之中，渊源于以儒释道为主流思潮的学术文化场域之中。脱化这一术语虽然最早出现于东晋，但其之远源则可以追溯至先秦时期的道家思想之中，蕴涵着追求超越、崇尚自由的美学精神。

《庄子·逍遥游》开篇即通过描述鲲鹏之变来宣扬追求自由无待的思想精神，文中说：“北冥有鱼，其名为鲲。鲲之大，不知其几千里也；化而为鸟，其名为鹏。鹏之背，不知其几千里也；怒而飞，其翼若垂天之云。是鸟也，海运则将徙于南冥。南冥者，天池也。……‘鹏之徙于南冥也，水击三千里，抟扶摇而上者九万里，去以六月息者也’。”①在这里，鲲鹏既是动物之名，又代表着人们的精神追求。鲲虽大，但只是水中之鱼，鱼不能离开水，这就昭示着人离不开自己赖以生存的物质世界，鹏是鲲所脱化而来，是可以直击长空、远翔南海的大鸟，这就象征着我们的思想精神可以挣脱物质环境的束缚，像天马行空一样扶摇千里、任意驰骋。由鲲到鹏的转换即体现了人的肉身与思想精神的转化。肉身需要依赖物质环境而生存，但思想精神则不需要依傍，可以自由逍遥。鲲鹏之变即蕴含了以自由精神为底蕴的脱化之义，鲲鹏之“道”与“名”寓意深刻，发人深省，借用老子的话说，即是“道可道，非常道；名可名，非常名”。

“脱化”这一思想文化术语最早见于《法苑珠林》所引干宝《搜神记》之佚文：“晋献公二年，周惠王居于郑，郑人入王府多脱化为蜮，射人。”②此中之脱化即为变幻、幻化之义，充满了玄怪色彩，《搜神记》是一部杂糅佛道、记载灵异的志怪小说，是以，脱化这一术语的产生即与老庄、佛学、道教思潮密切相关。脱化的尸解羽化之义即衍生于道教与佛教的语境之中。如宋代大儒朱熹即指出道教徒：“炼得气清，皮肤之内，肉骨皆已融化为气，其气又极其轻清，所以有‘飞升脱化’之说。”③明人笔记小说中即有记载得道高僧“脱化尘寰”④之事。尸解羽化是人的精魂挣脱肉体的束缚而获得绝对自由的过程，可见，自由是脱化的主体精神，当然，在道教的哲学语境中，脱化也寄寓着极其强烈的自由精神，如道教南宗的创立者张伯瑞在词中说：“法本空，空有法，不实不虚，不有不无，圆明不昧，久自脱化。”⑤

① 郭庆藩：《庄子集释·内篇》，中华书局，2013年，第2、5页。

② 释道世著，周叔迦、苏晋仁校注：《法苑珠林校注》，中华书局，2003年，第1009页。

③ 黎靖德编：《朱子语类》，中华书局，1986年，第1545页。

④ 周绍濂：《鸳渚志余雪窗谈异·帙上》，中华书局，2008年，第149页。

⑤ 张伯瑞撰，王沐浅解：《悟真性宗直指·西江月十二首》，中华书局，1990年，第196页。

可见脱化精神的内蕴即在不实不虚、不有不无之间，即不滞于万物，不囿于法度，体现出明晰的自由精神。

脱化概念的产生不仅仅源于老庄、佛教与道教，而且亦源于儒家思想。《周易》中的通变思想即是脱化概念的重要来源。《周易·系辞上》云："极数知来之谓占，通变之谓事。"孔颖达正义："物之穷极，欲使开通，须知其变化，乃得通也。"①通变，意思是通晓变化之理，也就是主张不拘常规，顺时变化，这也就蕴涵了脱化之义。司马迁在《报任安书》中提到自己创作《史记》的终极目标即是："欲以究天人之际，通古今之变，成一家之言。""通古今之变"强调的主要是继承与革新的统一，其目的即是"成一家之言"，这就体现出了史迁积极追求自由的修史精神，蕴含着脱化意识。南朝史家沈约论前代礼仪制度云："任己而不师古，秦氏以之致亡；师古而不适用，王莽所以身灭。然则汉、魏以来，各揆古今之中，以通一代之仪。"②他认为，礼制的建设必须师古与趋新统一，通达古今之变，这种"揆古今之中，以通一代之仪"的礼制思想即蕴含着脱化精神。

由以上可见，脱化概念发端于儒释道多元学术文化的思潮之中，而且蕴含着十分强烈的自由的美学精神。而脱化精神从哲学领域到美学场域，从文化术语到美学范畴，则是得益于古代诗文评的助力。《文心雕龙》的通变思想、《二十四诗品》的"高古"品均蕴含着追寻自由的脱化精神。

《文心雕龙·通变》指出诗赋文章："名理有常，体必资于故实；通变无方，数必酌于新声。"③这就是主张文章的体制规格必须因袭前

---

① 阮元校刻：《十三经注疏·周易正义》卷第七，中华书局，2009年，第162页。

② 沈约：《宋书》卷十四，中华书局，1974年，第327页。

③ 刘勰撰，范文澜注：《文心雕龙》卷六，人民文学出版社，1958年，第519页。

人，而文辞风格则要富于变化，通过参酌当代的新作以求通变。这就是强调文学创作要将因袭与创新合一，所以刘勰又说："参伍因革，通变之数也。""变则其久，通则不乏。……望今制奇，参古定法。""参古定法"即是因、通，"望今制奇"即是革、变。所以他感叹道："凭情以会通，负气以适变，采如宛虹之奋鬐，光若长离之振翼，乃颖脱之文矣。"这就是说会通与适变相统一的文章即是颖脱之文，"颖脱"即寓有脱化之义。可见，通变这一创作理念即是蕴含着脱化精神，刘勰既强调因袭的必要性，但更强调革新的重要性，望今制奇、革新适变即体现出了绍承并超越前人、追寻自由的创作理念。

司空图《二十四诗品》阐释第五品"高古"的美学风格云："畸人乘真，手把芙蓉。泛彼浩劫，窅然空踪。月出东斗，好风相从。太华夜碧，人闻清钟。虚伫神素，脱然畦封。黄唐在独，落落玄宗。"①这一段的最后四句即蕴含着追寻内在身心自由的脱化精神，"虚伫神素"即归复虚静真素之心，"脱然畦封"，即超脱世俗的欲望、习性、知识、思想格局等畛域界限。"黄唐在独，落落玄宗"即是指澄净的心灵忘却一切，从而融入玄奥大道之中，获得怡然自得的高古之风。这几句就是说如果心灵能够超越世俗尘世之外，自然能够浑然无迹，达到玄妙的高古境界。司空图在"雄浑"品中所说的"超以象外，得其环中"也是这个意思，这两句的意思是超出迹象外之外，仍得环中之妙，也就是通过超脱外在的表象而达到内在的浑成自然之道。可见，"高古"与"雄浑"均蕴含着超脱尘世，以臻化境的美学意蕴，与追寻自由的脱化精神在美学追求上体现出高度的一致性。朱良志先生指出："'高'与'古'分别强调时间和空间的无限性。人不可能与时逐'古'、与天比'高'，但通过精神的提升，可以膺有此一境界。精神的超越可以'泛彼浩劫'（时间超越性），'脱然畦封'（空间性挣

① 司空图撰，陈玉兰评注：《二十四诗品》，中华书局，2019年，第22页。

脱），完成精神性的腾踔，从而直达‘黄唐’——中国人想象中的时间起点，至于‘太华’——空间上最邈远的世界，粉碎时空的分别性见解，获得性灵的自由。”①可见，高古这一美学境界追求的即是精神对时空的超越，从而获得心灵的自由之境，这样一种美学境界自然孕育了脱化的美学精神。

总的说来，以儒释道为主流的传统思想文化场域孕育出了以追求自由为宗旨的脱化精神，在《文心雕龙》《二十四诗品》这类诗文评著作的阐释推衍下，脱化精神由哲学进入美学，由思想文化术语变为美学范畴，彰显出极其明显的超越性，体现的是一种高层次之美。张世英先生将美的层次由低到高分为感性美、理性美与超理性之美三重境界，并指出：“高层次之美如果不‘超过’低层次之美，便不能提升自由；但如果不‘通过’低层次之美，则高层次之美变成为抽象的。”②可以说，脱化精神所追寻的即是一种通过并超过低层次之美的自由之美。脱化精神对自由的诉求在中国美学中体现得淋漓尽致，尤其表现在书画美学之中。

## 二、自由的诉求：书画美学中的脱化精神

追寻自由的脱化精神尤其在唐宋时期的书画美学中发挥得淋漓尽致，唐宋书画美学的尚意重神的美学诉求即体现出了追求自由的脱化精神。唐宋时期的书法美学呈现出了由尚法到尚意的发展趋势，绘画美学则呈现出了由兼重形神到独重神似的衍变趋向。书法美学与绘画美学的发展具有高度的一致性，它们的这种转向正是以自由为尚的脱化精神的潜移默化所促使成的。

---

① 朱良志：《〈二十四诗品〉讲记》，中华书局，2017年，第49页。

② 张世英：《美在自由》，人民出版社，2012年，第348页。

清代书家梁巘纵论历代书法美学风尚云："晋人尚韵，唐人尚法，宋人尚意，元、明尚态。"①"唐代尚法"的意思是唐代书法艺术偏重法度。晋代书法尚韵，重视的是神采，而唐代书法理论极为重视法度，偏重的是形质，注重对用笔和结体等问题的探讨。唐人对前人书法经验进行了总结，笔法、结构、章法等理论均趋于系统化和精微化，如释智果《心成颂》即论述了楷书的结构法则，李世民《笔法诀》、欧阳询《用笔论》均阐论了用笔之法，孙过庭《书谱》探讨了各种书体的审美风格和笔法问题，张怀瓘《用笔十法》、颜真卿《述张长史笔法十二意》均讨论了多种笔法的审美特征。这些书论皆体现出唐人尚法的书法美学思想，在这种美学思想的引领下，唐人不但楷书表现得规矩谨严、沉稳浑厚，而且行草书也是结构严整，以中锋用笔为美。

"宋人尚意"，意思是宋代书法以表现个人意趣为尚而不拘泥于法度。梁巘指出："晋书神韵潇洒，而流弊则轻散。唐贤矫之以法，整齐严谨，而流弊则拘苦。宋人思脱唐习，造意运笔，纵横有余，而韵不及晋，法不逮唐。"②可见，宋代书家鉴于唐人书法因尚法而导致流于拘苦，遂独辟蹊径，不拘法度，以超越唐人书学之藩篱，所谓"思脱唐习，造意运笔"，尚意书风遂悄然兴起。欧阳修即主张学书当"有以寓其意，不知身之为劳也；有以乐其心，不知物之为累也"③。他提出了寓意乐心的尚意书学思想，主张可以随意书写，以资娱心，这体现出了崇尚自由的书法美学思想，也体现出了意欲挣脱法度束缚，自由挥洒性灵的脱化精神。苏轼论书提倡自出新意，以无

① 梁巘：《评书帖》，载《历代书法论文选》，上海书画出版社，2014年，第575页。

② 梁巘：《评书帖》，载《历代书法论文选》，上海书画出版社，2014年，第581页。

③ 欧阳修：《试笔》，载《历代书法论文选》，上海书画出版社，2014年，第309页。

法为法，他说："吾书虽不佳，然自出新意，不践古人，是一快也。"①"自出新意"即是超越既有的书法范式，自出机杼，独创一格，具体表现即是以无法为法，所以他说："把笔无定法，要使虚而宽。……荆公书得无法之法。"②当然，以无法为法并不是绝对无法，而是对既成法度的超越，从而达到一种自由的美学境界，例如苏轼极为欣赏颜真卿的书法，他说："颜鲁公书雄秀独出，一变古法。"③"一变古法"既是对颜真卿书法的赞扬，又是对自己的书学理想和书法实践的夫子自道。他在临摹颜真卿的书法作品时，并没有按照颜氏的中锋习惯运笔，而是用自己习惯的侧锋用笔，他所效法的是颜书的精神韵致，而非具体的用笔法式，推崇的是能够自出新意，达到自由之境。正因如此，他赞扬柳公权云："柳少师书，本出于颜，而能自出新意，一字百金，非虚语也。"④黄庭坚深受苏轼影响，论书亦是以自由、达意为尚，而不拘泥于法式，他强调："学书之法乃不然，但观古人笔意耳。"⑤"老夫之书，本无法也。"⑥正是因为对笔意的重视，所以他赞扬张芝云："伯英书小纸，意气极类章书，精神照人，此翰墨妙绝无品者。"⑦他认为张芝的书法富有意气与神韵，所以诚为上乘

---

① 苏轼：《论书》，载《历代书法论文选》，上海书画出版社，2014年，第314～315页。

② 苏轼：《论书》，载《历代书法论文选》，上海书画出版社，2014年，第314、315页。

③ 苏轼：《评书》，载《历代书法论文选续编》，上海书画出版社，2015年，第55页。

④ 苏轼：《评书》，载《历代书法论文选续编》，上海书画出版社，2015年，第55页。

⑤ 黄庭坚：《山谷论书》，载《历代书法论文选续编》，上海书画出版社，2015年，第67页。

⑥ 黄庭坚：《论书》：载《历代书法论文选》，上海书画出版社，2014年，第356页。

⑦ 黄庭坚：《山谷论书》，载《历代书法论文选续编》，上海书画出版社，2015年，第61页。

之作，这也体现出黄山谷崇尚内在的精神气韵之美。董逌书论也重视笔意，提出了重自然的书学观念：“书法贵在得笔意，若拘于法者，正以唐经所传者尔，其于古人极地不复到也。观前人于书自有得于天然者，下笔便见笔意。”①他认为笔意乃是得之于自然，因此反对法度的束缚：“书法要得自然。其于规矩权衡各有成法，不可遁也。……若一切束于法，非书也。”②可见，董逌追求的是一种不拘成法的自然书风，推崇的是自由之美。晁补之则认为书法之妙不在笔法，而在“胸中之独得”：“学书在法，而其妙在人。法可以人人而传，而妙必其胸中之所独得。书工笔吏，竭精神于日夜，尽得古人点画之法而模之，秾纤横斜，毫发必似，而古人之妙处已亡，妙不在于法也。”③他认为书法之妙不在法度而在于人的内在的心性修为和精神气度。

要之，宋代书学思想积极破除唐人尚法的理论范式，强调无法，不泥古法，追求活法，宣扬天然自由的创作理念，以个性为中心，以表现意趣为尚，着力提升意趣在书法美学中的审美地位，这种着力摆脱唐法之束缚的“尚意”的书学理念正是追求自由的脱化精神在书法美学中的具体表现。值得注意的是，书画同体，书与画具有天然的密切关联，在唐宋两代的历史文化场域中，在书法美学从尚法转向尚意的同时，绘画美学也从兼顾形神转向独重神似、崇尚意韵，也同样体现出强烈的脱化精神。

唐人画论大抵兼重形神，虽有偏重神似的倾向，但还是不废形似的。例如李嗣真的《续画品录》即体现出兼重形神的美学思想，他评

① 董逌：《广川书跋》，载《历代书法论文选续编》，上海书画出版社，2015年，第131页。

② 董逌：《广川书跋》，载《历代书法论文选续编》，上海书画出版社，2015年，第137页。

③ 晁补之：《跋谢良佐所收李唐卿篆〈千字文〉》，曾枣庄主编：《宋代序跋全编》，齐鲁书社，2015年，第3345页。

郑法士云："邻几睹奥，具体而微，气韵标举，风格遒俊。"①评董伯仁与展子虔云："动笔形似，化外有情。"评王元昌云："天人之姿，博综技艺，颇得风韵，自然超举。"可见，他既重视绘画之气韵、化外之情、自然风韵，又强调形似、技艺之妙。因此他是兼重形似与神似的，而非偏于一隅，所以他对徒有神似，而无形似的绘画是不满的，如他评卫协云："卫之迹虽有神气，观其骨节，无累多矣。"神气即神采气韵，指的是神似；骨节指的是构图的结构比例，指的是形似。张怀瓘的画论也体现出兼顾形神的绘画美学理念，其评顾恺之、陆探微与张僧繇三人的绘画云："顾公运思精微，襟灵莫测，虽寄出迹翰墨，其神气飘然在烟霄之上，不可以图画间求。象人之美，张得其肉，陆得其骨，顾得其神。神妙亡方，以顾为最。"②评陆探微云："陆公参灵酌妙，动与神会。笔迹劲利，如锥刀焉，秀骨清像，似觉生动，令人懔懔若对神明。虽妙极象中，而思不融乎墨外。夫象人风骨，张亚于顾、陆也。"他指出顾恺之的绘画富有神气，极具神似之妙，因此为三人中成就最高者。陆探微的画"动与神会"，士人"懔懔若对神明"，即具有神似之妙，而且其"笔迹劲利"，因而其画"秀骨清像"。因为顾恺之的画最具传神之妙，所以为三人之首，所谓"象人之美，顾得其神"。陆探微的画有神韵又具形似，比顾画略逊筹，所以位居第二，所谓"象人之美，陆得其骨"。而张僧繇的画徒具形似之美，所以层次最低，所谓"象人之美，张得其肉"。可见，张怀瓘的画论是兼顾形神，但又偏重神似的。朱景玄论绘画应达到的境界云："伏闻古人云：画者，圣也。……移神定质，轻墨落素，有象因之以立，无形因之以生。……妙将入神，灵则通圣。"③在他看

① 李嗣真：《续画品录》，载俞剑华编著《中国历代画论大观》第一编，江苏凤凰美术出版社，2015年，第93页。

② 张怀瓘：《画断》，载《中国历代画论大观》第一编，江苏凤凰美术出版社，2015年，第107页。

③ 朱景玄：《唐朝名画录序》，载《中国历代画论大观》第一编，江苏凤凰美术出版社，2015年，第114页。

来，绘画是一件极为神圣的事情，不仅要描绘有象的形体，而且要表达无形的心灵，以此达到神妙通圣的境界，这也同样体现出兼重形神的审美观念。

宋人的画论则体现出明显的重神似而轻形似之审美倾向，如《宣和画谱·墨竹叙论》云：“绘事之求形似，舍丹青朱黄铅粉则失之，是岂知画之贵乎？有笔不在夫丹青朱黄铅粉之工也。故有以淡墨挥扫，整整斜斜，不专于形似而独得于象外者，往往不出于画史而多出于词人墨卿之所作。……故知不以着色而专求形似者，世罕其人。”①《宣和画谱·人物叙论》云：“画人物最为难工，虽得形似，则往往乏韵。”可见，《宣和画谱》的作者也是标举气韵，推崇神似，反对以形似为贵，认为只有通过神似才能独得于象外。此书的观点也正代表了宋代官方的绘画审美观念。欧阳修论画极重意趣：“古画画意不画形，梅诗咏物无隐情。忘形得意知者寡，不若见诗如见画。”②可见，他推崇的即是忘形得意的境界，也就是超越形似、达到神似的境界，所以他强调：“萧条淡泊，此难画之意，画者得之，览者未必识也。故飞走、迟速、意浅之物易见，而闲和、严静、趣远之心难形。”③这就是说，物象的外在形貌容易描绘，但画家内在的心意却是难以表现的。董逌论画也是追求神似，而黜形似，其《书阎立本渭桥图》云：“世之论画，谓其形似也。若谓其形似长说假画，非有得于真象者也，若谓得其神明，造其悬解，自当脱去辙迹。”④在他看来，绘画要

① 《宣和画谱叙论》，载俞剑华编著《中国历代画论大观》第二编，江苏凤凰美术出版社，2016 年，第 120 页。

② 欧阳修：《盘车图》，载《欧阳修全集·居士集卷六》，中华书局，2001 年，第 99~100 页。

③ 欧阳修：《鉴画》，载《欧阳修全集·试笔一卷》，中华书局，2001 年，第 1976 页。

④ 董逌：《广川画跋》，载《中国历代画论大观》第二编，江苏凤凰美术出版社，2016 年，第 251 页。

超越形似和技法，而要以表现神明意趣为尚，所谓“脱去辙迹”是也，此即体现出了明确的脱化精神。韩拙则指出：“凡用笔，先求气韵，次采体要，然后精思。……以气韵求其画，则形似自得于其间矣。”①韩氏认为绘画要以气韵为上，也就是要以神似为目标，画作富有气韵，那么形似自然有之，所以不必刻意追求形似，追求神似即可。邓椿《论远》云：“画之为用大矣。……而所以能曲尽者，止一法耳。一者何也？曰：‘传神而已矣。’世徒知人之有神，而不知物之有神，此若虚深鄙众工，谓：‘虽曰画而非画者，盖止能传其形，不能传其神也。’故画法以气韵生动为第一。”②邓氏指出作画之法即传神而已，要以气韵生动为要务，不能仅仅停留于形似的层面。

苏轼论画继承了欧阳修重视意韵的美学思想，因此，他也鄙薄形似，而揄扬神似，他说：“笔墨之迹托于有形，有形则有弊。”③又说：“论画以形似，见与儿童邻。”④因此，他不重有形之迹，而推重无形之理，其《净因院画记》云：“余尝论画，以为人、禽、宫室、器用皆有常形。至于山石竹木，水波烟云，虽无常形，而有常理。常形之失，人皆知之。常理之不当，虽晓画者有不知。故凡可以欺世而取名者，必托于无常形者也。虽然，常形之失，止于所失，而不能病其全，若常理之不当，则举废之矣。以其形之无常，是以其理不可不谨也。世之工人，或能曲尽其形，而至于其理，非高人逸才不能辨。”⑤在此文中，苏轼提出了绘画美学中的“形”与“理”的问题，他认为绘

① 韩拙：《论用笔墨格法气韵之病》，载曾枣庄、刘琳主编：《全宋文》卷二九七三，上海辞书出版社、安徽教育出版社，2006年，第102页。

② 邓椿撰，庄肃补遗：《画继·画继补遗》，浙江人民美术出版社，2019年，第325~326页。

③ 苏轼：《题笔阵图》，载《宋代序跋全编》，第3014页。

④ 苏轼：《东坡画论》，载《中国历代画论大观》第二编，江苏凤凰美术出版社，2016年，第227页。

⑤ 苏轼：《东坡画论》，载《中国历代画论大观》第二编，江苏凤凰美术出版社，2016年，第227页。

画不仅是表现事物之常形，更是要表现事物之常理，常理要寄寓于常形之中，常形易得，常理难求。这里所说的“常理”，也就是神采意韵。所以他认为形与理的结合的最高境界即是“合于天造，厌于人意”。其《又跋汉杰画山(二)》云：“观士人画，如阅天下马，取其意气所到；乃若画工，往往只取鞭策皮毛槽枥刍秣，无一点俊发，看数尺许便倦。”①可见，他强调绘画要重在体现意气，不能只是描绘皮相。所以他在《文与可画筼筜谷偃竹记》中提出画竹的正确方法是“先得成竹于胸中”，也就是要画出胸中之竹，这也体现了其对神韵意气的重视。他在《传神记》中论述了绘画要达到传神境界所需要的艺术技巧，并指出绘画：“岂举体皆似，亦得其意思而已。”②这就是强调要力求神似，而不能拘于形似。

要之，就本质精神而言，在唐宋两代的文化场域中，绘画美学的衍变与书法美学的转向大体一致，也表现出尚意的发展趋势。绘画美学从兼顾形神转向独重神似，表现出遗形取神、崇尚意韵的美学倾向，这其实就是主张摆脱低层次的曲尽其形的观念之束缚，而以得其神理为要务，从而达到超越形迹、挥洒自如的自由之境，这样的美学转向也同样体现出强烈的脱化精神。

## 三、自由之境：文学批评中的脱化之美

脱化精神不仅仅被运用于书画美学之中，而且在文学批评领域也发挥着作用。古代文学批评对脱化之美的阐论从不同角度深化了脱化精神的美学蕴涵和学理特质，体现出对自由之境的推崇与追寻。

① 苏轼：《东坡画论》，载《中国历代画论大观》第二编，江苏凤凰美术出版社，2016年，第227页。

② 苏轼：《东坡画论》，载《中国历代画论大观》第二编，江苏凤凰美术出版社，2016年，第212页。

脱化精神的一个重要来源即是古代文学批评，《文心雕龙》《二十四诗品》中均孕育了追寻自由的脱化精神。当然，脱化精神在古代文学批评中的发展演进，主要与黄庭坚及江西诗派的诗学理论密切相关。黄庭坚针对如何更好地继承古人的诗学经验以达到“点铁成金”的艺术效果这一问题，提出了“夺胎”与“换骨”这两项具体法则，这也成为江西诗派最重要的理论纲领。这两项具体法则主张将古人诗歌的精华熔铸于自己的作品之中，“换骨”法侧重于文辞上的加工，“夺胎”法侧重于文意上的发挥，“夺胎换骨”之法其实讲的就是师古与革新的问题，但偏重于师古，因此，江西诗派谨守黄庭坚之诗训，从而导致模拟因袭风气盛行，诗人的个性气质受到束缚。吕本中遂提出“活法”说以矫正江西诗派诗法之弊，他在《远游堂诗集序》说：“所谓活法者，规矩具备，而能出于规矩之外；变化不测，而亦不背于规矩也。是道也，盖有定法而无定法，无定法而有定法。”①他强调既要运用“定法”，又不能为“定法”所囿，既要遵守法度而又超越法度，既要富于变化又不能乖离本宗，要活用诗法，而不能死守诗法。活法是一种升级和进步的夺胎换骨法，江西诗派的诗学活法说与宋人尚意的书学理念与重神似的绘画思想在本质上是高度一致的，均是自由精神的彰显，是脱化精神的体现。元明两代学者也对脱化之美进行了探讨，如元代诗论家韦居安《梅磵诗话》也对“夺胎换骨”法提出了新的要求：“夺胎换骨之法，诗家有之，须善融化，则不见蹈袭之迹。”②他指出运用这一诗法要善于融化，不露痕迹，他强调的是“化”之意义，这与脱化的审美理念是高度一致的。因而这一诗学思想也彰显出追求自由之化境的脱化精神。明人邵经邦《艺苑玄机》云：“诗贵妙悟超脱，仙家所谓‘超凡入圣’，若非功成行满，何由白日上

① 吕本中撰，韩西山辑校：《吕居仁文辑·序》，载《吕本中全集》，中华书局，2019年，第1758页。

② 丁福保辑：《历代诗话续编》，中华书局，2006年，第544页。

升？……若谓自外得之，固不可。若尽自去苦学，亦复不得；须优游涵养，待得居安资深时，自然脱然有会悟处。”①“妙悟超脱”“脱然会悟”即是以自由为核心的脱化精神之具体表现。谢肇淛《小草斋诗话》指出：“天下岂有无理之文章，又岂有不学之诗人哉！但当亭毒酝酿，融其渣滓，化而出之，使人共知，又使人不知。”②“融其渣滓，化而出之”，使人在知与不知之间，此体现出一种自由挥洒的境界，也是脱化精神的彰显。

虽然中国古代美学较早地运用了脱化精神，但是脱化作为专业术语和审美范畴运用于文学批评领域则主要是在清代。清代文学批评家们十分重视脱化的美学内蕴。如徐增在《而庵诗话》中明确将“脱化”作为一种诗法：“作诗之道有三：曰寄趣，曰体裁，曰脱化。今人而欲诣古人之域，合此三者，厥路无由。夫碧海鲸鱼，自别于兰苕翡翠，此古人之体裁也；唐人应制之作，皆合于西方圣教，此古人之寄趣也；少陵诗人宗匠，从‘熟精《文选》理’中来，此古人之脱化也。”③他不但将脱化列为作诗之道，同时还用杜甫“熟精《文选》理”的诗学思想来阐释之，这就赋予了脱化范畴以较高的理论价值和深厚的学理蕴涵。彭孙遹《金粟词话》“咏物词不易工”条云：“咏物词，极不易工，要须字字刻画，字字天然，方为上乘。即间一使事，亦必脱化无迹乃妙。”④在他看来，咏物词之用事必须具有脱化无迹之妙乃为上乘之作，他推崇的是字字天然之境，彰显出以自由为贵的美学精神。沈祥龙《论词随笔》“用成语贵浑成”条指出：“用成语，贵浑成，脱化如出诸已。贺方回‘旧游梦挂碧云边，人归落雁后，思发在花前’，用薛道衡句，欧阳永叔‘平山栏槛倚晴空。山色有无中’，用王

① 周维德集校：《全明诗话》，齐鲁书社，2005 年，1263 页。
② 《全明诗话》，第 3503 页。
③ 丁福保辑：《清诗话》上，上海古籍出版社，2015 年，第 438 页。
④ 唐圭璋编：《词话丛编》，中华书局，2005 年，第 725 页。

摩诘句，均妙。李易安‘清露晨流，新桐初引’，用《世说新语》，更觉自然。稼轩能合经史子而用之，自其才力绝人处，他人不宜轻效。”①沈氏指出化用事典成语所达到的浑成的艺术效果即是一种脱化如出诸已的美学境界，并用贺铸、欧阳修、李清照、辛弃疾等人的诗词为证。而他尤其赞扬李清照对古语的化用具有自然之美，这也就是说脱化之法以自然为贵，体现出了一种追求自由的美学精神。

清人不但在诗词批评中阐论脱化精神的美学意蕴，而且在文章批评方面也是如此。如吕留良指出："作家到纯熟脱化时，用意越浓，出手越淡；用力越重，出手越轻；用筋节越老辣，出手越秀嫩。此种境界，强迫取之不得也。"②他从用意、用力、用筋节三个层面来总结脱化的美学特质，用意、用力、用筋节分别与出手的淡、轻、嫩之美成反比，此即体现出一种辩证立体的美学观，而吕氏所强调的脱化的淡、轻、嫩之美即体现出对自然意趣的追寻和自由之境的推崇。《四库全书总目提要》评叶适的文章云："适文章雄赡、才气奔逸，在南渡卓然为一大宗。其碑版之作、简质厚重，尤可追配作者。适尝自言，譬如人家觞客，虽或金银器照座，然不免出于假借。惟自家罗列者，即仅甆缶瓦杯，然都是自家物色。其命意如此，故能脱化町畦、独运杼轴。韩愈所谓文必己出者，殆于无忝。"③四库馆臣认为叶适的文章艺术价值极高，这主要是因为其文章立意新颖，能够自出机杼，做到了韩愈所称道的"文必己出"之境界，而这样的创作风格正是脱化之美的集中体现，脱化之美的关键即在于独运杼轴、自由发挥。吴铤论文也极为重视脱化之美，其《文翼》卷二云："王介甫论退之叙事，惟《王适》《张彻墓志》最奇。介甫叙事作意，立间架，实从此二

① 《词话丛编》，第4059页。

② 俞国林编：《吕晚村先生文集·补遗卷六杂著》，中华书局，2015年，第609页。

③ 永瑢等：《四库全书总目》卷一百六十，中华书局，1965年，第1382页。

篇脱化，而未能归于自然，所以不及退之堂庑，较永叔则隘矣。”①在他看来，王安石之文虽然脱化于韩愈的《试大理评事王君墓志铭》《故幽州节度判官赠给事中清河张君墓志铭》两篇墓志铭，但是其格局气势不但远不如这两篇墓志，而且也比欧阳修的文章褊狭，而个中原因即是缺乏自然之美。吴铤认为脱化之美要达到自由之境，不然文章格局就会狭隘。可见，他将自由之境作为脱化之美的终极目标。《文翼》卷三云：“文章之变化，至难言也。意变，则反言而正论愈伸，翻案而成局愈定；法变，则人详我略，而略转胜于详，人实我虚，而虚仍运夫实。变在意格，则整者离之使散，奇者约之使正；变在色韵，则浓与淡可以相参，疾与徐不妨迭奏。引而伸之，可以得脱化之法。”②他指出脱化为文章变化之法，而文章变化又可分为意变与法变。意变在于反言正论、化整为散、执正约奇；法变在于详略得当、虚实相运、浓淡相参、疾徐相协。意变与法变之旨归即是脱化之法的精髓，可见，吴氏的脱化审美理念既不拘泥于定法，也不偏向于任何一种风格，具有崇尚灵活自由的创作精神，与书法中的尚法与尚意的美学精神有相通之处，但更具有辩证性与学理性。姚鼐就模仿与创新的关系来阐释脱化的美学内蕴：“文不经摹仿，亦安能脱化？观古人之学前古，摹仿而浑妙者自可法，摹仿钝滞者自可弃。……是入门之始，不能不有所摹仿，以求与古人相似；及其用功之久，又必求脱化，不可但以摹仿相似为工。”③他指出文章要达到脱化之境就必须经过模仿，要与古人相似，但创作功力达到一定境界之后，就不能仍以模仿相似为工，而要有脱化之美。可见，他所说的脱化即是建立在模仿基础上的创新，也就是在形似基础上的神似。脱化之美并不是不要

① 余祖坤编：《历代文话续编》，凤凰出版社，2013 年，第 623~624 页。

② 《历代文话续编》，第 649 页。

③ 《历代文话续编·文章源流》，第 1351 页。

形似，而是不能囿于形似，要基于形似以达到神似，这在本质上即是追求一种富含文化底蕴和超越精神的自由之境。姚鼐的脱化理念与宋代重神似的绘画美学思想是高度一致的。

总之，作为中国美学的一个重要组成部分，古代文学批评对脱化之美进行了多维度、多层面、立体化的阐论，赋予了脱化以体式意义和学理性深度。古代文学批评中的脱化精神体现出对法度形似的超越，对“活法”的追求，对意趣神似的推崇以及对模拟与新变的整合。而这一切美学理想在本质上均是对自由之境的追寻，对自然之美的向往。

## 结　　语

中国美学的脱化智慧蕴含着丰富而深刻的美学意蕴，其美学意蕴的内核即是一种追求形迹的内化和精神的超越的自由精神。自由是对现实的超越，只有超越现实才能实现自由，而审美即是自由的存在方式，也是超越的实现方式，以故，中国古代文人的自由精神既不是在江湖中实现，也不是在庙堂上实现，而是在美学中实现。正因为脱化之美即是一种自由之美，中国美学的脱化智慧以自由精神为内核，所以古人往往借助脱化智慧以实现真正的自由，中国美学中的脱化智慧寄寓着去法尚意、遗形取神、约奇为正、因革相成以及模拟与创新合一、有法与无法合一、意变与法变合一的思想理念，提倡的是一种师古而不为所役，趋新而不畔其规的超越性审美理念。因此，脱化智慧推崇的即是一种强调人的主体性和自身创造力的积极的自由精神，这种以自由理念为核心的脱化精神的美学意蕴不仅在古代书画理论中得到了拓展，而且在古代文学批评中也得到了深化。是故，脱化精神的美学意蕴在很大程度上固化并强化了中国美学的自由张力。

## 第二节　汉代四部之学的发展探论

经史子集四部之学博大精深，源远流长，是我国古代传统学术文化的主要表现形态，是古典目录学、文献学的主要分类依据，是中华文明的思维特质之体现。四部之学是在古代漫长的历史文化长河中逐渐形成并不断演变的，具体而言先秦两汉是四部之学的滥觞期与孕育期，魏晋南北朝是四部之学的形成期，隋唐以至明清则是演进期与完善期。就四部之学的发展历程而言，汉代是四部之学形成的前夜，也是四部之学得以形成的关键。如果没有汉代学术的发展作为基础，那么四部之学在魏晋南北朝时期的最终形成是不可能的。然而，学界在当前的四部之学研究方面过分注重魏晋以后各代的具体发展情况，而对汉代四部之学的发展概况与特质却罕有涉及，是以笔者尝试对汉代四部之学的发展概况做一个全面的梳理与细致的考索，以期有所建言。

### 一、汉代四部之学的发展概况

汉代四部之学是在先秦王官之学与诸子之学的基础之上建立起来的，是对六艺(六经)与诸子著作的绍承与拓展，有继承，更有创造，下面即按照经史子集四部之顺序分别探讨各部学术的发展概况。

经部方面，西汉中期，为了巩固大一统的封建统治，加强中央集权，汉武帝采纳大儒董仲舒“罢黜百家，独尊儒术”的建议，推尊儒学，立五经博士，把《诗》《书》《礼》《易》《春秋》作为经世之典籍，儒学被经典化、神圣化，儒家经学成为官学，经学正式诞生了。司马迁在《史记》中即设立《儒林传》，对五经的传承有详尽的说明。随着经学的发展，五经遂成为汉人处理政事的依据，是故皮锡瑞云："以《禹贡》治河，以《洪范》察变，以《春秋》决狱，以三百五篇当谏书，治一经得一经之益也。"①汉宣帝召开石渠阁会议，讨论经学内部问题，钦定经学文本，增立《穀梁春秋》于学官，促进了经学的标准化、法规化。宣帝末年，五经博士增至十二人。西汉末，刘歆请立古文经学于学官，作《移让太常博士书》引发了今古文经学之争，古文经学虽最终未能立于学官，但影响力却愈来愈大。王莽当政时期，由于托古改制的需要，增立《左传》《毛诗》《逸礼》《古文尚书》于学官。东汉初年，光武帝大力推崇经术，立五经十四博士，鉴于今古文经学之争，又立李封为《左传》博士，但不久，李封病逝，《左传》博士旋即废止。章帝建章四年，召开白虎观会议，讲论《五经》异同。班固作《白虎通义》以记录会议内容。贾逵与李育就《左传》与《公羊传》的经义问题进行争论。《左传》虽未立于学官，但章帝命贾逵以《左传》《古文尚书》《毛诗》等古文经教授太学高材生。东汉末年，古文经学大师郑玄对公羊学大师何休进行了全面批驳，完胜何休。由今古文经学之争可见，从西汉末到东汉，古文经学逐渐兴盛起来，打破了西汉今文经学独尊的局面。东汉经学今古文均兴盛至极，对学者的思维意识产生了巨大的影响，各类学术的发展也打上了经学的烙印。

子部方面，汉代子学的地位仅次于经学，其主要成就也是集中在儒、道二家。《汉书·艺文志》诸子略即记录了大量汉代子学著作。汉代实际的治国方略即是"霸王道杂之"，西汉中后期召开的盐铁会议即是儒法两家的论争。西汉子学著作颇丰，儒家有陆贾《新语》、贾谊《新书》、董仲舒《春秋繁露》、桓宽《盐铁论》、刘向《新序》《说苑》、扬雄《太玄》《法言》。其他诸子著作，如刘安《淮南子》、严君平《老子指归》、无名氏《道家言》《杂阴阳》《法家言》《杂家言》，此外

① 皮锡瑞著，周予同注释：《经学历史》，中华书局，2012年，第56页。

王充《论衡》、王符《潜夫论》、仲长统《昌言》、崔寔《政论》皆具有一定的影响力。值得注意的是，西汉前期，政府虽然推崇黄老道家之术，但诸子百家皆有所发展，而为显学者即是道家与儒家。对西汉前期的学术进行总结的学术史著作即是《淮南子·要略训》与《论六家要旨》。淮南王刘安编纂的《淮南子》以道家为圭臬，融合了其他诸子的思想，其《要略》一篇，对全书各篇的主旨进行了总结，认为自己的著作是“原道之心，合三王之风”①，是对上古三代之道的继承。太史公司马谈的《论六家要旨》总论诸子之学的旨归与特质，评骘短长，最为推崇道家，认为天下学术虽然百虑殊涂，但同归于一致。在比较了各家的优劣之后，司马谈指出，道家“其术以虚无为本，以因循为用。无成势，无常形，故能究万物之情。不为物先，不为物后，故能为万物主”②。要之，西汉初年的学术思潮以黄老道家为主，兼有儒、墨、名、法、阴阳诸家，秉承了先秦诸子学之余绪。

史部方面，汉代的史学也有很可观的成就。西汉初年，陆贾著有《楚汉春秋》。武帝时期，产生了旨在“究天人之际，通古今之变，成一家之言”的我国第一部纪传体通史——《史记》。东汉前期，班固在经学独尊的文化背景之下撰写的《汉书》，叙述了西汉一朝历史，是我国第一部断代史。此外，袁康、吴平所著的《越绝书》，是一部记录吴越地方史的杂史，也是我国地方志之鼻祖。班固、陈宗、尹敏等人编撰的《东观汉记》是纪传体史书，荀悦撰写的《汉纪》则为编年体史书。赵晔的《吴越春秋》主要记载春秋战国时期吴、越两国史事。汉代史学奠定了中国古代史学的基本形态，尤其是《史记》《汉书》奠定了史部典籍的基础，并对后世史学的发展产生了巨大影响，后世正

① 刘安编，刘文典撰：《淮南鸿烈集解》卷二十一，中华书局，1989年，第864~865页。

② 司马迁：《史记》卷一百三十《太史公自序》，中华书局，1982年，第3292页。

史体例大抵以此二书为圭臬。

集部之学在汉代尚未形成，但基础业已奠定。汉代文学以诗、赋为主要文体，《汉书·艺文志》诗赋略记录了大量文人的辞赋与诗歌。尤其是西汉，文人五言诗尚未发展起来，辞赋居于文学之主导地位。西汉前期主要流行的是骚体赋，然自枚乘《七发》开始，汉赋突破骚体之藩篱，体制由小变大，与大一统的帝国气势相符，西汉最杰出的辞赋大家即为司马相如与扬雄，东汉则为班固、张衡等人。而辞赋又是“受命于诗人，拓宇于《楚辞》”（《文心雕龙·诠赋》）。西汉刘向编纂《楚辞》，东汉王逸又有所增益，并加以注解，遂有《楚辞章句》。东汉中后期，经学呈现颓势，文学走向自觉，以往旨在歌功颂德的大赋转变为抒发心曲的抒情小赋，张衡的《归田赋》即肇其端，嗣后赵壹《刺世疾邪赋》、蔡邕《述行赋》、祢衡《鹦鹉赋》等名作皆成为汉代辞赋的绝响。汉灵帝设置鸿都门学，将辞赋之士的身份由低贱的“俳优”转化为“封侯赐爵”的士大夫，辞赋的地位更是得到了巩固与提高。汉代诗歌以乐府诗、文人五言诗为代表，《羽林郎》《孤儿行》《孔雀东南飞》即为乐府诗名篇。文人五言诗虽然在西汉业已出现，然发展至辉煌则是在东汉。班固、秦嘉、张衡等人的五言诗创作各有风貌，渐趋成熟。东汉后期，郦炎《见志诗》、赵壹《疾邪诗》、蔡邕《翠鸟诗》皆坦露心声，抒发不平之鸣，取得了较高的艺术价值。汉末出现的《古诗十九首》则是汉魏五言诗之绝唱，达到了极高的艺术成就，对建安、正始、太康诗风均产生了巨大影响。刘勰《文心雕龙·明诗》云：“观其结体散文，直而不野，婉转附物，怊怅切情，实五言之冠冕也。”①《古诗十九首》艺术成就之高由此可见一斑。

总的说来，由西汉至东汉，汉代经部之学的发展经历着由盛及衰的过程，史部之学的发展呈现着上升趋势，子学经历着由盛及衰乃至

① 周振甫：《文心雕龙今译》，中华书局，1986年，第58页。

再度兴盛的过程，而集部之学则呈现出渐趋兴盛，并不断转型、演进的过程。

## 二、汉代目录学著作与四部之学之关系

汉代四部之学的发展概况与具体格局的形成不是一蹴而就的，既是汉代学术发展的逻辑必然，也是由学者关于学术与图书目录分类思想促成的，概言之，四部之学与目录学之间也存在着密切的关联。汉代目录学著作，主要为《别录》《七略》《汉书·艺文志》三部目录，由于前二者均散佚，是以现存至今的《汉书·艺文志》最具目录学价值。清人金榜云："不通《汉艺文志》，不可读天下书。《艺文志》者，学问之眉目，著述之门户也。"①自《隋书·经籍志》至《四库全书总目》，我国古代的目录学著作大抵将我国典籍以经史子集四部分类，由此我国古代学术大抵分为经史子集四部，清代诗我国古典学术的集大成期与四部分类法的完善期，是以金榜认为《汉书·艺文志》为学问之眉目与著述之门户，很显然是从《汉书·艺文志》与后世四部之学的关系层面来立论的。

西汉后期，楚元王刘交后人刘向，奉诏在中秘校书，撰成《别录》，对各类书籍"条其篇目，撮其指意，录而奏之"，是为我国最早的图书目录。刘向殁后，其子刘歆绍承父业，"于是总群书而奏其《七略》，故有辑略，有六艺略，有诸子略，有诗赋略，有兵书略，有术数略，有方技略"②，《七略》即是目录学名著、《汉书·艺文志》的蓝本。《别录》《七略》从目录学的角度，阐述了汉代学术的发展概况，对汉代学术思想产生了很大影响。《汉书·艺文志》是经学语境

① 王鸣盛：《十七史商榷》卷二十二《汉艺文志考证》，中华书局，2010 年，第 245 页。

② 班固：《汉书》卷三十《艺文志》，中华书局，1962 年，第 1701 页。

中的产物。《汉书·艺文志》秉承刘歆《七略》，亦将书籍目录分为六大类，进一步确立了《六经》至高无上的地位。《汉志》首列六艺略，其次是诸子略，复次为诗赋略，最后是兵书略、术数略、方技略。六艺略依次胪列易、书、诗、礼、乐、春秋、论语、孝经、小学九类。《汉书·艺文志》秉承《七略》的六分法，是现存最早的目录学著作，反映了汉代官方的学术思想，对后世学术的分类产生了巨大影响。因此《汉书·艺文志》与后世四部之学的形成之关系是极为紧密的。其六艺略即是经部之雏形，六艺略中的《春秋》类即为史部之雏形，诸子略即是子部之雏形，诗赋略则奠定了集部之基础，兵书、术数、方技三略在后世则被归入子部之中。

班固在六艺略的小结中将六经赋予神圣的地位："六艺之文：《乐》以和神，仁之表也；《诗》以正言，义之用也；《礼》以明体，明者着见，故无训也；书以广听，知之术也；《春秋》以断事，信之符也。五者，盖五常之道，相须而备，而《易》为之原。故曰：'《易》不可见，则乾坤或几乎息矣'，言与天地为终始也。至于五学，世有变改，犹五行之更用事焉。"①可以看出，刘歆、班固将六经看作五常之道，与天地相终始。因此，他们衡定各类学术皆以经学为依据，是以将经部列于首位，其次是子部，再次是集部，而史部只是作为经部之附庸而已。值得注意的是，班固强调《易》为五精、五常之本原，所以在六艺略的排序中，《易》列为首位，其次则按照产生时间依次排列《尚书》《诗》《礼》《春秋》诸经。班固作为今文经学学者，齐诗学派的传人，在此将六艺经传列于六略之首，采纳了古文经学以经典产生早晚为序的排列法，体现出其统合今、古文经学的思想主张。这样的排列法大体为后世使用四部分类法的目录学著作所继承，自《隋书·经籍志》以至《四库全书总目》，虽然各代的目录学著作对《汉书·艺

① 《汉书》卷三十《艺文志》，第1723页。

文志》六艺略的排序方式有所损益，但大体不变。

对于史籍，《汉书·艺文志》未将其单列一略，而是将其列入六艺略中亦经亦史的《春秋》类之中。《汉志》所胪列西汉史学典籍仅仅是陆贾《楚汉春秋》、司马迁《太史公百三十篇》、冯商《续太史公七篇》等六部史学典籍，这也反映出西汉史学并不发达，因此刘歆、班固将西汉史学典籍视为《春秋》经传之附庸，史学尚未从经学中独立出来。尽管我国有着悠久的史学传统，但是在汉代的经学语境中，是很难独立出来的。班固在六艺略《春秋》类的后叙中指出：

> 古之王者世有史官。君举必书，所以慎言行，昭法式也。左史记言，右史记事，事为《春秋》，言为《尚书》，帝王靡不同之。周室既微，载籍残缺，仲尼思存前圣之业，乃称曰："夏礼吾能言之，杞不足征也；殷礼吾能言之，宋不足征也。文献不足故也，足则吾能征之矣。"以鲁周公之国，礼文备物，史官有法，故与左丘明观其史记，据行事，仍人道，因兴以立功，就败以成罚，假日月以定历数，借朝聘以正礼乐。有所褒讳贬损，不可书见，口授弟子，弟子退而异言。丘明恐弟子各安其意，以失其真，故论本事而作传，明夫子不以空言说经也。《春秋》所贬损大人当世君臣，有威权势力，其事实皆形于传，是以隐其书而不宣，所以免时难也。①

这篇后叙阐述了古代史官的由来与职责，并追溯了东周以来，礼坏乐崩，史官文化遭到了极大破坏，孔子作《春秋》并口授弟子以及左丘明作《左氏传》之缘起，对先秦时期的史学做了简要的回顾。史学典籍虽然没有单独归类，而是纳入《春秋》类之中，成为二级目录，但

① 《汉书》卷三十《艺文志》，第1715页。

从这篇小结之中，仍然可以看出刘歆、班固等学者对史学的重视与体认，对于史学在后世中的独立奠定了基础。

《汉书·艺文志》对诸子的看法也为后世学者所吸收，对子学的分类、发展与地位均产生了很大的影响。在诸子略的小结中，班固指出：

> 诸子十家，其可观者九家而已。皆起于王道既微，诸侯力政，时君世主，好恶殊方，是以九家之说蜂出并作，各引一端，崇其所善，以此驰说，取合诸侯。其言虽殊，辟犹水火，相灭亦相生也。仁之与义，敬之与和，相反而皆相成也。《易》曰："天下同归而殊途，一致而百虑。"今异家者各推所长，穷知究虑，以明其指，虽有蔽短，合其要归，亦六经之支与流裔。使其人遭明王圣主，得其所折中，皆股肱之材已。仲尼有言："礼失而求诸野。"方今去圣久远，道术缺废，无所更索，彼九家者，不犹愈于野乎？若能修六艺之术，而观此九家之言，舍短取长，则可以通万方之略矣。①

此篇小结大抵与刘歆《移让太常博士书》主旨相类。可以看出，刘歆、班固认为诸子十家思想皆是六经之支流，可以对六艺起辅助作用，即子学是经学的苗裔与补充，所以将诸子略列居第二。诸子略又依次胪列儒、道、阴阳、法、名、墨、纵横、杂、农、小说九流十家。由于经学使用儒家教义，是以儒学"于道为最高"，位列诸子之首。而道家在汉代学术史上的地位仅次于儒家，是以列为诸子之二。其他各家皆按实际发展情况排列次序。经学用的是儒家思想理念，其他诸子学说对经学又起着辅助作用，这样的观念为后世学者所继承，所以诸子

① 《汉书》卷三十《艺文志》，第1746页。

略的排列顺序与后世子部是大体一致的。

辞赋是汉代的主流文体，篇章极多，诗歌则是仅次于辞赋的文体形式，因此将诗赋列为仅次于诸子的一略。班固认为辞赋源于古诗，他在诗赋略总序中说：

> 传曰："不歌而诵谓之赋，登高能赋可以为大夫。"言感物造端，材知深美，可与图事，故可以为列大夫也。古者诸侯卿大夫交接邻国，以微言相感，当揖让之时，必称诗以谕其志，盖以别贤不肖而观盛衰焉。故孔子曰"不学《诗》，无以言"也。春秋之后，周道浸坏，聘问歌咏不行于列国，学诗之士逸在布衣，而贤人失志之赋作矣。大儒孙卿及楚臣屈原离谗忧国，皆作以风，咸有恻隐古诗之义。其后宋玉、唐勒，汉兴枚乘、司马相如，下及扬子云，竞为侈丽宏衍之词，没其风谕之义。是以扬子悔之，曰："诗人之赋丽以则，辞人之赋丽以淫。如孔氏之门人用赋也，则贾谊登堂，相如入室矣，如其不用何！"自孝武立乐府而采歌谣，于是有代赵之讴；秦楚之风，皆感于哀乐，缘事而发，亦可以观风俗，知薄厚云。①

班固首先引古典对赋下了定义，并指出春秋以前，诗歌为祝贺卿大夫之外交辞令，但春秋之后，礼崩乐坏，诗道浸微，而贤人开始作赋，赋即有"恻隐古诗之义"，但降及汉代，辞赋大抵劝百讽一，过于浮夸而缺少讽喻之义。在这一点上，班固是秉承扬雄的辞赋观的。最后班固揭示了汉乐府诗歌"感于哀乐，缘事而发"的特质。在这篇总序中，班固主要是回顾了上古以来，诗赋的流变历程，彰显出儒家的经学立场。他在《两都赋序》中说："或曰：'赋者，古诗之流也。'昔成、

① 《汉书》卷三十《艺文志》，第1755~1756页。

康没而颂声寝，王泽竭而诗不作。……或以抒下情而通讽谕或以宣上德而尽忠孝，雍容揄扬，著于后嗣，抑亦《雅》《颂》之亚也，故孝成之世，论而录之。盖奏御者千有余篇，而后大汉之文章，炳焉与三代同风。”①在班固看来，辞赋继承古诗讽喻之义，是古诗之直流，绍承三代先王之风，此即是从经学的立场上来诠释辞赋的。班固的诗赋观大抵为后世学者所继承，尤其是赋源于古诗，乐府诗“感于哀乐，缘事而发”等观念为后人所称道。诗赋略著录的主要是诗赋一类的文学艺术类作品，因此与后世集部很接近，换言之，诗赋略中的作品在后世即被纳入集部之中，值得注意的是，班固将诗赋共分为五类，分别为：屈原赋之属、陆贾赋之属、荀卿赋之属、杂赋、歌诗。其中屈原赋之属即为后世集部中的楚辞类之雏形，汉人即编有《楚辞》，后世目录学著作大抵于集部首列楚辞类，《隋书·经典籍志》《郡斋读书志》《四库全书总目》等目录皆是如此。

值得注意的是，其将《诗经》列入经部。汉代《诗经》学有鲁、齐、韩、毛四家，皆从经学的角度，以政治、历史来说诗，将《诗经》列入六艺略反映了官方的学术思想，也反映了经学家对《诗经》的看法。但是，从文学艺术的角度看，《诗经》则不仅仅是经学元典，政教典籍，更是文学作品集，亦可归为诗赋略，以及后世典籍目录中的集部之属。刘歆、班固坚定地认为汉代诗赋是古诗三百首之支流，但考虑到汉代诗赋发展的实际情况，又将诗赋别列为一略，导致被列入六艺略的《诗经》与其之苗裔的诗赋相隔离，这就产生了一定的矛盾与悖论。兵书、术数、方技皆是与汉代政治、军事、社会生活息息相关的文化范畴，大抵属于实用技术的层面，因此各为一略，随着学术文化的发展演变，后世将其并入子部。

---

① 萧统编，李善等注：《六臣注文选》卷一《赋甲》，中华书局，2012 年，第 23～24 页。

综上，汉代以《七略》《汉书·艺文志》为代表的目录学著作，虽然将学术文化分为六个门类，但业已奠定了后世四部之学的雏形，汉人的目录学理念对经史子集四部概念的促成与发展起到了筚路蓝缕之功用。

## 三、汉代学者对四部之学的看法

通过对汉代目录学与四部之学关系的考察，可以看出刘歆《七略》与班固《汉书·艺文志》对汉代四部之学的发展走向与内容特质皆产生了一定的影响，一方面汉代经学的独尊地位促成了汉代目录学的框架结构，另一方面，目录学的建构也对汉代学术的发展起到了规范与制约作用。然而值得注意的是，刘歆、班固皆是站在经学的立场之上进行辨章学术、考镜源流的，他们的目录学著作代表的是官方的意识形态。而民间的学者对汉代四部之学的看法又是如何呢？在这里我们以司马相如、扬雄、王充三位学者为对象进行考察。

作为汉大赋的泰斗，司马相如指出："赋家之心，苞括宇宙，总览人物，斯乃得之于内，不可得而传也。"①这种"赋心"之论即揭示了汉赋"以大为美"之特征，与汉代学术的大气磅礴，国力的强盛是颇相匹配的，同时也提高了辞赋的历史、学术地位。司马相如并未像班固等人一样从传统的辞赋渊源于《诗》《骚》的角度来阐述自己的辞赋观，而是从方法论的角度直接点明辞赋价值之要津，辞赋这种"苞括宇宙，总览人物"的价值与意义即使是用来形容当时日渐兴盛的经学亦无不可，甚至可以说有过誉之嫌。众所周知，西汉以《春秋》公羊学为核心的今文经学即以天人感应论，宇宙论为基础，进而建构出

① 严可均辑校：《全上古三代秦汉三国六朝文·全汉文》卷二十二，中华书局，1958年，第492页。

一整套政治统治理论。“赋心”论更多的是于辞赋创作的方法论而言的，与汉代宇宙构成论哲学思想相一致，虽然并非从文学观念上立论，但也彰显出其对辞赋亦即集部的高度认同感。在今文经学处于独尊地位的武帝时期，司马相如对被学界普遍视为经学之附庸的辞赋给予如此具有哲理之论述，可以看出他是将官方政教的价值理念嫁接到赋论之中。虽然司马相如对经、子、史三部之学未发表过意见，但从其之赋论即可看出，他是很重视辞赋的政治价值与历史使命的，汉代官方的意识形态对其之影响还是很大的，但他的赋论显然与刘歆、班固等官方学者的视角方法是迥然不同的。

扬雄处于西汉末年，经学兴盛之时、古文经学渐趋兴起之际，其辞赋理论亦伴随着儒学经艺思想而变化发展。他于子学是推尊儒家的，《汉书》本传记载：

> 雄见诸子各以其知舛驰，大氐诋訾圣人，即为怪迂。析辩诡辞，以挠世事，虽小辩，终破大道而或众，使溺于所闻而不自知其非也。及太史公记六国，历楚汉，讫麟止，不与圣人同，是非颇谬于经。故人时有问雄者，常用法应之，撰以为十三卷，象《论语》，号曰《法言》。①

扬雄以儒家思想来衡论诸子思想，对道、法、名诸家诋毁儒家之情形深恶痛绝，因此模仿《论语》作《法言》。他说：“舍五经而济乎道者，末矣！”②(《法言·吾子》)“大哉！天地之为万物郭，五经之为众说郛”③(《法言·问神》)。对于其他诸子学说则均有微词，如其评道家云：“老子之言道德，吾有取焉耳。及捶提仁义，绝灭礼、

① 《汉书》卷八十七《扬雄传下》，第3580页。
② 扬雄著，韩敬译注：《法言》，中华书局，2012年，第41页。
③ 《法言》，第123页。

学，吾无取焉耳”①(《法言·问道》)，综论各家云：“庄、杨荡而不法，墨、晏俭而废礼，申、韩险而无化，邹衍迂而不信”②(《法言·五百》)。

正因为是儒家思想的信徒，他的学术思想整体上体现出明显的经学特色，《汉书》本传云：

> 实好古而乐道，其意欲求文章成名于后世，以为经莫大于《易》，故作《太玄》；传莫大于《论语》，作《法言》；史篇莫善于《仓颉》，作《训纂》；箴莫善于《虞箴》，作《州箴》；赋莫深于《离骚》，反而广之；辞莫丽于相如，作四赋；皆斟酌其本，相与放依而驰骋云。③

可见，他在经学、小学、文章等方面的创作大抵皆是模仿之作，体现出儒家“述而不作，信而好古”的学术思想。他极力揄扬儒家，在《太玄·自序》中提出“要合《五经》”的主张，是以，站在儒家经学的立场之上，对辞赋创作进行了批判。《汉书》本传云：

> 雄以为赋者，将以风也，必推类而言，极丽靡之辞，闳侈巨衍，竞于使人不能加也，既乃归之于正，然览者已过矣。往时武帝好神仙，相如上《大人赋》，欲以风，帝反缥缥有陵云之志。由是言之，赋劝而不止，明矣。又颇似俳优淳于髡、优孟之徒，非法度所存，贤人君子诗赋之正也，于是辍不复为。④

---

① 《法言》，第 88 页。

② 《法言》，第 224 页。

③ 《汉书》卷八十七《扬雄传下》，第 3583 页。

④ 《汉书》卷八十七《扬雄传下》，第 3576 页。

《法言·吾子》云：

> 或问："吾子少而好赋。"曰："然。童子雕虫篆刻。"俄而曰："壮夫不为也。"或曰："赋可以讽乎？"曰："讽乎！讽则已，不已，吾恐不免于劝也。"……或问："景差、唐勒、宋玉、枚乘之赋也，益乎？"曰："必也淫。""淫则奈何？"曰："诗人之赋丽以则，辞人之赋丽以淫。如孔氏之门用赋也，则贾谊升堂，相如入室矣。如其不用何？"①

由上述两段经典文字，可以看出扬雄站在儒家的政治思想立场之上，认为辞赋"劝而不止""颇似俳优""非法度所存"，辞赋欲讽反劝，不能"载道"，其之讽谏功能逐渐丧失，沦为"童子雕虫篆刻"。这是晚年思想趋于成熟的扬雄所不能容忍的，所以他要辍赋。他推崇的是"丽以则"的"诗人之赋"，鄙视"丽以淫"的"辞人之赋"。"诗人之赋"是绍承《诗经》的美刺精神，符合儒家经义思想法度，而"辞人之赋"则更多地秉承《楚辞》的注重形式，好用华美辞藻之风，"诗人之赋"是经学话语在文学作品中的延伸，因而其地位远高于辞人之赋。扬雄在辍赋之后，即创作《法言》，可以看出其晚年思想愈加坚守儒家经学，其对经学、诸子、诗赋的看法皆以儒家思想为标准。此亦反映出西汉末年经学在学术界的地位进一步固化，因而促成了辞赋大家的思想转变。

扬雄与司马相如的观念可谓大同小异，在大的方向上，二者皆希望"赋可以讽"，但是扬雄由于处于经学极盛的时代，所以完全站在经学的立场上立论，而否定辞赋的艺术价值。司马相如虽然大体上也受到政教思想的影响，但并未表现出对辞赋的艺术价值的否定，这也

① 《法言》，第30~33页。

与其处于黄老之学告退，经学方滋的时期有关。扬雄与刘歆、班固一样，是站在经学的立场之上来衡定学术的，此即彰显出汉代经学意识形态的排他性。然而，汉人的学术思想是多元化的，并非所有学者都将经学奉为圭臬，随着经学的发展衍变，其弊端愈发暴露出来，为正直学者，尤其是在野处士所不满，如王充撰写《论衡》，诋訾孔孟，疾虚妄，务真实。

王充在《论衡·佚文篇》中坦言："《诗》三百，一言以蔽之，曰：'思无邪。'《论衡》篇以十数，亦一言也，曰：'疾虚妄。'"①其"疾虚妄"之内容主要是儒学。他在《正说篇》中批评儒学云："儒者说五经，多失其实。前儒不见本末，空生虚说。后儒信前师之言，随旧述故，滑习辞语。苟名一师之学，趋为师教授，及时蚤仕，汲汲竟进，不暇留精用心，考实根核。故虚说传而不绝，实事没而不见，五经并失其实。"②可见，其对儒家经学是持批判态度的，认为经学多虚妄滑习之言，而他对诸子学则持较为肯定的态度，《书解篇》云："秦虽无道，不燔诸子。诸子尺书，文篇具在，可观读以正说，可采掇以示后人。后人复作，犹前人之造也。夫俱鸿而知，皆传记所称，文义与经相薄。何以独谓文书失经之实？由此言之，经缺而不完，书无佚本，经有遗篇。折累二者，孰与蕞残？《易》据事象，《诗》采民以为篇，《乐》须民欢，《礼》待民平。四经有据，篇章乃成。《尚书》《春秋》，采掇《史记》。《史记》兴无异，以民事一意，《六经》之作皆有据。由此言之，书亦为本，经亦为末，末失事实，本得道质。折累二者，孰为玉屑？知屋漏者在宇下，知政失者在草野，知经误者在诸

① 王充著，黄晖撰：《论衡校释》（附刘盼遂集解）第二十卷，中华书局，1990年，第870页。

② 《论衡校释》（附刘盼遂集解）第二十八卷，第1123页。

子。诸子尺书，文明实是。”①王充指出诸子之书颇有可观之处，其文义与六经相差无几，而由于其之完整完备性以及六经的残缺性，其总体价值在经学之上，诸子之书为本，经传为末，诸子学彰显出道之本质，而经传却不真实，而以诸子学即可证经学之误，由此可见王充是重诸子而轻经传的。

王充对于辞赋文章的看法颇有矛盾之处。一方面，他认为辞赋旨归令人费解，没有多大价值与作用。其《自纪篇》云；“深覆典雅，指意难睹，唯赋颂耳。”②《定贤篇》云：“以敏于赋颂，为弘丽之文为贤乎？则夫司马长卿、扬子云是也。文丽而务巨，言眇而趋深，然而不能处定是非，辩然否之实。虽文如锦绣，深如河、汉，民不觉知是非之分，无益于弥为崇实之化。”③王充认为辞赋“不能处定是非”，缺乏辨析能力，因此鄙视赋颂。另一方面，王充具有尚文的思想，他认为“夫人有文质乃成”，“物以文为表，人以文为基”(《书解篇》)，赋颂文章可以起到文饰点缀政治之实际作用。因此，他极为赞赏汉代赋颂类文章。他在《佚文篇》中说：“永平中，神雀群集，孝明诏上《神爵颂》，百官颂上，文皆比瓦石，唯班固、贾逵、傅毅、杨终、侯讽五颂金玉，孝明览焉。夫以百官之众，郎吏非一，唯五人文善，非奇而何？孝武善《子虚》之赋，征司马长卿。孝成玩弄众书之多，善扬子云，出入游猎，子云乘从。使长卿、桓君山、子云作吏，书所不能盈牍，文所不能成句，则武帝何贪？成帝何欲？故曰：‘玩扬子云之篇，乐于居千石之官；挟桓君山之书，富于积猗顿之财。’”④他先是赞誉了后汉班固、贾逵、傅毅等人的赋颂，接下来，高度赞扬了司马

① 《论衡校释》(附刘盼遂集解)第二十八卷，第1159~1160页。
② 《论衡校释》(附刘盼遂集解)第三十卷，第1196页。
③ 《论衡校释》(附刘盼遂集解)第二十七卷，第1117页。
④ 《论衡校释》(附刘盼遂集解)第二十卷，第863~864页。

相如与扬雄的辞赋。在《案书篇》中，他说："广陵陈子回、颜方，今尚书郎班固，兰台令杨终、傅毅之徒，虽无篇章，赋颂记奏，文辞斐炳，赋象屈原、贾生，奏象唐林、谷永，并比以观好，其美一也。当今未显，使在百世之后，则子政、子云之党也。"①在他看来赋颂之类的文学作品具有一定的功利价值，因而是值得称颂的。综合上述两方面可见，从理论思辨的角度来看，王充是鄙视赋颂的，而从功利作用角度考察，那么他又是肯定赋颂的，这种差异主要是主观与客观的差异，王充喜好思辨怀疑，因而就个人禀性来说，他是不愿揄扬赋颂的，但是就政治层面来说，他又是肯定赋颂的。这也体现了其思想的辩证之处。

王充在《论衡》的《问孔》《刺孟》篇中对孔孟学说进行了集中的批判，他视经如史，疾其"虚妄"，对经学的吸纳打破了今古文之分，不囿于师法家法之藩篱，推崇诸子之说，融各家学术于一身。其对赋颂有褒有贬，持辩证态度，能够一分为二地看问题。因此其思想具有极大的学术价值，与刘歆、班固为代表的官方正统的独尊经学的学术思想是迥然有别的，所以《论衡》是汉代有别于《汉书 · 艺文志》的一部极为重要的学术思想专著，其对各类学术的看法是有独到之处且颇有见地的。近人章太炎在《訄书 · 学变》中说："华言积而不足以昭事理，故王充始辨其术，曰：'夫笔著者，欲其易晓而难为，不贵难知而易造；口论，务解分而可听，不务深迂而难睹也。'作《论衡》，趣以正虚妄，审乡背。怀疑之论，分析百端。有所发擿，不避孔氏。汉得一人焉，足以振耻。至于今，亦未有能逮者。"②可见，王充在汉代学术界的地位是不容忽视的。总的说来，王充绍承并超越了扬雄、桓谭的思想，以实事求是的科学精神探究真理，提出了自己的学术

① 《论衡校释》(附刘盼遂集解)第二十九卷，1990 年，第 1174 页。

② 章炳麟著，徐复注：《訄书详注》，上海古籍出版社，2017 年，第 90 页。

思想。

通过对西汉的司马相如、扬雄与东汉的王充三位学者的思想进行考察，可以看出汉人对四部之学的看法是不尽相同的，更不是铁板一块的。刘歆《七略》、班固《汉书·艺文志》的学术分类与学术理念是官方意识形态的彰显，居于主导地位，但不能代表汉人学术思想的全部，以王充为代表的学术观念是与官方学术理念相抗衡的意识形态，而即使是居于同一阵营的扬雄、刘歆、班固等人的学术思想，也是各有特色，不尽一致的，司马相如的思想观念虽然与官方学术理念大体一致，但视角方法又独具特色。惟其如此，魏晋南北朝时期出现的四部分类法与四部之学的形成方成为了可能，因此，可以说汉代是四部之学的孕育期。

## 余　论

在汉代的学术文化语境中，四部的观念已经出现萌芽，为中古时期四部之学的最终形成奠定了基础。汉代学术的发展业已孕育了四部之学，虽然四部之学尚未正式形成，但雏形业已完具。《七略》与《汉书·艺文志》的六分法为魏晋时期出现的四分法奠定了基础。经学在汉代的独尊导致了史、子、集三部之学地位的弱化，然而经学的独尊导致的意识形态的一元化与固化自然引起有识之士的不满，随着东汉后期以来政治的动荡、思想统治的松动、社会思潮的演进，汉人对四部之学的看法不断产生变化，思想领域内出现了异动，清谈与玄学渐渐兴起，经学日渐式微，诸子思想再度兴起，史部渐趋独立，诗赋迅猛发展、地位不断提高。及至魏晋，四部之学即初步形成，经过南北朝的巩固，至隋唐时期终于定型，成为中国特色的传统学术文化形态。

## 第三节　宋人诗词互证析论

诗词互证是宋人谈诗论词的重要方法之一，是宋代诗学与词学的一种重要方法，在宋代诗评中可谓司空见惯。宋代诗词的发展促进了诗学与词学的兴盛，宋人兼擅诗词的文学背景促使诗论与词论的异质而同构，以诗证词与以词证诗构成的诗词互证即渐趋成为宋代诗词批评的重要方法与传统。诗词互证虽然是宋代诗词批评的重要思维方法，具有诗学与词学的双重学术价值，但令人遗憾的是其之重要性并未得到学界的重视，迄今为止，其思维理路、意义价值尚未得到挖掘，学界也鲜有相关的研究成果，本节即试图填补这一空白。

### 一、诗词互证的形成

诗词互证之所以成为宋人诗词批评中的重要方法，首要因素在于宋人的诗词相通、诗词同体的观念。宋人对词的看法是多元化的，但大抵以为词是诗余、诗之流变，诗词通源。如胡寅《向芗林〈酒边集〉后序》云："词曲者，古乐府之末造也；古乐府者，诗之旁行也（《斐然集》卷十九）。"①王灼《碧鸡漫志》云："有心则有诗，有诗则有歌，有歌则有声律，有声律则有乐歌。"②俞德邻《奥屯提刑乐府序》云："乐府，古诗之流也（《佩韦斋集》卷十）。"③郑刚中《乌有编序》云："长短句，亦诗也，诗有节奏，昔人或长短其句而歌之，被

① 邓子勉编：《宋金元词话全编》，凤凰出版社，2008年，第545页。
② 《宋金元词话全编》，第569页。
③ 《宋金元词话全编》，第1652页。

酒不平，讴吟慷慨，亦足以发胸中之微藏。”①尹觉《坦庵词序》云：“词，古诗流也。吟咏性情，莫工于词。”②释文莹、阮阅、赵德麟等众多文人皆以诗称词，王应麟《小学绀珠》卷四“艺文类”引元稹《乐府古题序》列出“诗二十四名”，其中，曲、词分别列于第22、23位。可见，宋人皆以词为诗之流变，因此，宋人论词极为重视词与诗之关系，以诗作为衡词之标准。如沈义父《乐府指迷》云：“凡作词，当以清真为主，凡作词，当以清真为主。盖清真最为知音，且无一点市井气。下字运意，皆有法度，往往自唐宋诸贤诗句中来，而不用经史中生硬字面，此所以为冠绝也。学者看词，当以周词《集解》为冠。”③沈义父推崇周邦彦词的主要原因在于周词之旨归法度多从唐宋诗句中汲取，从而取得了极高的成就。张炎在《词源》指出：“美成词只当看他浑成处，于软媚中有气魄。采唐诗融化如自己者，乃其所长。惜乎意趣却不高远。”④张炎认为周邦彦词之长处在于能够融化唐诗于自身，这与沈义府的观点是一致的。林景熙《胡汲古乐府序》云：

乐府，诗之变也。诗发乎情，止乎礼，美化厚俗。胥此焉寄？岂一变为乐府，乃遽与诗异哉？宋秦、晁、周、柳辈，各据其垒，风流酝藉，固亦一洗唐陋，而犹未也。荆公《金陵怀古》，末语“后庭遗曲”，有诗人之讽。裕陵览东坡月词，至“琼楼玉宇，高处不胜寒”，谓苏轼终是爱君。由此观之，二公乐府，根情性而作者，初不异诗也。严陵胡君汲古，以诗名，观其乐府，诗之法度在焉。清而腴，丽而则，逸而敛，婉而庄。悲凉于残山剩水，豪放于明月清风，酒酣耳热，往往自为而歌之。所谓乐而

① 《宋金元词话全编》，第300页。
② 《宋金元词话全编》，第951页。
③ 《宋金元词话全编》，第1438页。
④ 《宋金元词话全编》，第1751页。

不淫，哀而不伤，一出于诗人礼义之正。然则先王遗泽，其独寄于变风者，独诗也哉！(《霁山先生集》卷五)①

林景熙指出词是诗之变，且在抒情言志，承载教化功能方面不应与诗有所差异，因此他极为推崇王安石与苏轼二人的词作不异于诗之风格，而对于胡汲古的词颇具诗之法度的词作更是推许揄扬。可见林氏衡词是以诗之法度特质为标准的。

正是因为词与诗有着密切的相通关系，宋人以诗衡词，是以宋人诗词同源的思想根深蒂固。苏轼提出“诗词一体”的观念，认为词“为诗之苗裔”，在具体创作中以诗为词，嗣后的两宋词坛皆体现出“以诗为词”之特征。由周邦彦到姜夔、吴文英，宋代词坛的文人词呈现出明显的追求典雅的风气。尤其是周邦彦、吴文英为代表的“质实”一派，在很大程度上即是“以诗为词”的结果。要言之，江西诗派推崇用典，主张无一字无来历，“点铁成金”“夺胎换骨”，这种诗学思想波及词坛，导致了宋词对用典的沉迷，对炼字的重视，对典雅的追求，是以清真、梦窗词即由于用典太过，导致晦涩难懂，成为“质实”一派。汤衡《于湖先生长短句序》指出：“元祐诸公嬉弄乐府，寓以诗人句法，无一毫浮靡之气，实自东坡发之也。”又称张孝祥词作“未有一字无来处，如歌头、凯歌、登无尽藏、岳阳楼诸曲，所谓骏发踔厉，寓以诗人句法者也”②。是故，宋词在发展过程中呈现出诗之特色，绍承诗文的“载道”功能，日益雅化，也日渐晦涩，如此一来，即影响到宋代词论的思维方式与方法。

当然，宋词受到诗之影响，不仅运用诗之法度矩矱，而且化用诗之词句，从两个层面展现出诗化的特色，反过来，由于词体的日益尊

① 《宋金元词话全编》，第1656~1657页。

② 《宋金元词话全编》，第927页。

显、词的技巧日渐成熟，词在一定程度上也反作用于诗，那么，宋诗在一定程度上亦熔铸词之语句，风格，彰显出词化的特色。是以，陈应行《于湖先生长短句序》指出："苏子瞻词如诗，秦少游诗如词。"①而宋词的理论亦融入诗论之中，如陈亮《桑泽卿诗集序》云："予平生不能诗，亦莫能识其浅深高下。然尝闻韩退之之论文曰：'纡余为妍，卓荦为杰。'黄鲁直论长短句，以为'抑扬顿挫，能动摇人心'，合是二者，于诗其庶几乎！"②此即以词论为诗论。可以说，宋诗与宋词互相影响，互相接受，诗词互文的现象即日渐形成，最终以诗词互证的形态展现出来。但由于词的地位毕竟不能与诗同日而语，是以，宋词对诗的接受要远远多于宋诗对词的接受。在这种诗词互补的文学背景下，为了更好地阐释诗词的思想技法，宋人诗词评论即自觉与不自觉地进行诗词互证，以诗证词与以词证诗即成为诗学与词学发展的逻辑必然。

诗词互证在宋人诗词批评中的形成，另一方面的原因则在于在宋代诗词兴盛的文学背景下，宋代文人，尤其是批评者大抵兼有诗人与词人、诗评家与词评家的双重身份，具备诗学与词学的二维知识结构。如此，他们能够将诗论与词论结合起来，交叉研究，并行不悖，游刃有余。且不说像欧阳修、苏轼、黄庭坚、秦观、陈师道、陆游、姜夔这类赫赫有名的诗词大师，即如王尧臣、张唐英、黄裳、阮阅、周紫芝、朱敦儒、吴曾、程大昌这类在宋代文坛并不显赫的文人亦皆工诗词，喜好出入于诗话与词话之间。诗词兼擅即是宋人诗词互证的思维方式方法形成的重要背景。值得注意的是，宋代除了王灼《碧鸡漫志》、张炎《词源》、沈义父《乐府指迷》等有限的几部系统的词论专著外，其他的词论作品皆散见于诗话与笔记小说之中，而宋人的诗话

① 《宋金元词话全编》，第919页。
② 《宋金元词话全编》，第1029页。

类著作皆含有对词的评论，并不是仅仅的论诗专著。从宋人诗词批评的文本载体上，可以看出诗词互证是宋代文坛普遍存在的一个现象。

## 二、诗词互证之内涵

宋人在诗话与词话中的诗词互证主要包含两个层面的内容：其一，以诗证词；其二，以词证诗。二者互相配合，呈现出宋代文学批评的特有形式与思维方法。本节探究诗词互证的内涵即从这两个方面入手。约略而言，以诗证词的内涵主要包括考证词之用事、阐释词法与词旨、考察词之用字炼词、考辨词之真伪等几个方面。

考证词之用事者最为普遍，成果甚多，如庞元英《谈薮》摘录了唐人小说中记录歌咏红叶的四则诗歌事典，并指出："本朝词人罕用此事，惟周清真乐府两用之，《扫花游》云：'随流去，想一叶怨题，今到何处？'《六丑》落花云：'飘流处，莫趁潮汐，恐断红，上有相思字，何由见得。'脱胎换骨之妙极矣。"①《谈薮》的这段载记录在考证用事的同时也印证了上文中沈义府与张炎对清真词用唐诗的肯定。又如吴聿《观林诗话》云："半山尝于江上人家壁间见一绝云：一江春水碧揉蓝，船趁归潮未上帆。渡口酒家赊不得，问人何处典春衫。深味其首句，为踌躇久之而去。已而作小词，有'平涨小桥千嶂抱，揉蓝一水萦花草'之句，盖追用其语。"②此处即是揭示了王安石之词《渔家傲·平岸小桥千嶂抱》的本事。再如程大昌《演繁路》续集卷四云："尝有问予：'周美成词曰：'蝶粉蜂黄都过了'用何事？予曰：'记得李义山集有之，李《酬崔八早梅》曰：'何处拂胸资蝶粉，几时堕额藉蜂黄。'又《赠子直花下》曰：'屏绿蝶留粉，窗油蜂印黄。'

---

① 《宋金元词话全编》，第58页。

② 《宋金元词话全编》，第406页。

周盖用李语也。”①此处即是具体指出周邦彦词用李商隐诗语，可见清真词风与李商隐亦有一定的渊源关系。此外，赵彦卫《云麓漫抄》卷五云：“周美成作《西河》词云：‘莫愁艇子谁系？’此郢州之石城，皆误用。莫愁，郢人，《古乐府》云：‘莫愁在何处？莫愁石城西。艇子打两桨，催道莫愁来。’人不知考。”②此处即是考证周词用事之误，具有质疑精神，给人以方法上的启迪。吴曾《能改斋漫录》卷七云：“乐府有《夜航船》，政谓浙西耳皮日休《答陆龟蒙诗》云：‘明朝有物充君信，审酒三瓶寄夜航。’”③此条即是考证词牌之来源。

在考证的同时，辩证地看待词之用事的则是张炎，其《词源》卷下“用事”条云：“词用事最难，要体认著题，融化不涩。如东坡《永遇乐》云：‘燕子楼空，佳人何在，空锁楼中燕。’用张建封事。白石疏影云：‘犹记深宫旧事，那人正睡里，飞近蛾绿。’用寿阳事。又云：‘昭君不惯胡沙远，但暗忆江南江北。想佩环月下归来，化作此花幽独。’用少陵诗。此皆用事，不为事所使。”④张炎认为词之用事是词法中最难掌握的，要做到融化不涩，不滞囿于典故，并以姜夔词用杜甫诗为例以证之。究其实质，这种“体认著题，融化不涩”“不为事所使”的思想主张即是张炎一贯标举的“清空”之说，他反对堆砌典故，用典质实，推崇清刚醇雅之词风。

阐释词之法度者，如《漫叟诗话》云：“前人评杜诗云‘红豆啄残鹦鹉粒，碧梧栖老凤凰枝’，若云‘鹦鹉啄残红豆粒，凤凰栖老碧梧枝’，便不是好句。余谓词曲亦然。李景有曲‘手卷真珠上玉钩’，或改为‘珠帘’，舒信道有词云：‘十年马上春如梦’，或改云‘如春

① 《宋金元词话全编》，第770页。

② 《宋金元词话全编》，第931页。

③ 《宋金元词话全编》，第505页。

④ 《宋金元词话全编》，第1746页。

梦’，非所谓遇知音。”①漫叟于此通过介绍诗法，以阐释词曲之技法，将诗法与词法进行类比。又如释惠洪《石门洪觉范天厨禁脔》卷上探讨了词对诗法之接受：“《寒食对月》：‘无家对寒食，有泪如金波。斫却月中桂，清光应更多。仳离放红蕊，想像嚬青蛾。牛女漫愁思，秋期犹渡河。’此杜子美之诗也。其法：颔联虽不拘对偶，疑非声律。然破题引韵已的对矣。谓之偷春格，言如梅花偷春色而先开也。山谷尝用此法作茶词曰：‘烹茶留客驻雕鞍，有人愁远山。别郎容易见郎难，月斜窗外山。自郎去后忆前欢，画屏金博山。一杯春露莫留残，与郎扶玉山。’盖下押四‘山’字，上‘鞍’‘难’‘欢’‘残’皆有韵，如是乃知其工也。”②释惠洪通过仔细分析杜诗之法度来阐明黄山谷茶词之技法，有助于我们对山谷诗词法度之渊源的体认，对山谷学老杜之理解。

考证词之用事并借以阐释词之法度者，如周紫芝《竹坡老人诗话》云：“白乐天《长恨歌》云：‘玉容寂寞泪阑干，梨花一枝春带雨。’人皆喜其工，而不知其气韵之近俗也。东坡作送人小词云：‘故将别语调佳人，要看梨花枝上雨。’虽用乐天语，而别有一种风味，非点铁成黄金手不能为此也。”③此处即是通过考证东坡词之用典，以点明其词运用了点铁成金之法。又如曾季狸《艇斋诗话》云：“东坡和章质夫杨花词云：‘思量却是，无情有思。’用老杜‘落絮游丝亦有情’也。‘梦随风万里，寻郎去处，依前被、莺呼起。’即唐人诗云：‘打起黄莺儿，莫教枝上啼，几回惊妾梦，不得到辽西。’‘细看来、不是杨花，点点是离人泪。’即唐人诗云：‘时人有酒送张八，惟我无酒送张八。君看陌上梅花红，尽是离人眼中血。’皆夺胎换骨手。”④此处即

① 《宋金元词话全编》，第 361 页。
② 《宋金元词话全编》，第 260 页。
③ 《宋金元词话全编》，第 289 页。
④ 《宋金元词话全编》，第 836 页。

是通过考证东坡《水龙吟·次韵章质夫杨花词》用唐人诗句，点明东坡词运用夺胎换骨之法。由是观之，宋人在以诗证词的同时，将江西诗派的诗法主张融入词论之中，诗法与词法，诗学与词学的合二为一，由此可见一斑。

考证词之主旨者，如吴曾《能改斋漫录》卷十六云："东坡先生谪居黄州，作《卜算子》云：'阙月挂疏桐……寂寞沙洲冷。'其属意盖为王氏女子也，读者不能解。张右史文潜继贬黄州，访潘邠老，尝得其详。题诗以志之：'空江月明鱼龙眠……葛巾藜杖眼窥天。''夜冷月堕幽虫泣……玉皇饮之碧琳腴。'"①吴曾以东坡弟子张耒的《题东坡卜操作数后》两首诗以证东坡词《卜算子·黄州定慧院寓居作》之思想主旨乃是思念王氏女子。黄庭坚跋秦观词《踏莎行》云："右少游发郴州回横州，多顾有所属而作，语意极似刘梦得楚蜀间诗也。"②黄山谷即是用文人熟知的刘梦得楚蜀间诗以证秦观词《踏莎行》之意旨。

考辨词之字句锤炼者，如王楙《野客丛书》卷二十"少游斜阳暮条"云："《诗眼》载：前辈有病少游'杜鹃声里斜阳暮'之句，谓斜阳暮似觉意重。仆谓不然，此句读之，于理无碍。谢庄诗曰'夕天际晚气，轻霞澄暮阴'，一联之中，三见晚意，尤为重叠。梁元帝诗'斜景落高舂'，既言斜景，复言高舂，岂不为赘？古人为诗，正不如是之泥。观当时米元章所书此词，乃是'杜鹃声里斜阳曙'，非暮字也。得非避庙讳而改为暮乎？"③王楙通过征引故事，证明秦观词"杜鹃声里斜阳暮"之句，并未重叠语意，有力地批驳了范温《诗眼》的看法。

考辨词之真伪者，如袁文《瓮牖闲评》卷五："世称李白诗云：'山阴道士如相访，为写黄庭换白鹅。'夫王羲之换鹅，乃写《道德经》，《晋史》载之甚详。后人遂以为李白之误。然李白集中自

① 《宋金元词话全编》，第516页。
② 《宋金元词话全编》，第119页。
③ 《宋金元词话全编》，第1056页。

有‘山阴遇羽客，要此好鹅宾。扫素写道经，笔精妙入神’之诗，而太白初不误也。又黄太史作《玉楼春》词，末句云：‘为君写得《黄庭》了，不要山阴道士鹅。’太史似不免有承误之讥，然太史集中亦有‘颇似山阴写道经，虽与群鹅不当价’之诗，而太史亦不误也。以此知太史《玉楼春》词与李白前诗相似，恐必为后人赝作，不然，李白远矣，流传固未可，而太史近代人，《玉楼春》并不在集中，则知决非太史之词，皆为后人赝作矣。”①此条即是将李白、黄庭坚的诗词文献进行比较阅读，用诗考证《玉楼春》为赝作，非黄庭坚之词，颇具学理价值。

如果说以诗证词是批评者用诗学思维方式品评词作，那么以词证诗即是运用词学理念来衡定诗之品质。以词证诗之内涵主要包括考证诗之用事、考证诗句字词内涵、考证诗之正误三个方面。

考证诗之用事者，如阮阅《诗话总龟》引《古今诗话》云：“贺方回初作《青玉案》词，遂知名，其间有云‘彩笔新题断肠句’。后山谷有诗云：‘少游醉卧古藤下，谁作诗歌送一杯！解道江南断肠句，只今唯有贺方回。’盖载《青玉案》事。”②此处即点明了黄山谷《寄贺方回》一诗的用事与用意，诗之本事昭然若揭。又如吴曾《能改斋漫录》卷十六云：“东坡长短句云：‘无情汴水自东流，只载一船离恨向西州。’张文潜用其意以为诗云：‘亭亭画舸系春潭，只待行人酒半酣。不管烟波与风雨，载将离恨过江南。’”③吴曾指出张耒这首绝句师法东坡《虞美人·波声拍枕长淮晓》中的句子，揭示了诗之用事与意旨，同时也在一定程度上反映了东坡与张耒的师承关系。再如胡仔《苕溪渔隐丛话》后集卷39云：《复斋漫录》云：“王逐客《送鲍浩然之浙东长短句》：‘水是眼波横，山是眉峰聚，欲问行人去那边，眉眼盈盈

① 《宋金元词话全编》，第1038页。
② 《宋金元词话全编》，第150页。
③ 《宋金元词话全编》，第503页。

处。才始送春归，又送君归去，若到江南赶上春，千万和春住。’韩子苍在海陵送葛亚卿，用其意以为诗，断章云：‘明日一杯愁送春，后日一杯愁送君，君应万里随春去，若到桃源记归路。’苕溪渔隐曰：山谷词云：‘春归何处，寂寞无行路。若有人知春去处，唤取归来同住。’王逐客云：‘若到江南赶上春，千万和春住。’体山谷语也。”①胡仔先是引《复斋漫录》所记载的韩驹诗用王观词意之事，接着又进一步点明王观词乃是用黄山谷词之意，如此即起到了追本溯源之功效，对《复斋漫录》的以诗证词进行了深化拓展。

考证诗句字词内涵者，王观国《学林》卷八云：“杜子美《至日遣兴》诗曰：‘何人错忆穷愁日，愁日愁随一线长。’注诗者曰引《岁时记》云：‘宫中以红线量日影，至日，日影添一线。’又《至后》诗曰：‘冬至至后日初长，远在剑南思洛阳。’注诗者曰：‘魏晋间宫中以红线量日影，冬至后添长一线。’然文士多用一线为绣工之线，盖以冬至后绣工可添一线也。柳耆卿乐章曰‘绣工日永’是也。”②此处即以柳永词中之字句佐证杜诗之语句，切中肯綮，无懈可击。

考证诗之误者，如严有翼《艺苑雌黄》云：“张子野过和靖隐居，有诗一联云：‘湖山隐后家空在，烟雨词亡草自青。’注云：‘先生常著《春草曲》，有‘满地和烟雨’之语，今亡其全篇。’余按杨元素《本事曲》，有《点绛唇》一阕，乃和靖《草词》云：‘金谷年年，乱生春色谁为主？余花落处，满地和烟雨。又离歌，一阕长亭暮。王孙去，萋萋无数，南北东西路。’此词甚工，子野乃不见其全篇，何也？”③此处举出词例，以证诗意之谬，彰显出诗家眼界之重要性。

由上述可见，以诗证词与以词证诗皆以考证用事为主，以考察诗词主旨、辨析诗词正误、用字炼词为辅。以诗证词的成果多于以词证

① 《宋金元词话全编》，第733页。
② 《宋金元词话全编》，第308页。
③ 《宋金元词话全编》，第338页。

诗，这也是与宋代诗词发展的实际情形相符合的。盖诗在宋代一直占据主流地位，数量与质量均优于宋词，且宋代诗学体系庞大，包罗万象，非词学可及。宋代词学仅仅是诗学的附庸而已，并未完全独立出来，这从词论的文本载体即可看出。但是，以词证诗的成果又是不可轻视的，这种批评形态彰显了词学在诗学中的渗透，词的自觉意识开始萌动。总之，以诗证词与以词证诗共同构成了宋人诗词互证的内涵，因而诗词互证即具有诗学与词学的双重学术意义与价值。

## 三、诗词互证之学术意义

就文学批评的思维方法而言，诗史互证、文史互证之价值与意义是学界所公认的，毋庸赘述的。而相比较而言，如果说诗史互证、文史互证是从外部因素入手，由外及内地探究文学作品或者历史著作的实质主旨与辨析真伪，进行的是不同学术领域的跨学科的交叉性的研究，那么诗词互证即是文学内部，或者说是广义的诗学内部的同一领域内部的近似学科的混合研究。文史互证自明末清初钱谦益的《钱注杜诗》开创以来，经历了清中叶的章学诚的《文史通义》之拓展，至近人陈寅恪的《元白诗笺证稿》《柳如是别传》《论再生缘》，章士钊的《柳文指要》以及现代学者卞孝萱的《唐人小说与政治》《刘禹锡年谱》之出炉，可谓成果丰硕，影响深远。这种方法固然是传统学术文化的结晶，亦对史学与文学产生了不小的贡献，然而值得我们注意的是，这种思维方法的运用就文学的研究而言，关注的大抵是文学作品的历史背景，从外部文化因素来阐释文学作品，而不是从文学的本质特征来阐释文学作品，离开对文学发展、文学作品的本身讨论，而过度阐释文学背后的历史文化背景，缺乏对文学作品本身之美的探究，因而不是纯文学的研究，而是泛文学的研究，确切地说即是文化类研究，从长远看，文史互证对文学的研究、文学批评的发展还是存在诸多疏漏之处。而诗词互证即是文学内部的研究，是诗学与词学的交叉探讨，是广义的诗学领域内部的研究，是就诗与词本身的研究。因此，诗词互证对于文学研究，尤其是文学批评的发展是不无裨益的，其学术价值是值得探讨的。

要言之，诗词互证具有诗学与词学的双重维度之学术意义。其一，就诗学而言，诗词互证扩大了诗学范畴，开辟了解读诗的新视角、新视野与新模式，揭示了词与诗的渊源关系，证实了诗对词的接受，改变了以往学界传统的以诗为词、词源于诗的单线结构思维模式，运用诗词相通互补的观念来重新看待诗之发展，彰显出以词为诗、诗源于词的全新诗学理念，令人耳目为之一新。其二，就词学而言，诗词互证提高了词及词学的地位，将理论与实际结合起来考证词对诗的接受之具体方式方法，以及展现出的形态特质，将诗学理论融入词学之中，如杜甫诗歌之法度，江西诗派的点铁成金、夺胎换骨之说即进入词学领域，从源头上解读词作，将诗与词的渊源关系更加清晰地揭示出来。总的说来，诗词互证将诗论与词论结合起来，将诗与词同等对待，将诗学与词学贯通起来，既拓展了诗学的范畴、研究领域，又提升了词学的地位、加深了词学的深度，改变了词学依附于诗学的地位，促使词学独立出来。在文学本身的场域，文学批评的话语系统中，诗的发展，词的自觉，诗学的更新，词学的拓展，在诗词互证的推动下即加速了进程，走出新的道路。

值得注意的是，诗词互证固然具有多重维度的价值与意义，但是和其他思维方法一样，其亦存在着一些缺陷。这些缺陷主要在于诗词互证时经常出现推理判断的错误，以致得出牵强附会、郢书燕说式的结论，因而，对于以诗证词这样一种考词方法的弊端，理性思维极高的宋人自当辩证地来看待之。是以，辨析以诗证词之正误，即是宋人对这种考证方法的清醒体认。如王楙《野客丛书》卷十“周侍郎词意”条云：

> 苕溪渔隐谓，周侍郎词“浮萍破处，檐花帘影颠倒”，檐花二字，用杜少陵“灯前细雨檐花落”，全与出处意不相合。又赵次公注杜少陵诗，引刘邈“檐花初照日”之语。仆谓二说皆考究未至。少陵“檐花落”三字，元有所自。丘迟诗曰“共取落檐花”，何逊诗曰“燕子戏还飞，檐花落枕前。”少陵用此语尔。赵次公但见刘邈有此二字，引以证杜诗；渔隐但见杜诗有此二字，引以证周词，不知刘邈之先，已有“檐花落”三字矣。李白诗“檐花落酒中”，李暇亦有“檐花照月莺对栖”之语，不但老杜也。详味周用檐花二字，于理无碍，渔隐谓与少陵出处不合，殆胶于所见乎？大抵词人用事圆转，不在深泥出处，其纽合之工，出于一时自然之趣。又如周词“午妆粉指印窗眼，曲理长眉翠浅。问知社日停针线，探新燕。宝钗落枕春梦还，帘影参差满院”。非工于词，讵至是？或谓眉间为窗眼，谓以粉指印眉心耳，此说非无据，然直作窗牖之眼，亦似意远。盖妇人妆罢，以余粉指印于窗牖之眼，自有闲雅之态。仆尝至一庵舍，见窗壁间粉指无限，诘其所以，乃其主人尝携诸姬抵此，因思周词意恐或然。①

王楙指出胡仔《苕溪渔隐丛话》用杜甫诗考证周邦彦词，并说周词与杜诗诗“意不相合”是错误的，错误之因在于其“胶于所见”。并举例论证，探究词作主旨内涵不能拘泥于其之事典出处，要多从词的自然旨趣方面入手。

与对以诗证词的质疑辨析一样，辩证地看待以词证诗，点明此种方式之谬，亦是宋人诗词批评的理性思维特色的重要反映。如吴曾《能改斋漫录》卷八“太液披香”条云：“《西清诗话》记荆公《赏花钓鱼

① 《宋金元词话全编》，第1053页。

诗》：'披香殿上留珠辇，太液池边送玉杯。'都下翌日竞以公用柳耆卿词'太液波翻，披香帘卷'之语。余读唐上官仪《初春》诗：'步辇出披香，清歌临太液。'乃知上官仪已尝对之，岂始耆卿耶？隋庾信赋：'宜春苑中春已归，披香殿里作春衣。'长安有宜春宫，此又以宜春对披香矣。"①吴曾深谙诗学与词学，是以对习以为常的公认见解持质疑态度，而经过一番考辨，即澄清了王安石《赏花钓鱼诗》用典之谜，驳斥了前人以柳永词证荆公诗之误。

上述两段分别对以诗证词与以词证诗的辨析论证极富有理性、逻辑色彩，彰显了宋代文论家对以诗证词的体悟辨析。从这两则公案可以看出，导致诗词互证出现错误的原因在于批评者囿于学识、眼界、学养、眼力、态度，往往"胶于所见"，主观片面地凭借经验推出结论。清人戴震说："学有三难，淹博难，识断难，精审难。"②而诗词互证出现错误的原因亦不外乎这"三难"。高水平、高质量的诗词互证对批评者要求是极高的，批评者必须具备广博的文史知识，精深的诗学与词学造诣，严谨审慎的治学态度方能胜任此项工作。是以，由于批评者的思想方式是累积性的，总是凭借经验，依靠归纳来判定诗词问题，因此先入为主、各是其是，这种认识能力，考证方法的有限性即彰显出来，从而导致矛盾、导致谬误。因此，我们要辩证地看待诗词互证的价值意义与缺陷错误。

## 结　　语

文学批评史上任何一种方法的出现都不是偶然的，而是学术发

① 《宋金元词话全编》，第505页。
② 戴震：《戴震文集》卷九，中华书局，1980年，第141页。

展的逻辑必然。《四库全书总目提要·集部·词曲类一》指出："词、曲二体在文章、技艺之间。厥品颇卑，作者弗贵，特才华之士以绮语相高耳。然三百篇变而古诗，古诗变而近体，近体变而词，词变而曲，层累而降，莫知其然。究厥渊源，实亦乐府之余音，风人之末派。其于文苑，尚属附庸，亦未可全斥为俳优也。"①四库馆臣点明了词之渊源，以及形成过程，并指出其之价值不容小觑。刘熙载《艺概·词曲概》指出："乐歌，古以诗，近代以词。"②可见诗与词乃是乐歌在不同时代的表现形式而已。由上述清人的论断可略见诗与词关系之密切。正是在这种极其密切的关系，方才产生了诗词互证这一考证模式。当然诗词互证亦要求诗与词处于共同发展、共同成熟以及社会学术文化高度繁荣的生态环境之中。陈寅恪《邓广铭〈宋史职官志考证〉序》指出："华夏民族之文化，历数千载之演进，造极于赵宋之世。后渐衰微，终必复振。"③宋人诗词互证的形成即是在宋代高度成熟的诗词文化背景之下形成的，宋人援诗入词与援词入诗促成了以诗证词与以词证诗。而无论是以诗证词，还是以词证诗，都是在文学领域内部进行的批评活动。相对文史互证而言，诗词互证出现得更早，而且更具文学特质。虽然诗词互证囿于各种因素而不甚完善，但其在诗学与词学中的价值是不容忽视的。宋人诗词互证将诗学与词学联系起来，以诗词交叉领域为视角切入研究，将诗学理论融入词论之中，从词的角度来探究诗的内涵，是以理论性强，创见颇多，在文学批评中具有重要的学术意义。

---

① 纪昀总纂：《四库全书总目提要》卷一百九十八《集部五十一》，河北人民出版社，2000年，第5445页。

② 刘熙载撰，袁津琥校注：《艺概注稿》卷四，中华书局，2009年，第483页。

③ 陈寅恪：《陈寅恪集·金明馆丛稿二编》，生活·读书·新知三联书店，2015年，第277页。

## 第四节　章太炎对曾国藩文学观的批评与推阐

曾国藩与章太炎是中国近代史上两位叱咤风云的人物，二人在事功与学术上均颇有建树。学界关于二人文学观念的研究成果甚多，然而绝大多数成果均是个案性质的研究，将目光仅聚焦在其中一个人身上，而对于二人在文学观念方面的传承关系、异同之处，则鲜有涉及，这显然是一个遗憾。章太炎文学观念的形成固然根源于其自身的研究探索及师友的影响，但是亦与曾国藩的思想有着千丝万缕的联系。是故，笔者不揣浅陋，以文学观为研究视角，探讨章太炎对曾国藩的批评与推阐，并剖析其中的深层因缘之所在，从而揭示中国近代学术与文学发展的逻辑规律以及动态特征。约略而言，章太炎对曾国藩文学观的批评与推阐主要包括：文气说、骈散论、四言观三个方面，下面即依次探讨。

### 一、文气说

曾国藩论文最重“文气说”。曾氏云：“行气为文章第一义”①，“古文之法全在‘气’字上用功夫”②。在文气说的基础上，曾氏发展了姚鼐的阳刚阴柔说：

吾尝取姚姬传先生之说，文章之道，分阳刚之美、阴柔之美二种。大抵阳刚者，气势浩瀚；阴柔者，韵味深美。浩瀚者，喷

① 曾国藩：《曾文正公全集·家训》，中国华侨出版社，2011年，第36页。
② 《曾文正公全集·嘉言》，第84页。

> 薄出之；深美者，吞吐而出之。就吾所分十一类言之，论著类、词赋类宜喷薄；序跋类宜吞吐；奏议类、哀祭类宜喷薄；诏令类、书牍类宜吞吐；传志类、叙记类宜喷薄；典志类、杂记类宜吞吐。其一类中微有区别者，如哀祭类虽宜喷薄，而祭郊社祖宗则宜吞吐。诏令类虽宜吞吐，而擸文则宜喷薄，书牍类虽宜吞吐，而论事则宜喷薄。此外各类，皆可以是意推之。①

曾国藩对各种文体的气骨都作了评断，认为文章的阳刚阴柔皆有定法。章太炎对此是极为赞同的，并列举了历代具体实例来推阐阴阳刚柔之说：

> 余常谓文不论骈散，要以气骨为主。曾涤生倡阴阳刚柔之说，合于东人所谓壮美、优美者。以历代之作程之：周、秦、两汉之文刚，魏、晋南朝之文柔；唐代武功犹著，故其文虽不及两汉，犹有两汉遗风；宋代国势已弱，故欧、苏、曾、王之文，近于六朝；南宋及元，中国既微，文不成文；洪武肇兴，驱逐胡虏，国势虽不如汉唐，优于赵宋实远。其异于汉唐者，汉唐自然强盛，明则有勉强之处耳。……由上所论，历代文章之盛衰，本之国势及风俗，其彰彰可见者也。②

在章太炎看来，文气之阴阳刚柔取决于国力之强弱盛衰，但是无论骈散，一定要以气骨为主。文气说虽肇始于曹丕《典论·论文》，不源于曾国藩，而且曾氏之阳刚阴柔说虽本之于姚鼐，但是章氏于此，特意仅提曾氏的主张，很显然在这个方面是继承了曾氏的文气理

① 《曾文正公全集·嘉言》，第84页。

② 章太炎：《章太炎讲国学》，金城出版社，2008年，第202页。

论。章氏在此亦分析了曾国藩文章有阳刚之气的原因："曾涤生自办团练，以平洪杨之乱，国势既变，湘军亦俨然一世之雄，故其文风骨遒上，得阳刚之气为多。"①可见，章太炎对曾国藩的文气理论及其散文创作是作了一番认真研究的，因而他在文气说方面继承了曾氏之理论主张，但不是简单的继承，而是对历代文章气势之盛衰作了评述并探讨了缘由所在，这就比曾国藩的文气理论在深度与广度方面要系统得多。曾国藩只是对文气说作了界定，而章太炎则对文气形成之因作了剖析。因而，章太炎对曾国藩文气说在继承的基础上进行的推阐是极富有意义的。

## 二、骈散论

清代学术自始至终贯穿着汉宋之争，其反映到文学上即是以阮元为代表的选学派与以姚鼐为代表的桐城派的骈散之争。曾国藩作为中兴桐城文派的健将，在学术上力主汇通汉宋，在文学上则是主张援骈入散，以挽救日渐衰颓的桐城派，同时不自觉地创立了湘乡派。他在《送周荇农南归序》中"略述文家原委，明奇偶互用之道，假赠言之义以为同志者劭"②云：

> 天地之数，以奇而生，以偶而成，一则生两，两则还归于一。一奇一偶，互为其用，是以无息焉。……故曰一奇一偶者，天地之用也。文字之道，何独不然？六籍尚已。③

曾氏在这篇文章中认为骈散互用是自然之道，不能偏颇，不必"尊丹

① 《章太炎讲国学》，第203页。
② 《曾文正公全集·文集》，第26页。
③ 《曾文正公全集·文集》，第27页。

者非素”，不能囿于门户之见，骈散之争是徒劳无益的，司马迁、班固、蔡邕、范晔、潘岳、陆机、任昉、韩愈等大家之文都是骈散结合的，只要能达到经济之用，骈散皆可。他在日记中进一步阐发了这一主张：“偶思古文之道与骈文相通。由徐、庾而进于任、沈，由任、沈而进于潘、陆。由潘、陆而进于左思，由左思而进于班、张，由班、张而进于卿云，韩退之比卿云更高一格。解学韩文，即可窥六经之阃奥矣。”①曾国藩通过对中古诸位文学巨擘的文章考察，认为骈散并无根本轩轾，在一定的程度上是一脉相承的。因而，他主张骈散合一，对魏晋南朝文章亦持推尊态度。这就大大地影响了章太炎的骈散观。

章太炎为文经过多年探索，最后决心师法魏晋，章氏云：

> 余少已好文辞。本治小学，故慕退之造词之则，为文奥衍不驯。……三十四岁以后，欲以清和流美自化，读三国、两晋文辞，以为至美，由是体裁初变。……吴、魏之文，仪容穆若，气自卷舒，未有辞不逮意、窘于步伐之内者也。……余既宗师法相，亦兼事魏晋玄文。……余又寻世之作奏者，皆知宗法敬舆，然平彻闲雅之体，始自东汉，迄魏晋南朝皆然，非敬舆始为之也。……曾涤生窥摹陆公，颇复简约，其辞乃如房行制义；若素窥魏晋南朝诸奏，则可以无是过矣。由此数事，中岁所作，既异少年之体，而清远本之吴魏，风骨兼存周汉，不欲纯与汪、李同流。……今世文学已衰，妄者皆务为髋骸，亦何暇訾议桐城义法乎？②

① 《曾文正公全集·嘉言》，第86页。

② 章太炎：《菿汉三言》，上海书店出版社，2011年，第197页。

章太炎认为魏晋文章至美玄雅，应当效法，然对于桐城派的散文，则不宜讥评。曾国藩虽然也推崇魏晋文章，但他更加推尊唐代陆敬舆的文章。所以，章氏指出曾氏不应当摹仿陆敬舆，而宜窥摹魏晋，显然是因为他虽认同曾国藩的骈散结合的理论，但是认为其并不得法。由此观之，章氏是通过对曾氏的骈散观进行批评而推阐自己的骈散论的。

按：魏晋文章，虽已骈化，但对仗不工，夹杂散体，尚未形成真正的骈俪之文，考其实质，乃是骈散结合。是故，章太炎师法魏晋文章，即是研习骈骈散结合之道。章氏认为骈文与散文各有体要：

> 骈文、散文，各有短长。言宜单者，不能使之偶；语合偶者，不能使之单。……由今观之，骈散二者本难偏废。头绪纷繁者，当用骈；叙事者，止宜用散；议论者，骈散各有所宜。不知当时何以各执一偏，如此其固也。……今以口说衡之，历举数事，不得不骈；单述一理，非散不可。二者并用，乃达神旨。以故，骈散之争，实属无谓。若立意为骈，或有心作散，比于削趾适屦，可无须尔。①

章太炎承袭曾国藩的主张，倡导骈散结合，随机用体，并且具体分析了骈散兴衰交替的缘由，可谓一语中的，振聋发聩：

> 文之变迁，不必依骈散为论，然综观尚武之世，作者多散文；尚文之世，作者多骈文。秦汉尚武，故为散文，骈句罕见。东汉崇儒术，渐有骈句。魏晋南朝，纯乎尚文，故骈俪盛行。唐代尚武，散体复兴。宋不尚武，太其文通行四六。作散文者，仅

① 《章太炎讲国学》，第198、199页。

> 欧曾王苏数人而已。余波及于明清。桐城一派，上接秦汉、下承韩柳固不足，以继北宋之轨则有余，胜于南宋之作远矣。①

章太炎论骈散，并不只是简单地提倡骈散结合，而是联系到具体的时代背景，来讨论骈散的创作机制。他认为国力强盛、尚武的朝代以散文为主，国势衰颓，尚文的朝代自然是以骈文为主。这就揭示出了骈散产生的内在根源。这样的论述就比曾国藩更进一步，更高一筹。可谓青出于蓝而胜于蓝。章氏既然继承了曾国藩的骈散结合论，所以对于骈文的态度，是与曾氏大致相符的。例如，曾氏在日记中说："邹阳狱中上梁王书，千古传诵；余究不知其深处。"②按：曾氏认为邹阳狱中上梁王书不是很好，这与其他学者的评论是大相径庭的，但他对此只是略一提及，并未说明不好的原因。而章太炎对此则有所阐释，他说："邹阳，纵横家也。观其上书，行文以骈，而文气之盛，异于后之四六。是故谓骈体气弱，未为笃论。"③由此观之，章太炎将邹阳狱中上梁王书视为骈文，而且认为其文气很盛，这自然是符合曾国藩的论文标准。

但是曾氏为什么对其不看好呢？在《菿汉微言》里，章太炎说："秦汉之文，不尽可法。如《太史公书》，常有辞不比顺，意不相属者。又如邹阳上书，缠复缴绕，转笔引事，其立意仍与上同。使今人为之，适足为笑，而古人之文，若终已不可及者，亦时势为之。"④可见，章氏认为此文之弊在于烦言赘语，语义重复，而无新意，而所谓"缠复缴绕，转笔引事"即是由其骈文的性质所导致的。英雄所见略同，正是因为曾、章二人均推崇骈散合一之文，是故对于邹阳之"骈

① 《章太炎讲国学》，第203页。
② 《曾文正公全集·日记》，第61页。
③ 《章太炎讲国学》，第199页。
④ 《菿汉三言》，第66页。

文”自是不会看好的。而对于此文之讥评，显然是由曾氏提出，章太炎推阐的。

### 三、四言观

古文四言，音调铿锵，韵味十足，最能体现文章气骨。曾国藩论文既重文气说，故极为推崇以韩愈文章为代表的雄奇之文，是故于四言，有自己独到之见解与偏好，曾氏在谕其子纪泽的家书中云：

> 余生平于古人四言，最好韩公之作，如《祭柳子厚文》《祭张署文》《进学解》《送穷文》诸四言，固皆光如皎日，响如春霆。即其他凡墓志之铭词及集中如《淮西碑》《元和圣德》各四言诗，亦皆于奇崛之中迸出声光。其要不外意义层出、笔仗雄拔而已。韩公而外，则班孟坚《汉书叙传》一篇，亦四言中之最隽雅者。尔将此数篇熟读成诵，则于四言之道自有悟境。①

曾氏认为韩愈四言和《汉书·叙传》，均雄奇隽雅，气骨俊逸，乃四言中之上乘，遂教其子将其熟读成诵。而章太炎则不以为然，他说：

> 近世曾国藩，独慕《汉书叙传》。四言之用自汉世已衰，《叙传》虽非其至，自《雅》《颂》以下，独有李斯、韦孟、扬雄、班固四家，复欲陵轹其上，固以难矣。韩愈稍欲理其废绝，辞已壮丽，博而不约，鲜温润之音，学之虽至独病愧怪，不至乃犷犷如豺狼声，讵非正以《雅》《颂》，其可为典刑耶？②

---

① 《曾文正公全集·家训》，第 29 页。

② 章太炎著，庞俊、郭诚永疏证：《国故论衡》，中华书局，2008 年，第 442 页。

在章太炎看来，三代以降，为四言者，皆无法达到《诗经》的高度。韩愈与《汉书·叙传》之四言成就虽有，但皆有差失，不宜学习。而《雅》《颂》之四言才是四言中的典范之作，最宜效法。由此可见，章氏论文是厚古薄今的，而曾氏则是不分古今，章太炎之所以认为《诗经》四言成就最高，究其原因，乃是章氏首先是一位古文经学家，是故其论文自然会不自觉地站在经学的立场上，以儒家经典为圭臬、至美。而曾氏非经学中人，更多的是从文学、经世的角度来评判四言的优劣。因此，二人的四言观自然不同。不过，章氏对四言的看法显然是通过对曾氏的四言理论的批评而阐发的。

### 四、批评与推阐之缘由

章太炎对于曾国藩文学观有继承，也有批评，更有推阐，这绝不是偶然的，略而言之，大抵有以下两点原因：

其一，学术渊源：俞樾的媒介。曾国藩是清代中兴名臣，事功学问极大，是故对近代中国影响极为深远。近代学者大多深受其影响。梁启超对曾国藩推崇备至，亲自从《曾文正公全集》中辑录出《曾文正公嘉言钞》。章太炎自然也不例外。但是此外还有一层很重要的因素不可忽视，即俞樾的媒介。章太炎的老师是晚清朴学大师俞樾。曾国藩对俞樾十分赏识，对其有知遇之恩。俞樾于进士科复试时，以“花落春仍在，天时尚艳阳”一诗博得了主考官曾国藩的拍案激赏，故得第一。俞樾对曾国藩终生执弟子礼，曾入其幕府，在道德学业各方面均深受其教益。俞对曾自然是顶礼膜拜的。所以，虽然章太炎没有也不可能亲自问学于曾国藩，但是有了俞樾这一层媒介，那么章太炎在学术与文学方面受到曾国藩的影响则比其同时代许多学者要深得多。可以说，章太炎是曾国藩的再传弟子。

其二，近代学术发展的逻辑必然。中国学术史上的汉宋之争与文学界的骈散之争一直持续到清末民初。而近代以来，国力衰微，世道浇漓，内忧外患不绝如缕，知识分子纷纷探求经世之学。是故清代传统的汉宋之争与骈散之争都被赋予了新的经世色彩。随着科举制的废黜，清政府的灭亡，封建制度的终结，西学的传播，学术与文学的发展，民国以还，治国学者在继承前辈理论的同时自然有所创新和变革。因而，出现了处于清末民初的章太炎对前辈学者曾国藩文学观的批判性的继承与创造性的推阐，这亦是中国近代学术发展的必然逻辑。

## 结　　语

综上所述，学术的发展，离不开继承、批判、创新与推阐。由于时势的推动，师承的关系，学术的发展，章太炎对曾国藩文学观的继承性的批评与开拓性的推阐就水到渠成，势所必然了，在近代学术文化史上具有极大的意义。然而，随着学术与文学的进一步发展，无论是曾国藩，抑或章太炎，他们的文学理论自然是愈发地不合时宜，渐趋落伍了。新文化运动倡导白话文，摒弃文言文，章氏的弟子钱玄同甚至提倡废黜汉字，从这些方面即可看出曾、章二公古文理论的没落。“夕阳无限好，只是已黄昏”，古文创作理论自此只能成为一种文艺理论被束之高阁，而不能再次运用于文学创作实践中去了。立足当代，回顾往昔，对于曾国藩与章太炎学术与文学关系的研讨有利于我们更好地理解近代学术文化发展的态势与规律。

# 第四章　美学与文论的思想文化蕴含

中国传统文化的原始形态即是文史哲不分，美学、文论是从学术文化中渐渐分离出来的。中国古代美学与文论的发生发展虽然有其自身的自主性，但这种自主性是相对的，不是绝对的，美学与文论同时也是特定的外在思想文化的产物，美学观念、文艺理论均有着深厚的思想文化蕴含，学术思潮、文化理念是美学与文论发展演进的外缘因素。如果说内在理路注重学术思想演变的自主性，那么外缘因素则强调学术思想演变的依他性。因此，要更深入地理解中国古代美学与文论，就要探讨其背后的思想文化蕴含，揭示隐藏在深处的外缘因素，探明其发展演进的依他性。在本章中，笔者通过对汉代赋论的《尚书》基因之探赜，以揭示汉代文论通过"依经立义"所形成的理论形态与思想格局；通过对刘勰等人的名字的文化内涵之考索，以揭示《文心雕龙》等美学与文论专著产生的文化因素；通过对《文选》六臣注引经情况的考察，以揭示唐代《文选》注家的文学思想的学理蕴含；通过对宋人吴幵《优古堂诗话》的禅宗基因之探赜，清代《张佩纶日记》中的诗学与经学关系之考论，以揭示文论与哲学的互动关系。

# 第一节　汉代赋论的《尚书》基因

汉人素来就有一种"大汉继周"①的思想意识，因而在文学思想方面也于一定程度上承袭周代。《尚书》乃周官之旧典，虽其成书时代备受争议，但也在很大程度上反映了周代的思想观念，而且在经学盛行的汉代，《尚书》学也是一门显学。《尚书》学在汉代是一门政治及社会哲学，在意识形态领域占据着重要地位，是汉代文学理论发展演进的一维重要的学术文化背景，而且汉代文学理论也素有一种极其强烈的征圣宗经意识，如此一来，《尚书》即为汉代辞赋理论提供了形而上的理论支撑，其学术理念、审美观念浸入汉代赋论家的意识深处，对汉代赋论产生了重大影响，汉代赋论的理论格局和思维模式也体现出"依《书》立义"之旨归，彰显出一定的《尚书》基因。汉代赋论对《尚书》思想原理的绍承与开拓为我国古代文学批评理论锦上添花，可谓意义重大、影响深远。因而，研究汉代赋论与《尚书》的渊源关系，可以更好地寻绎出汉代赋论发展衍变的内在机制，进而更深入地体认汉代文论的"依经立义"的理论特质。约略而言，汉代赋论主要继承和发展了《尚书》中的"诗言志"说与"察辞于差"说。

## 一、"诗言志"说：诗论纲领，赋论圭臬

"诗言志"是先秦时期对文艺的美学特质的共识，语出《尚书·舜典》："帝曰：夔！命汝典乐，教胄子。直而温，宽而栗，刚而无虐，

① 班固撰，颜师古注：《汉书》卷二十二《礼乐志》，中华书局，1962年，第1715页。

简而无傲。诗言志，歌永言，声依永，律和声。八音克谐，无相夺伦，神人以和。"《伪孔传》云："诗言志，歌永言，谓诗言志以导之，歌咏其义以长其言。"孔颖达《正义》云："作诗者自言己志，则诗是言志之书，习之可以生长志意，故教其诗言志以导胄子之志，使开悟也。作诗者直言不足以申意，故长歌之，教令歌咏其诗之义以长其言，谓声长续之。"①《舜典》中的"诗言志"，即是说诗抒发人的思想感情，体现人的心灵世界。"志"的内涵是指思想感情、胸襟抱负。"诗言志"说本是舜帝论述音乐时提出的，然在先秦典籍中多有提及，只是言辞略异，如：《左传·襄公二十七年》："诗以言志。"②《国语·鲁语下》："诗所以合意，歌所以咏诗也。"③《庄子·天下篇》："诗以道志。"④《荀子·儒效篇》："《诗》言是其志也。"⑤但是，"诗言志"说的最早渊源仍是《尚书》。在《尚书》学兴盛的汉代，在儒家《书》教传统控制的汉代，赋家必然被《尚书》"诗言志"说所濡染浸润，潜移默化，是以在辞赋理论中必然接受之。汉代文人对"诗言志"理念的体认渐趋明晰。汉代"诗言志"说内涵深刻，主张抒情与义礼并重，情感与志向融通，骚怨与诗教协调，感性与理性共生。是故《毛诗大序》云：

> 诗者，志之所之也，在心为志，发言为诗。情动于中而形于言，言之不足，故嗟叹之，嗟叹之不足故永歌之，永歌之不足，不知手之舞之，足之蹈之也。先王以是经夫妇，成孝敬，厚人伦，美教化，移风俗。上以风化下，下以风刺上，主文而谲谏，

① 阮元校刻：《十三经注疏·尚书正义》卷第三，中华书局，2009年，第276页。

② 李梦生：《左传译注》，上海古籍出版社，2004年，第837页。

③ 韦昭注，明洁辑评：《国语》，上海古籍出版社，2008年，第96页。

④ 陈鼓应：《庄子今注今译》，中华书局，2009年，第908页。

⑤ 王先谦：《荀子集解》卷第四，中华书局，1988年，第133页。

言之者无罪，闻之者足以戒，故曰风，故变风发乎情，止乎礼义。①

在汉人看来，诗是志之载体，志变化为诗，是情感波澜起伏、内在涌动之成果，情感的表达必须要有礼义的规范约束，与政治教化、美刺精神密切关联。《毛诗大序》所阐述的观念，成为汉代文学思想的主旋律。汉人论诗主张情志并重，即是对《尚书》“诗言志”说的继承与发展，但是在《尚书》的本义之外，又赋予了“诗言志”说以讽谏为主的政教色彩。而赋素来即被汉人认为是“古诗之流”，即诗之类属，乃诗六义之二。那么，“诗言志”说落实到辞赋方面，即是“赋言志”。赋家寓志于辞赋语言及所塑形象之中。在汉人的理念中，赋的本质亦即诗的本质，也是文学艺术的本质，是抒发人的思想感情，意志怀抱的。尽管《毛诗大序》重视文学的讽谏精神，但是汉代赋学理论并未完全按照其所设定的思维理路而发展，而是出现了向《尚书》“诗言志”理念回归的异动色彩。回归儒家原典的精神理念在一定程度上影响了汉代赋论的发展。汉代赋论或绍承《毛诗大序》之“诗言志”，或接受《尚书》之“诗言志”。具体地说，西汉的司马相如、东汉的王符，二人的赋论在一定程度上绍承了《尚书》“诗言志”说。

司马相如作为西汉辞赋大家，其赋论很明显地体现了“诗言志”说。《西京杂记》记载：

司马相如为《上林》《子虚赋》，意思萧散，不复与外事相关，控引天地，错综古今，忽然如睡，焕然而兴，几百日而后成。其友人盛览字长通，牂牁名士。尝问以作赋。相如曰：“合綦组以成文，列锦绣而为质。一经一纬，一宫一商。此赋之迹也。赋家

① 张少康主编：《中国历代文论精选》，北京大学出版社，2003年，第29页。

之心，苞括宇宙，总览人物。斯乃得之于内，不可得而传览。”乃作合组歌列锦赋而退。终身不复敢言作赋之心矣。①

司马相如认为辞赋创作要讲求时空的完整性，追求文采和音调的协调，赋的文采犹如彩带铺陈，锦绣罗列，赋的音调如同宫商之协和，强调“一经一纬，一宫一商”的对偶排比、交织纵横、文质兼优的统一美，但这仅仅是赋的表现形式而已，赋家之心才是最重要的，因此赋家应以博大的胸怀、卓越的学识体察人情世故，洞悉宇宙万物，然后通过赋的文辞，倾泻思想情感，但这只能从内心而求得，只可意会，不可言传。

在此，司马相如提出了辞赋创造中的两个重要的理念，即赋家之迹与赋家之心。赋家之迹是形式，赋家之心是内涵。赋家之迹是赋家之心的表现形式，是为其服务的。赋家之心即赋家之志，包括了创作过程中的审美心境、审美想象、审美灵感等审美创作构思方面的内容。在辞赋创作中居于主导地位的是赋家之心志，赋作为创作主体审美构思的一种表达，虽重视“迹”的审美体现，但更重视自身心志的表达。在司马相如看来，赋的创作，即是赋家心灵的活动过程，赋家应物生感、感物兴情、以心接物、物与心融，情感心志得以倾泻喷吐。在这里，审美创作主体主要通过对宇宙万物、自然生命的洞悉体察以表达其于审美体验中所感悟到的宇宙哲理、情感意识和人生真谛。然而，这种心灵体验与审美境界的建构是得之于内心丰富的情感积累及生命体验，极具个性特质，故而“不可得而传”。先由“赋家之迹”渗透到“赋家之心”中，再由“赋家之心”展现“赋家之迹”，这与司马相如赋作中铺张扬厉、囊括万物的博大襟怀与崇高境界是相吻合的。司马相如的赋论说明了创作主体的思想感情在审美表达中的

① 葛洪撰，周天游校注：《西京杂记》，三秦出版社，2006年，第93页。

重要作用，亦点明了辞赋的创作是以抒发作为审美主体的赋家的心志为目的旨归的。

司马相如的辞赋创作的思维结构是从自身的主观思想精神出发，其“心”是赋作生发的源泉，吐纳万物，包含一切。赋家之“心”与“诗言志”之“志”在内涵上是一致的，“志”字从心，心为其形旁。是故，司马相如的赋论是在“诗言志”说启发下生成的。汉代的辞赋理论因为受到《毛诗大序》的影响，而普遍囿于“讽谏”说，司马相如尽管在具体的辞赋创作中寄寓了一定的讽谏思想，但是其赋论并未涉及赋的社会功用、政治意义，而是注重辞赋对审美创作主体心灵的表达效果。他的“赋家之迹”与“赋家之心”说，显然是根据自己独特的创作体验，并结合《尚书》关于文学审美特质的“诗言志”说的理论概念，而提出来的，为汉代文学思想尤其是辞赋理论，建构了一重璀璨的审美色彩。司马相如赋论未受到《毛诗序》的影响，主要原因在于司马相如所处的时期，只有今文鲁、齐、韩三家诗立于学官，而《毛诗》晚出，至平帝时才一度立于学官，但仅是昙花一现，只是在民间广泛流传。因而，司马相如在赋学思想上，没有受到《毛诗序》的沾染。

王符的赋论与《尚书》“诗言志”说有相当的契合之处。其《潜夫论·务本》云：

> 诗赋者，所以颂善丑之德，泄哀乐之情也，故温雅以广文，兴喻以尽意。今赋颂之徒，苟为饶辩屈蹇之辞，竞陈诬罔无然之事，以索见怪于世，愚夫戆士，从而奇之，此悖孩童之思，而长不诚之言者也。①

王符极力反对赋的虚无靡丽而追求真情实感，他认为那些崇尚浮华

① 王符著，汪继培笺：《潜夫论笺校正》卷一，中华书局，1985年，第19页。

艳丽而大力夸饰的辞赋贻害社会，祸国殃民，有百害而无一利。他将“颂善丑之德”与“泄哀乐之情”相提并论，从创作主体的审美角度立论，而不是着眼于赋的客观效果，注重的是文学艺术的本质规律，注重赋的抒情作用。因此，他只提“温雅”“兴喻”，而不提铺陈、夸饰、宏丽。班固《汉书·扬雄传》云司马相如“作赋甚弘丽温雅。”由此观之，王符对司马相如赋的“温雅”之美，是比较赞赏的，所以在赋论方面自然继承了司马相如的一些观点。温雅，即温润典雅，主要讲求语言的温润典雅之美。兴喻，即比兴，是自《诗经》以来，极为传统的诗歌创作技法。那么，王符云“温雅以广文，兴喻以尽意”，即是说要用典雅的言辞使赋作具有一定的文学之美，运用比兴的创作手法来表达作者的思想情感。这句话的落脚点，亦即重点是“尽意”。在王符看来，无论“温雅”，抑或“兴喻”，最终目的都是为了“尽意”。“尽意”即是通过“颂善丑之德”来“泄哀乐之情”。

王符赋论的重心即是“泄情”“尽意”，而非讽谏美刺。尽管他也提到了“颂善丑之德”，但是其主要目的则非在于是。“泄情”“尽意”与《尚书》之“诗言志”具有极强的相似性，在本质上是一致的。可以说，王符是汉代继司马相如之后，第二位真正接受《尚书》“诗言志”说的赋学家。

王符之所以在赋论方面接受了《尚书》“诗言志”说，是有一定的社会文化背景的。王符是东汉中期著名的思想家、政论家、文学家。东汉中期以后，外戚与宦官交替执政、互相倾轧、政局动荡、民生凋敝，是故以夸饰铺陈和讽谏为主的大赋便相应地失去了生存的土壤和基础，代之而起的是以抒情言志为主的、富有诗情画意的抒情小赋，此时传统的政治教化的思想束缚逐渐放松，儒教思想成分明显式微，抒情意味愈来愈浓，《毛诗大序》所建构的一整套富有政治性色彩的诗学思想已无法继续控制学者们的思想。是故，此时的赋论必然要向原始儒家的思想回归，而处于此阶段的王符必然在赋论上追求真情之美。与王符赋论相对应的是与其同时代的张衡的赋作。张衡虽然是汉大赋的圣手，但是他的《归田赋》却开创了后世抒情小赋之先河。很难说是王符的赋论影响了张衡的抒情小赋，还是张衡的抒情小赋影响了王符的赋论，但是有一点是肯定的，即东汉中期以后，文人们普遍性地集体无意识地追寻辞赋的抒情达意的审美特质。而如果追根溯源就会发现文人们是在接受了《尚书》"诗言志"说的基础上，从而认清了文学的本质属性，于是将"诗言志"之理论或运用到文学理论批评中去，或运用到具体的辞赋创作之中，而王符和张衡则分别是文艺理论与创作实践的主要代表。

汉代的赋学理论在一定程度上绍承并发展了《尚书》"诗言志"说，使"诗言志"这一先秦的文学理念的学术生命在汉代赋学理论中得到了延续。司马相如和王符在赋论方面创造性地接受了《尚书》"诗言志"说，在当时的学术背景下是难能可贵的，这样的学术现象其实可以看作是对《毛诗大序》的反动，它向我们揭示了《毛诗大序》并不能够完全掌控汉代赋学思想这一现实。

## 二、"察辞于差"说：刑狱宪章，赋论矩矱

"察辞于差"说是《尚书》中的一个较为重要的思想原理。《尚书·吕刑》云：

> 上下比罪，无僭乱辞，勿用不行，惟察惟法，其审克之！上刑适轻，下服；下刑适重，上服。轻重诸罚有权。刑罚世轻世重，惟齐非齐，有伦有要。罚惩非死，人极于病。非佞折狱，惟良折狱，罔非在中。察辞于差，非从惟从。哀敬折狱，明启刑书胥占，咸庶中正。其刑其罚，其审克之。狱成而孚，输而孚。其

刑上备，有并两刑。①

“察辞于差”本是作为刑罚判断的依据与法则。差，是指供词中矛盾抵牾之处。《伪孔传》云：“察因辞其难在于差错，非从其伪辞，惟从其本情。”王先谦注云：“差谓不齐一，言因证之辞，每有参差不一，折狱者于其辞之参差察之，以求其情，既得其情，非从其辞，惟从其情也。”②“察辞于差”，意即从矛盾差错中考察供辞的真伪。“察辞于差”说虽然源于刑罚判断思想，但是可以将其推阐到文学艺术领域，把它作为一种文学批评理论来考察文学作品的语言表达，从而判断文学作品的思想情感与内容内涵的真实虚假。无论思想多么深邃、内涵多么丰富、情感多么深厚，一切文学作品归根到底都需要通过语言来表达。语言是文学创作的基石，是创作主体心灵的外化与体现。因此，通过对语言的分析，可以窥探出文学作品的思想内涵，寻绎出导致语言矛盾差错的缘由所在。孟子在《孟子·公孙丑上》中论述了自己的“知言”思想：“诐辞知其所蔽，淫辞知其所陷，邪辞知其所离，遁辞知其所穷。生于其心，害于其政；发于其政，害于其事。圣人复起，必从吾言矣。”③孟子认为通过分析别人的言辞可以考察出其情志趋向。由此观之，“察辞于差”说运用于文学理论之中，即是通过对作品的语言差错的考察，从而深入而全面地理解和把握创作主体的思想感情和作品之深邃内涵。其实“察辞于差”说亦符合汉人的经学思维。汉代学者素来重视以章句训诂为主体的解经方式，而章句训诂在本质上即是对经典语言的考察，汉人通过对经典作章句训诂，从而考释经典的语言，明了经典之微言大义，所以“察辞于差”亦是汉人

① 江灏、钱宗武：《今古文尚书译注》，贵州人民出版社，2009年，第351页。

② 王先谦：《尚书孔传参正》卷三十一，中华书局，2011年，第956页。

③ 焦循：《孟子正义》卷六，中华书局，1987年，第209、212页。

的学术传统思维的一级。那么，汉代赋论也在一定程度上绍承了《尚书》“察辞于差”之说，在建构自身文学理论的同时，并有所创新与发展。班固《汉书·艺文志》对赋的分类，即可看作对“察辞于差”理念的实践运用。具体说来，西汉扬雄、东汉王充、蔡邕等人的赋论均绍承了“察辞于差”说。

学界对扬雄赋论的研究，大多着眼于他的汉赋社会功用批评思想，认为扬雄重视的是赋的讽谏精神及社会作用。而对扬雄赋论的理论根据与批评准绳则鲜有涉及，其实，扬雄的赋论正是绍承了《尚书》“察辞于差”说，方形成了其独具特色的辞赋分类法则，加深了他对辞赋本质特征的认识，这主要体现在其后期著作《法言·吾子》中：

> 或问：“景差、唐勒、宋玉、枚乘之赋也，益乎？”曰：“必也淫。”“淫则奈何？”曰：“诗人之赋丽以则，辞人之赋丽以淫。如孔氏之门用赋也，则贾谊升堂，相如入室矣。如其不用何？”①

汪荣宝《法言义疏》对此段文字作了精辟而详尽的阐释，兹录如下：

> 《诗·关雎序》，《孔疏》云：“淫者，过也。过其度量，谓之为淫。”……诗人之赋，谓六义之一之赋，即诗也。《周礼》：“大师教六诗：曰风，曰赋，曰比，曰兴，曰雅，曰颂。”班孟坚《两都赋序》云：“赋者，古诗之流也。”李注云：“《毛诗序》曰《诗》有六义焉，二曰赋。故赋为古诗之流也。”《尔雅·释诂》云：“则，法也。”“诗人之赋丽以则”者，谓古诗之作，以发情止义为美。即《自序》所谓：“法度所存，贤人君子诗赋之正也。”故其丽也以则。《艺文志》颜注云：“辞人，谓后代之为文辞。”“辞人之

① 扬雄著，汪荣宝义疏：《法言义疏》三，中华书局，1987年，第49~50页。

> 赋丽以淫”者，谓今赋之作，以形容过度为美。即《自序》云：“必推类而言，闳侈钜衍，使人不能加也。”故其丽也以淫。《艺文类聚》五十六引挚虞《文章流别论》云：“古之作诗者，发乎情，止乎礼义。情之发，因辞以形之；礼义之指，须事以明之，故有赋焉。所以假象尽辞，敷陈其志。古诗之赋，以情义为主，以事类为佐。今之赋，以事形为本，以义正为助。情义为主，则言省而文有例矣；事形为本，则言富而辞无常矣。文之烦省，辞之险易，盖由于此。夫假象过大，则与类相远；逸辞过壮，则与事相违；辨言过理，则与义相失；丽靡过美，则与情相悖。此四过者，所以背大体而害政教。是以司马迁割相如之浮说，杨雄疾辞人之赋丽以淫。”按：过即淫也。仲洽此论，推阐杨旨，可为此文之义疏。①

在扬雄看来，在他之前所有的辞赋作品都有着“丽”这个共同的审美特征。但各类辞赋“丽”的程度不尽相同。因而他根据“丽”之程度，将赋分为“诗人之赋”与“辞人之赋”两大类，实开后世汉赋分类之先河。而所谓“丽”，即是指语言华美，富有文采，结构协调，风格优雅，是扬雄美学思想中最为重要、最具特色的审美范畴。但是，扬雄认为辞赋首先要“丽”，“丽”是判断是不是赋的矩矱标准，是赋之所以称为赋的基本条件。其次“丽”要有一定的限度，必须合乎一定的法度规则，要“发乎情、止乎礼义”，否则便是“靡丽”“淫丽”“侈丽”，便失去了本有的审美价值和意义。根据《毛诗序》及挚虞《文章流别论》的阐述，以及扬雄素所追求的以明道、征圣、宗经为核心的审美价值体系，可以看出，扬雄所谓的“则”，是指以儒家为主的思想原则，政治与伦理规范。“丽则”是扬雄所追求的最高境界，是其

① 《法言义疏》三，第51页。

赋论的要旨。丽与则的关系、文与质的关系，在本质上是一致的，即是形式与内容的辩证关系。这亦与孔子的“文质彬彬”说不谋而合。孔子云：“质胜文则野，文胜质则史，文质彬彬，然后君子。”文即指文采，质即指实质。扬雄认为“屈原文过相如”，并且“悲其文，读之未尝不流涕也”,① 而且屈原、荀卿之赋作，不仅语言华丽，文辞典雅，而且颇具《诗经》之风，是故“丽以则”。但是景差、唐勒、宋玉、枚乘、司马相如等人之赋作，靡丽渲染过甚，夸饰铺陈过度，因而丧失了作品的真义，沦为“壮夫不为”的“童子雕虫篆刻”，从而导致“欲讽反劝”“劝而不止”。所以，扬雄举例子说，假如孔门用赋，那么，贾谊、司马相如皆为高足，然而孔门不用赋。这是一种很含蓄的说法，即是说孔门重政治教化和社会功用，不追求文本的靡丽奇诡。扬雄的这种思想，在《汉书·艺文志》中得到了印证：

> 春秋之后，周道浸坏，聘问歌咏不行于列国，学《诗》之士逸在布衣，而贤人失志之赋作矣。大儒孙卿及楚臣屈原离谗忧国，皆作赋以风，咸有恻隐古诗之义。其后宋玉、唐勒，汉兴，枚乘、司马相如，下及扬子云，竞为侈俪闳衍之词，没其风谕之义。是以扬子悔之，曰：“诗人之赋丽以则，辞人之赋丽以淫。如孔氏之门人用赋也，则贾谊登堂，相如入室矣，如其不用何！”②

由此观之，扬雄所谓的“诗人之赋”即指屈原、荀卿等人的辞赋作品，而“辞人之赋”即指景差、唐勒、宋玉、枚乘、司马相如等人的辞赋作品。而这两类的区分标准则是“丽则”与“丽淫”。可见，扬雄首先

① 《汉书》卷八十七上《扬雄传》，第3515页。
② 《汉书》卷三十，第1756页。

是通过对辞赋作品语言的考察，判断其是否“丽”，“丽”则是赋，然后通过对辞赋语言“丽”的性质、程度的考察，从而窥探出创作主体的思想感情，作品的内涵主旨，进而判断其作者之归属。这样一整套的文学批评思想是对儒家经世致用的文学观的继承，而归根到底则是在绍承了《尚书》“察辞于差”说的基础上而发挥的。

英雄巨眼，扬雄这种通过考察语言的文采与质实，判断是否为赋，进而将辞赋分为两类的方法，自然启发了刘向、刘歆对汉赋的定义与分类。虽《别录》《七略》已佚，但《汉书·艺文志》保留了《七略》之主体部分，将汉赋分为屈原赋之属、陆贾赋之属、孙卿赋之属、杂赋四类。后世学者虽对此分类之理论依据多有探赜，但大抵皆以各类辞赋之语言为考察要素，这也可以被看作对“察辞于差”说不自觉的绍承与拓展。

东汉前期的思想家王充的赋论也在一定程度上绍承了《尚书》“察辞于差”说。王充的主要思想都体现在《论衡》这部哲学著作之中，《论衡》是一部疾虚妄、务真实之作，其《论衡·对作篇》云：

> 《论衡》之造也，起众书并失实，虚妄之言胜真美也。故虚妄之语不黜，则华文不见息；华文放流，则实事不见用。故《论衡》者，所以铨轻重之言，立真伪之平，非苟调文饰辞，为奇伟之观也。其本皆起人间有非，故尽思极心，以机世俗。世俗之性，好奇怪之语，说虚妄之文。何则？实事不能快意，而华虚惊耳动心也。是故才能之士，好谈论者，增益实事，为美盛之语；用笔墨者，造生空文，为虚妄之传。听者以为真然，说而不舍；览者以为实事，传而不绝。不绝，则文载竹帛之上；不舍，则误入贤者之耳。至或南面称师，赋奸伪之说；典城佩紫，读虚妄之书。明辨然否，疾心伤之，安能不论？……虚妄显于真，实诚乱于伪，世人不悟，是非不定，紫朱杂厕，瓦玉集糅，以情言之，

岂吾心所能忍哉!①

其《论衡·佚文篇》云:

贤圣定意于笔，笔集成文，文具情显，后人观之，见以正邪，安宜妄记?足蹈于地，迹有好丑;文集于礼，志有善恶。故夫占迹以睹足，观文以知情。《诗》三百，一言以蔽之，曰:"思无邪。"《论衡》篇以十数，亦一言也，曰:"疾虚妄。"②

由此观之，王充创作《论衡》，旨在批判当时社会上弥漫的虚假不实、迷妄惑乱之世风，而倡导真诚实用、质朴踏实的社会风气。在王充看来，一切的文学作品都应当是真实的，因而他坚决反对虚妄荒诞之作，赞扬"真美"之作。这种思想在谶纬神学和宗教迷信泛滥的东汉，是极富有意义的。值得注意的是，王充通过考察文学作品语言，窥探出当时的作品大多虚妄不实，从而疾斥虚妄华伪，倡导真美实诚。这样的文学理论的思维逻辑，很显然是受到了《尚书》"察辞于差"说的启发而拓展的。那么，具体到其赋学理论，亦是如此。其《论衡·定贤篇》云:

以敏于赋颂，为弘丽之文为贤乎?则夫司马长卿、扬子云是也。文丽而务巨，言眇而趋深，然而不能处定是非，辩然否之实。虽文如锦锈，深如河、汉，民不觉知是非之分，无益于弥为崇实之化。③

① 黄晖:《论衡校释》(附刘盼遂集解)卷第二十九，中华书局，1990年，第1179页。

② 《论衡校释》(附刘盼遂集解)卷第二十，第869、870页。

③ 《论衡校释》(附刘盼遂集解)卷第二十七，第1117页。

其《论衡·自纪篇》云：

> 夫文由语也，或浅露分别，或深迂优雅，孰为辩者？故口言以明志，言恐灭遗，故著之文字。文字与言同趋，何为犹当隐闭指意？狱当嫌辜，卿决疑事，浑沌难晓，与彼分明可知，孰为良吏？夫口论以分明为公，笔辩以荴露为通，吏文以昭察为良。深覆典雅，指意难睹，唯赋颂耳！①

由此可见，王充论文首重其语言，他发现汉赋的语言弘丽诡谲、晦涩艰深、雕饰太过、华而不实，从而导致汉赋用意隐晦，“指意难睹”，使人不得要领，实属虚妄之辞，缺乏真情实感，不能够辨然否，定是非。所以靡丽的语言有害无益。概而言之，汉赋华丽的言辞表达出的却是虚情假意，不符实际。这是王充深恶痛绝并大力针砭的。而王充对汉赋的批判的理论依据亦是“察辞于差”。

需要指出的是，王充以汉赋的社会功用为其批评理论之落脚点，具有一定的局限性，一味地求真崇实，而忽略汉赋作为文学艺术的本质特征与价值意义是不可取的，因此他的赋论比较狭隘，尚不如扬雄的赋论开明。所以，汉赋的审美特征遭到了王充尖锐的批判，而社会作用却被作为一种衡量汉赋优劣的价值尺度。这种理论上的缺陷、片面性亦是由其接受“察辞于差”说所导致的。由是观之，任何理论都不是绝对完美和正确的，犹如一把双刃剑，运用得恰当适度会对后世理论产生积极的影响，但如若运用得欠妥，则会导致运用者的理论失误。

继王充之后，汉末的蔡邕在赋论方面亦接受了《尚书》“察辞于

① 《论衡校释》(附刘盼遂集解)卷第三十，第1196页。

差”说，是故与王充赋论有相合之处，其《上封事陈政要七事》云：

> 臣闻古者取士，必使诸侯岁贡。孝武之世，郡举孝廉，又有贤良、文学之选，于是名臣辈出，文武并兴。汉之得人，数路而已。夫书画辞赋，才之小者，匡国理政，未有其能。陛下即位之初，先涉经术，听政余日，观省篇章，聊以游意，当代博弈，非以教化取士之本。而诸生竞利，作者鼎沸。其高者颇引经训风喻之言；下则连偶俗语，有类俳优；或窃成文，虚冒名氏。臣每受诏于盛化门，差次录第，其未及者，亦复随辈皆见拜擢。既加之恩，难复收改，但守奉禄，于义已弘，不可复使理人及仕州郡。昔孝宣会诸儒于石渠，章帝集学士于白虎，通经释义，其事优大，文武之道，所宜从之。若乃小能小善，虽有可观，孔子以为“致远则泥”，君子故当志其大者。①

蔡邕从社会效果的角度出发，从辞赋本身的特点，说明其不切实用，与王充说法相符。他认为对于“书画辞赋，才之小者，匡国理政，未有其能”。很显然，这是通过考察辞赋的语言而下的结论。此与曹植所说的“辞赋小道，固未足以揄扬大义，彰示来世”（《与杨德祖书》）②在内涵上是一致的。曹植亦是通过对语言的考察，而窥探出辞赋的思想精神的实质及作用。那么，蔡邕是如何具体地运用“察辞于差”这个文艺批评理论，而阐发他的辞赋观的呢？与扬雄相似，蔡邕亦是根据语言的形式、质实将辞赋进行了分类。他作为辞赋主考官、选士官员，将辞赋分为高、下、虚三类。高者之语言“颇引经训风喻”；下者之语言“连偶俗语，有类俳优”；虚者之语言，乃窃成

① 范晔撰，李贤等注：《后汉书》卷六十下《蔡邕列传下》，中华书局，1965年，第1996~1997页。

② 萧统编，李善注：《文选》卷四二，中华书局，1977年，第594页。

文。但在蔡邕看来，这些辞赋虽有“小能小善”，但终归是雕虫小技，不符合西汉石渠阁与东汉白虎观会议所制定的儒家经学之义理，因而对于政治教化无益，不能成就大业，亦不能垂范后世。由此观之，蔡邕正是运用了“察辞于差”的批评理论，通过对辞赋语言的考察，将其分为三类，并对其之社会功用、思想精神作了窥探与批判。

蔡邕之所以严厉地贬低汉赋，其实是针对汉灵帝设置鸿都门学，专以书画辞赋取士的做法，意在劝说灵帝恢复武帝以降以孝廉、贤良、文学选士的传统的选举与任官制度。以儒学之经义来规范文学艺术的发展。而蔡邕恪守着以儒家经学义理为旨归的、经世致用的功利性的旧汉赋观，自然对于以声色娱乐为主要风尚而无益于政治的鸿都门学之辞赋嗤之以鼻。但是，蔡邕却忽略了汉赋作为一种文学艺术在鸿都门学士人的努力下，题材得到开拓、艺术手法得到提高，而且亦促进了文人地位的提高，实际上开启了魏晋文学自觉时代的序幕。而蔡邕进行批评的思维逻辑，在理论上是“察辞于差”，在实践上是对其语言的考察。

总之，汉代赋论对《尚书》“察辞于差”说的创造性的绍承与拓展，无疑在客观上促进了汉代赋论的发展与完善。虽然，无论汉代赋家抑或后世学者均未明确提到过“察辞于差”说，但是从汉代赋论中依然能够看出对其接受之迹象。汉人运用“察辞于差”说从最根本的语言考察入手，从而判断创作主体的思想感情及赋作的社会功用，久而久之，便形成了一种固化的文学批评理论的思维逻辑。“察辞于差”说于两汉之际开始被扬雄接受，经过东汉中期王充的发展，及至汉末，又得到了蔡邕的推阐，虽然对这个思想原理的接受与运用，有时失之偏颇，但是总的说来，运用得还是较为妥当的。“察辞于差”说经过汉人的运用，就被赋予了文学批评理论的性质，而不单单是儒家经典的原义那么简单了。虽然不及《毛诗序》的政治色彩浓厚，但是由于“察辞于差”说本身固有的经学色彩，于是便导致汉代学者接受这一理论的同时，亦接受了其背后隐藏的政治教化、经世致用的思想理念。这样一来，汉代赋论就显示出了浓厚的政教色彩，而却忽视了作为汉赋本质的文学艺术之美，这亦是一个缺憾。

## 结　语

综上，汉代赋论对《尚书》“诗言志”说及“察辞于差”的绍承与开拓，既是一种创造性的接受，亦是一种体认性的接受。这种接受使得《尚书》中的部分思想原理成了汉代赋论的一部分，从而使汉代赋论与《尚书》思想原理无论是在思维方式上，还是在评论结构上，抑或在审美思想上都有着一定的一致性。虽然，汉代的赋论受到以《毛诗大序》为代表的汉代经学的政治思想精神的极大影响，但是，历经沧桑与波折，《尚书》的思想原理依然在汉代赋论里有一席之地。如果仔细考察起来，两汉赋论对《尚书》思想原理之接受又略有不同。“诗言志”说及“察辞于差”说虽然在两汉赋论中均有发展演化，但是“诗言志”说可以说贯穿两汉，从西汉中期，直至东汉中期均有被接受与拓展。而“察辞于差”说虽于西汉末年即被接受，但是其主要被接受与发展阶段则是在东汉。其主要原因在于“诗言志”说是关于文学本质的一种定义性的审美文学理论，具有极强的学术生命力与现实意义，因而亘古弥新，永葆魅力，在文学发展的进程中，自然会被不同时期学者们接受并运用。而“察辞于差”说更多的是一种文学批评的艺术技法与逻辑思维的一种高度而抽象的总结，在理论层次方面，比“诗言志”说要高明一些，因而只有学术与文学发展到一定高度上，方会为学者们所接受并阐发，而一旦被接受之后，便如火如荼地发展起来，构成文学批评理论体系中不可或缺的一部分。需要强调的是，汉代赋论家虽然绍承了《尚书》的思想原理，但也运用政教及经世观念对其进行了改造，赋予了先秦时期的学术理念及审美观念以新的经义特色。

## 第二节　从周勰、刘勰、元勰同名同字看其文化内涵

孔子云："唯器与名，不可以假人，君之所司也。名以出信，信以守器，器以藏礼，礼以行义，义以生利，利以平民，政之大节也。若以假人，与人政也。"(《左传·成公二年》)孔子认为官爵名号是不能随便赐予他人的，认为官爵名号代表的是身份名望，体现的是礼法政治。可见古人极为重视名号，因为名号是礼法政治的外在表现。《论语·子路篇》录孔子语云："必也正名乎!"，"名不正，则言不顺。言不顺，则事不成。事不成，则礼乐不兴。礼乐不兴，则刑罚不中。刑罚不中，则民无所措手足。故君子名之必可言也，言之必可行也。君子于其言，无所苟而已矣"。正名即是正名分，而正名分即是兴礼乐的重要前提，是为政之首要。孔子强调以等级名分教化社会，认为为政首要是"正名"，即是"君君、臣臣、父父、子子"。汉代大儒董仲舒据此引申发挥，"以名为教"，提倡三纲五常。中国古代以儒家经学为核心学术思潮，而礼学又是经学的重要组成部分，且在两晋南北朝时期极为兴盛。近人吕思勉云："南北朝儒家，最为后人所推服者，曰勤于三礼之学，议郊庙典礼，辨丧服精粗。"①由此足见，两晋南北朝礼学之发达，故而对礼教亦是十分重视。礼教又称名教，以"正名分"为中心。"名教"这个概念在魏晋时期正式出现，即指以孔子"正名"思想为核心内容的礼教。魏晋玄学论辩的核心主题即是"名教"与"自然"的关系。"名教"即是以名为教，名指名分，教即教化，名教即是通过定名分来教化天下，维护社会伦理秩序与等级制度。名

① 吕思勉：《两晋南北朝史》，江苏人民出版社，2014 年，第 1032 页。

教注重名分，而作为士人代号的名字亦是名分的一种体现与显示。名字体现出士人的宗族门第状况、家族文化信仰等重要的信息，可以说是了解社会历史文化的一个重要基点。如晋代琅琊王氏宗族子弟之名多有“之”字，据陈寅恪先生考证，乃是因为其宗族信奉天师道之故。东晋与南北朝名“勰”，字“彦和”者凡三人。分别为东晋的周勰，刘宋的刘勰与北魏的元勰。此三人朝代虽异，然名字皆同，体现出一种特殊的文化现象，折射出一定的历史文化、学术思潮的发展趋势。迄今为止，学界尚未有文章从三人名字相同的这个角度进行研究，本节尝试就此做一些初步的探索。

## 一、“勰”“彦和”语义溯源

《说文解字》：“勰，同思之龢也。”“龢，调也。从龠禾声。读与和同。”段玉裁注：“经传多借和为龢。”《广韵》：“龢，谐也，合也。”《汉书·叙传》颜师古注：“龢，古和字。”《说文解字》：“和，相应也。”《尚书·尧典》：“百姓昭明，协和万邦。”《伪孔传》：“协，合。”由此可见，勰与协相通，为和谐、协调、和合之义，古人名与字相互文，故勰与和之义必一致。值得注意的是，在“和”之前有一“彦”字，《说文解字》：“彦，美士有彣也。”《尔雅》：“彦，美士为彦。”邢昺疏：“国有美士，为人所言道。”《尚书·太甲》：“旁求俊彦。”《伪孔传》：“美士曰彦。”《礼记·大学》“人之彦圣，其心好之。”郑玄注：“美士为彦。”《史记·张丞相列传》：“苍坐法当斩，解衣伏质，身长大，肥白如瓠，时王陵见而怪其美士，乃言沛公，赦勿斩。”可见，彦即是指有文采的美士，形体美、才德好的士人，而偏重于文采、才华。由是观之，名勰字彦和，主要包括两层维度的含义，其一是在礼学层面上的和谐思想，其二是在学术与文学方面的才华才德。

勰与协相通，为和谐之义，如《文心雕龙·附会》篇赞云：“如乐之和，心声克协。”可见刘勰是从声乐角度体认文学创作的协和之义，而声乐又是与礼相通的，因为礼乐文化自古即是儒学的核心成分，广为人知的《尚书·舜典》记载舜帝对夔的一段话云：

> 帝曰：“夔！命汝典乐，教胄子，直而温，宽而栗，刚而无虐，简而无傲。诗言志，歌永言，声依永，律和声。八音克谐，无相夺伦，神人以和。”夔曰：“於！予击石拊石，百兽率舞。”①

此处即是从音乐的角度提出了谐和的思想，而这种谐和的思想又是贯穿于诗、乐、舞之中的，将诗歌与音乐、舞蹈联系起来，因而上古诗乐舞不分，“直而温，宽而栗，刚而无虐，简而无傲”，即是从礼的角度提出的，体现出中和为美，不偏不倚，执两用中的中庸思想，这恰恰是礼的思想的体现。“诗言志”可以说是文学思想的开山纲领，因而是属于文学的层面，但亦是礼乐文化的体现。而八音与舞蹈自是礼乐文化的具体展现。此外，《论语·学而》云：“礼之用，和为贵。先王之道，斯为美，小大由之。有所不行，知和而和，不以礼节之，亦不可行也。”可见儒家认为礼的作用以使人的关系和谐为贵。《荀子·礼论》云：“天地以合，日月以明，四时以序，星辰以行。”“天地合而万物生，阴阳接而变化起，性伪合而天下治。”可见荀子从天地万物和合的角度来探讨礼学。《礼记·乐记》：“大乐与天地同和，大礼与天地同节。”郑玄注：“言顺天地之气与其数。”《礼记·礼器》云：“礼也者，合于天时，设于地财，顺于鬼神，合于人心，理于万物。”“礼，交动乎上；乐，交应乎下；和之至也。”由是观之，《礼记》继承了荀子的礼学思想又有所发挥推阐，但仍以“和谐”为主要思想精神。可见“和谐”即寄寓着礼乐文化精神，礼学思想，当然亦有文学层面

① 阮元校刻：《十三经注疏·尚书正义》卷第三，中华书局，2009 年，第 276 页。

的内涵，而和前加彦即更是强调了士人在学术与文学层面的文采、才德的重要性。

综上，以勰、彦、和三字为名字的家族必定是出于既符合礼学思想精神又能够发挥出学术文学才德的双重考虑而取名用字的。而名字的取用要兼顾礼学思想、学术与文学才能德行必有其具体而深刻的历史文化缘由，是以周勰、刘勰与元勰三人之际遇处境，学术文学成就必有共同之处，但由于朝代差异，迥异之处在所难免，但通过对三人之共性与个性之考察，即可解读出具有普遍规律性的结论，对东晋南北朝的学术与文学的发展的体认是不无裨益的。

## 二、周勰名字探微

周勰，字彦和，义兴阳羡人。吴国裨将军、鄱阳太守周鲂之曾孙，西晋平西将军周处之孙，吴兴太守周玘之子。义兴周氏为江左士族，但并不是像顾氏、陆氏那样的文化士族，而是武力豪族。周鲂以断发诈降曹休，使曹休败北而知名。周处以年幼时除乡里三害而闻名。值得注意的是，周处虽为武将，又以武力闻名，但并非一介武夫，亦颇有文才，《晋书》本传云：

> 处少孤，未弱冠，膂力绝人，好驰骋田猎，不修细行，纵情肆欲，州曲患之。处自知为人所恶，乃慨然有改励之志……始知人患己之甚，乃入吴寻二陆。时机不在，见云，具以情告，曰："欲自修而年已蹉跎，恐将无及。"云曰："古人贵朝闻夕改，君前途尚可，且患志之不立，何忧名之不彰！"处遂励志好学，有文思，志存义烈，言必忠信克己。期年，州府交辟。仕吴为东观左丞。孙皓末，为无难督。①

① 房玄龄等：《晋书》卷五十八，中华书局，1974 年，第 1570 页。

周处少孤而不修节操，为乡里所患，但却有改过自新之精神，在除两害之后，而去吴郡拜访陆机、陆云以求改过之法，在陆云的激励下而励志好学，言行合礼，且有文才，是以出仕。二陆为太康文学的代表人物，尤其陆机乃一代文宗。周处寻访二陆，可以体现出其对文学情有独钟，最为服膺。然周处于吴亡后仕晋，刚正不阿，得罪梁王司马彤，被征派讨伐氐羌，力战而没，以身殉国。周处之子周玘，《晋书》本传云："玘宗族强盛，人情所归，帝疑惮之。于时中州人士佐佑王业，而玘自以为不得调，内怀怨望，复为刁协轻之，耻恚愈甚。"①周玘受晋元帝及北方士族猜忌，心怀怨恨，遂密谋造反，而因谋泄忧愤而死，临终对其子周勰云："杀我者诸伧子，能复之，乃吾子也。"②"伧"指的就是中原士族。可见周处与周玘之死皆与北方士族之压迫有关。《晋书·周勰传》云："中国亡官失守之士避乱来者，多居显位，驾御吴人，吴人颇怨。"③由此可见晋代江左武力豪族与北方士族的矛盾十分尖锐。

周勰既袭其父乌程县侯爵，常默念乃父遗言，遂起兵叛乱，但仍以失败告终。《晋书》本传云："元帝以周氏奕世豪望，吴人所宗，故不穷治，抚之如旧。勰为札所责，失志归家，淫侈纵恣，每谓人曰：'人生几时，但当快意耳。'终于临淮太守。"④可见周勰虽欲打击北人，报仇雪耻，然为时势所囿而饮恨终生，淫侈而终。但由于其家族为江左武力豪族，是以东晋政府对其采取安抚怀柔政策，并不治罪。晋元帝司马睿与宰相王导对义兴周氏这样的江左士族是既防范又畏惧的，为安定政局，巩固统治，因而对其以笼络为主，《晋书·

① 《晋书》卷五十八，第1573页。

② 《晋书》卷五十八，第1574页。

③ 《晋书》卷五十八，第1574页。

④ 《晋书》卷五十八，第1574页。

周札传》云："札一门五侯，并居列位，吴士贵盛，莫与为比，王敦深忌之。……钱凤以周氏宗强，与沈充权势相侔……今江东之豪莫强周、沈。"①周札为周处第三子，周札与其侄子共五人被封侯，因而义兴周氏在当时最为贵盛，同时也引起了大将军王敦的猜忌。王敦部将钱凤指出义兴周氏与吴兴沈氏权势相当，在江左豪族中势力最为强大。可见义兴周氏门第之高，权势之大。

尤其值得注意的是，周勰的名字亦能反映出其家族对权势门第的追求。义兴周氏虽然是武力豪族，但是亦不废文才，周处即潜心向学，文才出众，除了早年向陆云问学外，《晋书》本传还记载其著有"《默语》三十篇及《风土记》，并撰集《吴书》"②。周玘于文学方面则不及乃父，而他却对周勰寄以厚望，虽然嘱其复仇，但本质目的仍然是重振家门，因而勰、和即反映出周玘对礼学的服膺，而礼学又是为维护巩固门第服务的。《晋书》本传载周玘"强毅沈断有父风，而文学不及。闭门洁己，不妄交游，士友咸望风敬惮焉，故名重一方。弱冠，州郡命，不就。刺史初到，召为别驾从事，虚己备礼，方始应命"③。可见周玘之重礼学。彦字即体现出其对文学的追求，一方面是因为周玘自知文学不及乃父周处，另一方面他深知仅凭武力是难以维持门第名望与家族权势的，还要有文学来支撑，欲将本家由武力豪族向文化士族转变，因而以彦字加于和字之前。这一原因亦可通过与其门第权势相当的吴兴沈氏来分析。《隋书·经籍志》注记载吴兴沈氏首领沈充著有《沈充集》三卷，此外沈充又作《前溪曲》七首，广为流传。吴兴沈氏又有沈穆夫，"字彦和，少好学，亦通《左氏春秋》(《宋书·自序》)"。沈穆夫颇有学术素养，而其又为齐梁之际的一代文宗大沈约之曾祖，可见吴兴沈氏不仅仅是武力豪族同时亦渐趋向

① 《晋书》卷五十八，第1575页。
② 《晋书》卷五十八，第1571页。
③ 《晋书》卷五十八，第1572页。

文化士族转变。钱凤将周氏与沈氏并举，可见此二族不仅在门第权势方面相当，而且在武力文化上亦有相近之处。虽然周勰在学术与文学方面并未有值得称道的成就，但其名字却反映了家族对文化学术的追求与门第权势的期望。当然这亦有时代因素，《文心雕龙·时序》云：“元皇中兴，披文建学，刘刁礼吏而宠荣，景纯文敏而优擢。逮明帝秉哲，雅好文会，升储御极，孳孳讲艺，练情于诰策，振采于辞赋，庾以笔才愈亲，温以文思益厚，揄扬风流，亦彼时之汉武也。”①晋元帝倡导文学，兴办学校，刘隗与刁协因精通礼学而得到荣宠，郭璞因文思敏捷而得到提升。晋明帝与汉武帝一样，兼重经学与文学。上有所好，下必甚焉，当时朝廷之思想风尚必对士族人士之思想意识形态产生影响。

## 三、刘勰名字发覆

刘勰，字彦和，生于京口，祖籍山东莒县。《梁书》本传载其“东莞莒人。祖灵真，宋司空秀之弟也。父尚，越骑校尉”②。按《宋书·刘秀之传》云：“刘秀之，字道宝，东莞莒人，司徒刘穆之从兄子也，世居京口。祖爽，尚书都官郎，山阴令。父仲道。”③《宋书·刘穆之传》云：“刘穆之，字道和，小字道民，东莞莒人，汉齐悼惠王肥后也，世居京口。少好《书》《传》，博览多通，为济阳江敳所知。……穆之内总朝政，外供军旅，决断如流，事无拥滞。”④由是观之，刘勰家族并不能仅仅以庶族论之，刘勰从祖父为刘宋时期的司空刘秀之，

① 刘勰著，范文澜注：《文心雕龙注》卷九，人民文学出版社，1958 年，第 674 页。

② 姚思廉：《梁书》卷五十，中华书局，2000 年，第 493 页。

③ 沈约：《宋书》卷八十一，中华书局，2000 年，第 1373 页。

④ 《宋书》卷四十二，第 855、857 页。

而六朝时期东莞刘氏家族最为显赫的人物即是自东晋末至刘宋皆居高位的刘穆之，而刘勰的远祖即是西汉齐悼惠王刘肥。其远祖即使不是刘肥，也丝毫不影响东莞刘氏家族在刘宋时期的士族地位。但值得注意的是，刘勰之父刘尚仅为越骑校尉，其祖父灵真亦非达官显贵，且生平事迹不详，因而比起刘秀之、刘穆之这两支族人，则刘勰一系显得甚为低贱，而刘尚过早死去，这又使得刘勰本已不显赫的地位又是雪上加霜，越发低微。

刘勰的名字体现了刘氏家族灵真一系欲重振门第的愿望。勰与和即表明其家族对礼制的自觉遵守与崇扬，而彦字则体现了对文化的重视。值得注意的是刘穆之字道和，穆与和同义，刘勰名字亦仿刘穆之，可以看出宗族长辈期望刘勰能够绍承刘穆之，重振家门，光耀门楣。而通过刘勰的履历，亦可看出刘勰名字暗藏的玄机。《梁书》本传云：

> 勰早孤，笃志好学。家贫不婚娶，依沙门僧祐，与之居处，积十余年，遂博通经论，因区别部类，录而序之。今定林寺经藏，勰所定也。天监初，起家奉朝请、中军临川王宏引兼记室，迁车骑仓曹参军。出为太末令，政有清绩。除仁威南康王记室，兼东宫通事舍人。时七庙飨荐已用蔬果，而二郊农社犹有牺牲。勰乃表言二郊宜与七庙同改，诏付尚书议，依勰所陈。迁步兵校尉，兼舍人如故。昭明太子好文学，深爱接之。①

刘勰虽幼年早孤，但立志向学，师从僧祐，居于定林寺十余年，研习佛经，并作佛经叙录，在梁天监初年先以奉朝请起家，又做临川王萧宏的记室，后又迁为车骑仓曹参军，至地方任太末令，政绩较好。天

① 《梁书》卷五十，第493页。

监十年，任南康王萧绩的记室，之后又兼任昭明太子萧统东宫的通事舍人，又迁为步兵校尉，由于昭明太子雅好文学，因而刘勰深受太子接纳。刘勰居于定林寺随僧祐问学，虽凡十余年，但并未出家，而是逐步走向仕途，并得到昭明太子的赏识，是以其笃志好学，研习佛学之因昭然可揭。其在兼任东宫通事舍人之时，并上表议论当时郊庙之礼，得到采纳，得以升迁官职，可见其仕进心之迫切。而其因家贫不婚娶远非家庭贫贱所致，即便幼年家贫无力婚娶，但走入仕途之后则完全有条件婚娶，但他终身未婚，乃是因为高不成、低不就之缘由。他的家族可以说是没落了的士族，但并非穷苦的寒门庶族，六朝人婚姻最重门第，所谓门当户对，因而刘勰欲攀附高门实非易事，而娶寒门妻子亦非所愿，故而终身未婚。从这一方面也可以看出刘勰绝非普通的寒门庶族。

刘勰在仕进方面的努力以及在学术方面的钻研之最根本目的仍是重振家门，提高门第。《梁书》本传记载其撰《文心雕龙》，“既成，未为时流所称。勰自重其文，欲取定于沈约。约时贵盛，无由自达，乃负其书，候约出，干之于车前，状若货鬻者。约便命取读，大重之，谓为深得文理，常陈诸几案”①。《文心雕龙》大约完成于南齐末年，其《时序》篇论述文学史仅及南齐。当时他地位微贱，无人问津。刘勰自重其文，而取定于沈约的主要原因还是想借助当时贵为文坛领袖，宰执大臣的沈约之声望权势来抬高自己的身价地位，进而振兴门第。刘勰在此之后的仕进固然因其为僧祐之高足，但亦与沈约的赞许有关。不过令人不解的是刘勰最终以出家走完一生，《梁书》本传载：“然勰为文长于佛理，京师寺塔及名僧碑志，必请勰制文。有敕与慧震沙门于定林寺撰经证，功毕，遂启求出家，先燔鬓发以自誓，

① 《梁书》卷五十，第495页。

敕许之。乃于寺变服，改名慧地。未期而卒。文集行于世。”①刘勰早年在定林寺多年未曾出家，而是走上仕进之路，但在晚年奉诏撰经证功成之后乃出家，未及一年而卒。这一点颇耐人寻味。刘勰卒年，学界说法不一。范文澜先生认为其卒于梁普通元年与二年(520—521)之间，亦有学者认为其卒于梁大同四年与五年(538—539)之间。另有学者认为其卒于梁中大通四年(532)，即其在中大通三年(531)萧统去世之后出家。笔者赞成刘勰卒于中大通四年的说法，因为刘勰因文才卓越，而得到萧统的赏识，且其为东宫官员，如若萧统不死，继承皇位，则必定重用刘勰，刘勰重振门第之愿望自然能够得以实现，但他在晚年却选择出家，而这又与他先前的立志笃学、为人行事之风大相径庭，应当是萧统死后，其失去依靠，无人赏识，理想破灭，是以在定林寺撰写经证完毕之后即就地出家，未及一年旋即郁郁而终。

刘勰撰写《文心雕龙》，除了探讨文学，对儒学，尤其是礼学亦十分推崇，《文心雕龙·序志》篇云：

> 予齿在逾立，尝夜梦执丹漆之礼器，随仲尼而南行，旦而寤，乃怡然而喜。大哉圣人之难见也！乃小子之垂梦欤！自生人以来，未有如夫子者也。敷赞圣旨，莫若注经，而马、郑诸儒，弘之已精，就有深解，未足立家。唯文章之用，实经典枝条，五礼资之以成，六典因之致用，君臣所以炳焕，军国所以昭明。详其本源，莫非经典。……于是搦笔和墨，乃始论文。②

此文既是作者在《文心雕龙》中的自序，又见于《梁书·文学传》之刘勰本传，可见此文对于理解刘勰思想之重要性。作者先是谈到了梦见

① 《梁书》卷五十，第495页。
② 《文心雕龙注》卷十，第725~726页。

自己执礼器于孔子，并赞扬孔子之圣明前无古人，接着阐明自己创作《文心雕龙》之因，指出研习儒学最好是注释经典，但是在这方面先贤大儒业已做得十分精深，无以复加，自己只得退而求其次而评论文学。而文章的作用是经典的旁支，五礼六典都靠它来完成施行。作者在文中提到五礼六典与文章的关系，而南朝最重五礼之学，可见其对礼学的重视。《文心雕龙》的前三篇分别是《原道》《征圣》《宗经》，可以看出其对儒学的服膺，以儒家思想作为全书的主要精神支柱。《宗经》篇云："礼以立体，据事制范，章条纤曲，执而后显。采掇片言，莫非宝也。"①这句话指出《礼经》是用来建立体制的，功效显著，其中片言只语皆是宝贝。刘勰礼学思想由此可见一斑。

刘勰之推崇儒学，尤其是礼学，亦有一定的文化背景因素。宋齐之际儒学即呈现出复兴之势，所谓"庄老告退"，玄学在南朝日益式微，业已失去了在思想领域的主导地位，佛学趁机兴盛起来，而儒学又吸纳玄学与佛学的优点从而焕发了新的活力。宋齐两代君主亦十分重视儒学，如宋文帝于元嘉十五年立儒学馆，令大儒雷次宗居之。《南齐书·高帝本纪》记载"儒士雷次宗立学于鸡笼山，太祖年十三，受业，治《礼》及《左氏春秋》"②。而南朝的儒学的兴盛尤以礼学的发达为代表，清人沈尧落云："六朝人礼学极精(《飙楼文集·与张渊甫书》)。"刘宋时期的雷次宗、庾蔚之、何承天等人，萧齐时期的王俭、司马燮之辈皆为礼学大师，著书立说，影响深远。宋齐之际，尤其是齐永明年间，礼学大盛，《南齐书》云："永明纂袭，克隆均校，王俭为辅，长于经礼，朝廷仰其风，胄子观其则，由是家寻孔教，人诵儒书，持卷欣欣，此焉弥盛。"③由此可见，刘勰对儒学尤其是礼学的服

① 《文心雕龙注》卷一，第22页。

② 萧子显：《南齐书》卷一，中华书局，2000年，第2页。

③ 《南齐书》卷三十九，第465页。

膺自然是顺理成章之事了。刘勰所处的时代，不但礼学大盛，文学亦然。《文心雕龙·明诗》讲到晋宋易代之际的文学时说："庄老告退，而山水方滋。"刘宋时期出现了谢灵运、颜延之及鲍照三位文学大家，是以有"元嘉三大家"之称，而元嘉即成为与后世开元、元和、元祐相并列的诗文兴盛时期。刘宋元嘉十六年立文学馆，司徒参军谢元开馆收受门徒。范晔于元嘉年间撰写《后汉书》，首立《文苑传》，可见刘宋元嘉年间文学之盛。萧齐时期，出现了有"竟陵八友"之称的文学集团，而永明年间，沈约、谢朓、王融，三人追求声律，崇尚清丽，创作"永明体"诗歌，江淹、任昉、陆倕则崇尚古体，别具一格。刘勰所处的时代，是礼学与文学俱为空前发达的时期，是以，他的宗族长辈在为他取名时，必定以适应时代潮流，反映时代特色为宗旨，希望他在礼学与文学方面均取得一定的成就，从而重振家门。

刘勰名字的特殊内涵，亦可从颜协的名字看出。姚思廉在《梁书·文学传下》中将刘勰与颜协合传，史家将人物合传，必是二人有相通之处。而颜协字子和，协与勰相通，字又相同，可见，二人境遇与思想必有相通之处。《梁书》本传记载：

> 颜协，字子和，琅邪临沂人也。七代祖含，晋侍中、国子祭酒、西平靖侯。父见远，博学有志行。初，齐和帝之镇荆州也，以见远为录事参军，及即位于江陵，以为治书侍御史，俄兼中丞。高祖受禅，见远乃不食，发愤数日而卒。……协幼孤，养于舅氏。少以器局见称。博涉群书，工于草隶。释褐湘东王国常侍，又兼府记室。世祖出镇荆州，转正记室。时吴郡顾协亦在蕃邸，与协同名，才学相亚，府中称为"二协"。舅陈郡谢暕卒，协以有鞠养恩，居丧如伯叔之礼，议者重焉。又感家门事义，不

求显达，恒辞征辟，游于蕃府而已。大同五年，卒，时年四十二。协所撰《晋仙传》五篇、《日月灾异图》两卷，遇火湮灭。①

按颜协为《颜氏家训》作者颜之推之父，出生于琅琊颜氏家族，乃高门士族出身，但由本传记载可见其与刘勰一样，父亲早卒，家门衰微，但其立志好学，博学多才，又做过常侍、记室类小官，特重礼制。通过其名字可以看出，他的名字亦寓有尊崇礼学之义，家族长辈亦是希望他能够仕进而光耀家门，但由于其父心怀萧齐，在梁武帝践祚之后绝食而死，这就导致颜协因家门之节操与实情，不求显达，只是在藩府宦游。但其父之死节亦是他仅做小官，且居低位的原因之一。由刘勰与颜协的名字可见，在以礼学与文学兴盛的南朝，以勰、协为名，以彦和、和为字，绝不是偶然的现象，而是具有深厚的文化背景和意义。

## 四、元勰名字稽考

元勰(473—508)，字彦和，北魏宗室大臣，献文帝拓跋弘第六子、孝文帝元宏之弟。《魏书》本传称其"敏而耽学，不舍昼夜，博综经史，雅好属文。……敦尚文史，物务之暇，披览不辍。撰自古帝王贤达至于魏世子孙，三十卷，名曰《要略》"②。元勰亦有《蝇赋》一篇。可见其在儒学与文学方面均有一定的造诣。孝文帝雅好文学，曾亲自为元勰改诗，元勰谢恩云："臣闻《诗》三百，一言可蔽。今陛下赐刊一字，足以价等连城。"③孝文帝对元勰诗才之影响是很深远的，而元勰亦不负乃兄之望，如本传记载：

---

① 《梁书》卷五十，第504页。
② 魏收：《魏书》卷二十一下，中华书局，2000年，第383、390页。
③ 《魏书》卷二十一下，第384页。

（孝文帝）后幸代都，次于上党之铜鞮山。路旁有大松树十数根。时高祖进伞，遂行而赋诗，令人示勰曰："吾始作此诗，虽不七步，亦不言远。汝可作之，比至吾所，令就之也。"时勰去帝十余步，遂且行且作，未至帝所而就。诗曰："问松林，松林经几冬？山川何如昔，风云与古同？"高祖大笑曰："汝此诗亦调责吾耳。"①

元勰此诗，含蓄蕴藉，古朴自然，颇具汉魏风骨，而作诗速度亦是极快，可见其才思之敏捷，不亚曹植。

孝文帝不仅在诗文方面指导提携元勰，在儒学，尤其是礼学方面对其亦是谆谆教导，元勰本传又载：

高祖亲讲丧服于清徽堂，从容谓群臣曰："彦和、季豫等年在蒙稚，早登缨绂，失过庭之训，并未习礼，每欲令我一解丧服。自审义解浮疏，抑而不许。顷因酒醉坐，脱尔言从，故屈朝彦，遂亲传说。将临讲坐，惭战交情。"御史中尉李彪对曰："自古及今，未有天子讲礼。陛下圣叡渊明，事超百代，臣得亲承音旨，千载一时。"②

孝文帝因为元勰等人幼年没有接受过良好的礼学教育，因而亲自为其讲丧服礼。可见，从孝文帝对礼学之重视，即可看出元勰之礼学是学有渊源的。而元勰自然不负所望，既能认真研习礼学，又能学以致用，如魏宣武帝景明初年，"诏勰以本官领扬州刺史。勰简刑导礼，

① 《魏书》卷二十一下，第384页。
② 《魏书》卷二十一下，第384页。

与民休息，州境无虞，遐迩安静”①。朝廷鉴于元勰德才兼备，礼学精深，遂命其为扬州刺史，而元勰以礼义教导百姓，因而政绩卓著。《魏书》本传亦称其“爱敬儒彦，倾心礼待”②。由此可见，元勰亦能践行礼学。

元勰之精习礼学与文学与其兄孝文帝有直接的关系，《魏书·高祖纪下》称赞孝文帝云：

> 雅好读书，手不释卷。《五经》之义，览之便讲，学不师受，探其精奥。史传百家，无不该涉。善谈《庄》《老》，尤精释义。才藻富赡，好为文章，诗赋铭颂，任兴而作。有大文笔，马上口授，及其成也，不改一字。自太和十年已后诏册，皆帝之文也。自余文章，百有余篇。爱奇好士，情如饥渴。待纳朝贤，随才轻重，常寄以布素之意。悠然玄迈，不以世务婴心。③

孝文帝可谓文字武功兼备，不但精习儒家经学，亦善谈玄道精义，文章富赡，文才出众，尤爱奖掖贤能之士。而孝文帝之重视儒学，亦是时势所趋。清人赵翼《廿二史劄记》云：“北朝偏安窃据之国，亦知以经术为重。在上者既以此取士，士亦争务于此以应上之求。故北朝经学较南朝稍盛，实亦上之人有以作兴之也。”④北朝统治者因是少数民族，是以极为重视笼络汉族儒士，推崇经学，以消除华夷之别，以获得正统地位，北朝经学因此而发达，北魏经学尤其兴盛。《魏书·儒林传》云：

① 《魏书》卷二十一下，第388页。

② 《魏书》卷二十一下，第390页。

③ 《魏书》卷七下，第126页。

④ 赵翼著，王树民校正：《廿二史劄记校正》卷十五，中华书局，2013年，第335页。

> 太祖初定中原，虽日不暇给，始建都邑，便以经术为先，立太学，置五经博士生员千有余人。……太宗世，改国子为中书学，立教授博士。世祖始光三年春，别起太学于城东，后征卢玄、高允等，而令州郡各举才学。于是人多砥尚，儒林转兴。……及迁都洛邑，诏立国子太学、四门小学。高祖钦明稽古，笃好坟典，坐舆据鞍，不忘讲道。刘芳、李彪诸人以经书进，崔光、邢峦之徒以文史达，其余涉猎典章，关历词翰，莫不縻以好爵，动贻赏眷。于是斯文郁然，比隆周汉。①

北魏自道武帝至于孝文帝皆大兴儒学。孝文帝极为重视礼制建设，曾亲自议定禘祫礼及五德运次，并亲自讲丧服礼，可见其对礼学之重视。当时大儒梁越、常爽、刘献之、孙惠蔚、徐遵明等人皆精通礼学。

孝文帝也曾对元勰坦言自己重视礼学之因由：

> 及至豫州，高祖为家人书于勰曰："教风密微，礼政严严，若不深心日劝，何以敬诸？每欲立一宗师，肃我元族。汝亲则宸极，位乃中监，风标才器，实足师范。屡有口敕，仍执冲逊，难违清挹，荏苒至今。宗制之重，舍汝谁寄？便委以宗仪，责成汝躬，有不遵教典，随事以闻，吾别肃治之。若宗室有愆，隐而不举，钟罚汝躬。纲维相厉，庶有劝改。吾朝闻夕逝，不为恨也。"勰翌日面陈曰："奉诏令专主宗制，纠举非违。臣闻'其身正不令而行，其身不正虽令不从'。臣处宗乏长幼之顺，接物无国士之礼，每因启请，已蒙哀借。不谓今诏，终不矜免。犹愿圣

① 《魏书》卷八十四，第1245~1246页。

> 慈，赐垂蠲遂。”高祖曰：“汝谐，往钦哉。”勰表以一岁国秩、职俸、亲恤以裨军国。诏曰：“割身存国，理为远矣。但汝以我亲，乃减己助国。职俸便停，亲、国二事，听三分受一。”①

孝文帝以家书遗元勰，认为元勰德才兼备，精于礼学，是以希望以元勰为元氏家族宗师，以礼学训教元氏族人，以整肃元氏家风，完善宗族礼制，元勰指出应当以身作则，方能教导族人，因而自请停国秩、职俸、亲恤一年，以裨益国家。孝文帝可谓用心良苦，其迁都洛阳，促使鲜卑族汉化，推崇礼学与文学，力图以元勰为宗师整肃元氏家族纲纪礼制，完善皇室家风，确立正统地位，进而改革完善国家体制，由家至国，由己及人，其推崇礼制主要为了抬高元氏门第，洗去鲜卑族的蛮夷性质，使元氏家族由蛮夷之族转变为儒学高门。而儒家礼学毕竟只是抬高门第的一个重要条件，而如欲门第得到巩固亦需文学之显赫。是以，孝文帝自太和十年以后之诏册，皆亲笔为之，同时他还擅长诗赋铭文，可谓博学多才。《魏书・文苑传》云：“昭成、太祖之世，南收燕赵，网罗俊乂。逮高祖驭天，锐情文学，盖以颉颃汉彻，掩踔曹丕，气韵高艳，才藻独构。衣冠仰止，咸慕新风。”②可见，北魏孝文帝时期，大力提倡文学，魏收夸赞孝文帝之文才可比汉武帝刘彻，陈思王曹植，因而文人皆向慕新风，锐意文学。元勰颇富文才，当与孝文帝之提倡关系紧密。

元勰名字之由来，亦颇值得玩味。陈寅恪先生根据《宋书・索虏传》之记载指出：

> 这里的“始平王直渴言侯即是元勰”，即《魏书・彭城王勰传》

① 《魏书》卷二十一下，第385页。
② 《魏书》卷八十五，第1265页。

所记太和九年，受封为始平王的元勰。渴侯或渴言侯为元勰本来的胡名，孝文帝推行汉化，才改名为勰。“勰”是雅名。元勰字彦和，疑彦和为“言侯”的变音。也就是说，元勰自改雅名为“勰”，而原来的胡名渴侯或“渴言侯”变成了字。言侯又音转为彦和，去掉上一字“渴”，便成了“字彦和”。连字也成了雅字。①

陈寅恪先生从音韵学的角度考证出了元勰名字的由来是孝文帝推行汉化政策的结果。“言侯”既然可以变音为彦和，则亦可变音为其他的字词，而变为“彦和”，可见出于礼学思想与文学才德两方面的考虑，因而先变“言侯” 为“彦和”，把“彦和”作为字，再取“勰”为名，勰一方面与“彦和”相通，另一方面又有东晋周勰名字之先例，遂以“勰”为名。孝文帝推行汉化，于太和二十年(496)正月下令改鲜卑复姓为单音汉姓，皇族拓跋氏改姓元氏，元勰名字当于此时取定。刘勰出生大约在465年，《文心雕龙》成书大约在南齐末年(499—502)。北魏太和二十年，《文心雕龙》尚未成书，刘勰尚鲜为人知，因此不可能影响到元勰名字的取定，可见以勰为名，以彦和为字在当时亦是南北朝之一共同文化取向。总之，元勰名字之取定源于孝文帝的汉化政策，反映了鲜卑族对汉族政策的学习与因袭，以及对汉族礼仪制度与文学观念的绍承与崇扬。

## 五、礼乐争辉：礼学与文学的双维导向

自周公制礼作乐，礼乐文化即成为我国传统文化的核心，儒家文化即以礼乐文明为主导。上古诗乐舞不分，《诗经》三百首既是诗歌，

① 万绳楠整理：《陈寅恪魏晋南北朝史讲演录》，贵州人民出版社，2012年，第219~220页。

亦是音乐，故《风》《雅》《颂》又称为“声”。《礼记·乐记》云：“诗言其志也，歌咏其声也，舞动其容也，三者本于心，然后乐器从之。”汉代诗学纲领《毛诗大序》即是秉承于《礼记·乐记》。《尚书·舜典》在谈到“诗言志”时，即是将诗、歌、声、律并提，最后以八音克谐总括之。《礼记·乐记》云：“凡音之起，由人心生也。人心之动，物使之然也。感于物而动，故形于声。”“乐者，音之所由生也，其本在人心之感于物也。”“凡音者，生人心者也。情动于中，故形于声。声成文，谓之音。”可见音乐源于人心之感物，而文学亦是源于人心之感物，是故钟嵘有“感物说”，刘勰有“物感说”，清人刘熙载直接指出：“文，心学也。”文学与音乐在本质都是人心感物而生发的，如果说礼学更多的是彰显“礼”的思想体制，那么文学则更多地体现了“乐”的本质精神，是以汉代设有专门采诗的乐府机构，而发展到后来，乐府即成为诗词的代称。

魏晋南北朝的高门士族大抵同时为文化豪族，主要体现在对礼学的钻研，对丧服礼的重视，对文学的追求等方面。周勰、刘勰、元勰三人之共性是其名字皆蕴含着深厚的礼学和文学的思想精神，这归根结底即是对礼乐文化精神的自觉阐扬，礼学与文学在东晋南北朝士人心中的双维精神导向在此三人的名字中得到了集中的体现。黑格尔曾说再没有比基因更值得人类爱惜的东西了。魏晋以降，亲亲之情超越了尊尊精神，在礼法制度中的地位愈来愈高。与汉代将尊尊之义置于首要位置不同的是，魏晋士人将血缘亲情置于政治关系之上，因而礼学的研究的重点即是以辨别亲疏血缘关系为主的丧服礼，礼乐文化的终极目标则是维护家门地位，实现个人名利，是以东晋南北朝士族人士出于对家族门第的追求与自身生存的考量而自觉或不自觉地崇尚礼学与文学，从而促使礼乐文化在南北朝复兴，是以北朝自北魏孝文帝改革以后，礼学得到了更全面的发展，从以前的以中原士族私学为主，转变为官学与私学并重的局面，从以前的以理论研究为主，转化为理论与实践并重的格局，出现了孙惠蔚、徐遵明、卢景裕等礼学大家。文学方面则出现了号称“北地三才”的温子升、邢邵、魏收三位文学大家。这三位大家积极汲取南朝文学的乳汁，而能在北朝自成一家，自然是孝文帝推行汉化政策的影响所致。东晋时期名教与自然关系有了较为一致的看法，因而礼学则与玄学相扶，出现了徐邈、范宣、干宝、范弘之等礼学家，除王谢家族文士之外，亦涌现出袁宏、殷仲文、孙绰、干宝等文学大家。齐梁时期，则为南朝礼学与文学最为兴盛之时期。此时期前有王俭等礼学大家，后有皇侃等礼学巨擘。文学理论著作不仅有《文心雕龙》，亦有钟嵘《诗品》。文学大家则有竟陵八友、江淹、吴均，文学体式则有永明体与宫体。

值得注意的是三人亦有差别。周勰之名字虽体现了礼乐文化的双重导向，虽有危机意识，但仍身处高门，故未能在礼学与文学两方面有所建树，刘勰出于日益没落的士族家庭，自是勤学笃行，将儒学与文学作为自己安身立命之基础。而元勰的名字则体现了孝文帝的以儒家礼乐文化为核心的汉化政策，以及作为皇族的拓跋氏对自身门第的看重，对华夏正统的欣羡，对国祚长久的考虑，而元勰一方面受到其兄孝文帝的影响，另一方面则是欲借助文化修养以经世致用，自是勤学经史，雅好文学。三人之个性虽然很明显，但是总的看来，共性还是主要的，名字之共性体现出东晋南北朝士人尊崇礼乐文化，以礼学与文学为双重思想精神导向来抬高门第，成就自己的思想精神，这亦体现了东晋南北朝文化发展的走向及特殊规律。

## 结　语

礼学与文学的双维导向是礼乐文化精神作用于东晋南北朝士族人士心理而形成的特定的文化现象。缘于内心对血缘亲亲的认定，对家族门第的重视，对自身处境的焦虑，士族人士寻找到了礼乐文化作为自己的立身处世，慰藉心灵的良药，把与玄学相扶的名教再次作为精神的支柱与行为的准则。从这一点上考虑，我们对东晋南北朝礼学与文学的兴盛就有了新的视角。

## 第三节　《文选》六臣注引经窥管

唐代“文选学”大兴，选学著作多以注释闻名。唐初学者李善受小学家曹宪之“文选学”并为《文选》作注，《新唐书·李邕传》评云：“善注《文选》，释事而忘意。”①及至开元中，工部侍郎吕延祚讥其“忽发章句，是征载籍述作之由，何尝措翰，使复精核注引则陷于末学，质访旨趣则岿然旧文，祇谓搅心，胡为析理”②，遂召集吕延济、刘良、张铣、吕向、李周翰五人合注《文选》，是为五臣注。自南宋以降，《文选》李善注多与五臣注合刻，是为《六臣注文选》。按《四库全书总目》于集部总集类首录李善《文选注》《六臣注文选》。由此足见《文选》六臣注之影响力与重要性。自二注并行于世，学者褒贬不一，传相研习，久之而成“文选注学”。然学界对六臣注之研究，皆集中于文字训诂之考辨，注释体例之探赜，流传刻本之考证，所引文献之综合考校以及二注优劣之比较，多以李善注为研究重点，五臣注次之。虽时有考察李善注引经概况，但不全面，且大抵限于其引《诗》之异文研究。而对于六臣注引五经之总体考辨，更是未有涉及。有鉴于此，笔者不揣浅陋，试图通过对《文选》六臣注引经概况之系统梳

① 欧阳修、宋祁：《新唐书》卷二百二，中华书局，1975 年，第 5754 页。
② 永瑢等：《四库全书总目》卷一百八十六《集部三十九》，中华书局，1965 年，第 1686 页。

理与详实考辨，从而揭示六臣注引经注文的学理逻辑与文学特质，以期于“文选学”有所建言，更企为经学与文学关系的研究开拓一种新的诠释领域与研究视角。

## 一、文源六经与引经注文

刘勰《文心雕龙》首列《原道》《征圣》《宗经》三篇，此三篇之宗旨即是阐释文章源于五经，《宗经》篇云：“文能宗经，体有六义。”①在刘勰看来，五经是文章的宗祖，属文作辞如能尊崇效法五经，则意义深远，辞采华茂。这种看法极富有见地，可谓高瞻远瞩，真知灼见。与刘勰相应，北齐学者颜之推云：“夫文章者，原出五经。”②刘、颜二人为后人指明了文章之渊薮。

文学源于经学，文章源于六经，这是由中国古代儒家经学的传统所决定的。清人章学诚于《文史通义·诗教上》中指出文集之来源时说：“战国之文，其源皆出于六艺……今即《文选》诸体，以征战国之赅备。”③在章学诚看来，中国古代的各类文体皆导源于战国之文，而战国的文章又根植于六经。是故，后世文章皆源于六经。而齐梁之时，各类文体已臻完善，故《文选》所录之各体文章则鲜明地体现出了战国文风与六经色彩。既然后世文章源于六经，而《文选》又是中国古代最早的一部文章总集，那么研究《文选》，或者说“文选学”的重点，则是要探讨文章的经学渊薮。注释作为“文选学”主要的研究

① 刘勰著，范文澜注：《文心雕龙注》卷一，人民文学出版社，1958年，第23页。

② 颜之推撰，王利器集解：《颜氏家训集解》卷第四，中华书局，1993年，第237页。

③ 章学诚著，叶瑛校注：《文史通义校注》卷一《内篇一》，中华书局，1985年，第60~61页。

方式，其重点是将文章中所引用的经文、蕴含的经义不留余地地揭示出来，所谓巨细毕究、本末兼查。这样的注解方法则是“引经注文”，即引经学文本注解文章词句，辨章学术，考镜源流。今观《文选》六臣注，尤其是李善注，疏解文章时大量引用《诗》《尚书》《礼》《易》《春秋》之经文元典与经学文本，即可略见端倪。经史子集四部典籍之注释文本均与五经与经学有着密切的关联，遂出现了引经注经，引经注史、引经注子等注释理念与方法，当然亦有“引经注文”。《文选》六臣注则集中而鲜明地体现了引经注文的注释法则。那么，对六臣注引经的考辨则是解读注文的关键所在，而且通过这个途径亦可加深对《文选》文本的理解体认，更重要的是可以突破《文选》与五经及经学之间的隔膜壁垒，建立一个维系二者之间的参考系。是故，笔者拟通过对《文选》六臣注之引经情况作详尽的文献梳理与证实考辨，从《诗》《书》《礼》《易》《春秋》等多元视域与经传范畴，努力探赜六臣注之引经背后所承载的学术门派、经艺传统、注释理念与文学特质。

六臣注引经的学派归属即决定了其注解之学术特质，因而只有考镜其引经源流，方可探明其注释理念及绍承传统。李善注与五臣注引经情况大相径庭，而仔细寻绎就会发现，正是由于二注引经的差异从而导致了两类注释风格的形成。下面笔者即按照古文经学的次经顺序，依次考释李善注与五臣注所引《易》《书》《诗》《礼》《春秋》之学术旨归。

## 二、李善注引经：今古兼采，旁征博引

李善注所引五经，皆首冠名称，今古文并重，于经注亦是兼收并蓄，酌情引用，注释虽极为详尽，但多是引经释事，绝少释义，因此遭人针砭非议。

## （一）引《易》述要

李善注所引《易》，以王弼注本为主，亦偶引王肃及韩康伯注。如《文选·卷五六·铭·石阙铭》："大人造物，龙德休否，建此百常，兴兹双起。"李善注："《周易》曰：飞龙在天，大人造也。……《周易》曰：龙德而正中者也。又否卦曰：九五休否。王弼曰：居尊位，能休否，道者也。"①按：李善引《周易》及王弼注以释文句典故，乃是以释事为主。又如《文选·卷四七·颂·圣主得贤臣颂》："《易》曰：飞龙在天，利见大人。"李善注："乾卦之辞也。龙以喻大人，言龙飞在天，喻圣人之德显，故天下万物而利见之。王肃曰：大人在位之日也。"②按：李善于此处，先注明文句出处，然后释义，最后引王肃注以作结，事义并释，而非"释事而忘义"。其时或直引王肃注以释字义，如《文选·卷一六·赋·思旧赋》："嵇博综技艺于丝竹特妙。"李善注："王肃《周易注》曰：综，理事也。"③或直引韩康伯注以释字义，如《文选·卷二五·诗·赠答三·为顾彦先赠妇二首》："轻裾犹电挥。"李善注："韩康伯《周易注》曰：挥，散也。"④按：以上两例，李善释字义并不自注，而引王肃、韩康伯之《周易注》，由此足见李善学风严谨，并精习《周易》之古注。

## （二）引《尚书》述要

李善注所引《尚书》甚多，皆以伪《古文尚书》及伪《孔传》为主，

① 萧统编，李善等注：《六臣注文选》，中华书局，2012年，第1038页。
② 《六臣注文选》，第884页。
③ 《六臣注文选》，第296页。
④ 《六臣注文选》，第464页。

对于郑玄《尚书注》亦有所征引，并兼及今文学之《尚书大传》及郑玄注。

其引伪《古文尚书》及伪《孔传》，如《文选·卷一九·赋·神女赋》："进纯牺，祷琁室。"李善注："《尚书》曰：神祇之牺牷牲用。孔安国曰：色，纯也。"①按：李善于此引《孔传古文尚书》以释"纯牺"之出处及词义，但并不明晰。或仅引《尚书》经文而不用伪《孔传》，如：《文选·卷一·赋·东都赋》："三光宣精，五行布序。"李善注："《尚书》曰：五行，一曰水，二曰火，三曰木，四曰金，五曰土也。"②按：李善于此引《尚书·洪范》经文以释五行，此是五行最早出处，极为合理。或直接引用伪《孔传》以释字义，如《文选·卷一六·赋·叹逝赋》："纷升降而相袭。"李善注："孔安国《尚书传》曰：袭，因也。"③抑或引郑玄注，如：《文选·卷四六·序·三月三日曲水诗序》："元宰比肩于尚父，中铉继踵乎周南。"李善注："《周易》曰：鼎金铉。郑玄《尚书注》曰：鼎，三公象也。"④按：李善于此先引《周易》指出"中铉"语出"鼎金铉"，然后引郑玄注以释鼎字之义，鼎字之义明，则中铉之义涣然冰释。

其之引《尚书大传》，如《文选·卷二七·诗·军戎·早发定山》："归海流漫漫，出浦水溅溅。"李善注："《尚书大传》曰：大水小水东流归海也。"⑤按：李善于此处征引伏生《尚书大传》以注原文诗句出处，则说明其于《尚书》学不废今文。又如《文选·卷四四·檄·难蜀父老》："敞罔靡徙，迁延而辞退。"李善注："《尚书大传》曰：魏文侯问子夏，子夏乃迁延而退。"⑥按：李善于此引《尚书大传》以注明

① 《六臣注文选》，第349页。
② 《六臣注文选》，第42页。
③ 《六臣注文选》，第297页。
④ 《六臣注文选》，第896页。
⑤ 《六臣注文选》，第507页。
⑥ 《六臣注文选》，第838页。

"迁延而辞退"之出处，而不释义，不甚明晰。再如：《文选·卷四六·序·三月三日曲水诗序》："信可以优游暇豫，作乐崇德者欤。"李善注："《尚书大传》曰：周公作乐，优游三年。"①按：李善于此引《尚书大传》以类比原文，探寻语源。值得注意的是，李善亦偶引郑玄《尚书大传注》以释字义，如：《文选·卷二八·诗·乐府下·日出东南隅》："蛾眉象翠翰。"李善注："郑玄《尚书大传注》曰：翰，毛也。"②李善注引《尚书大传》，盖皆类此。

## （三）引《诗》述要

李善注所引《诗》，以《毛诗》为主，以《韩诗》为辅，不用鲁、齐二家《诗》，于《毛诗》，用《毛苌传》，《郑玄笺》。于《韩诗》则用经文、薛君《章句》及《外传》。其注引《毛诗》极多，今略举几例。如《文选·卷一七·赋·舞赋》："歌以咏言，舞以尽意。"李善注："《毛苌诗序》曰：言之不足，故嗟叹之，嗟叹之不足，故咏歌之；咏歌之不足，不知手之舞之足之蹈之。"③按：此处，李善引《毛诗序》以释词义，证其典故，令读者一目了然。《文选·卷一六·赋·寡妇赋》："鞠稚子于怀抱兮，嗟低徊而不忍。"李善注："《毛诗》曰：母兮鞠我，出入腹我。毛苌曰：鞠，养也。郑玄曰：腹，怀抱也。"④按：此处，李善不仅引《毛诗》原文，而且引《毛苌传》及《郑玄笺》，释义较为透彻。又如《文选·卷二〇·诗·献诗·关中诗》："于皇时晋，受命既固。"李善注："《毛诗》曰：于皇时周。又曰：天立厥配，

---

① 《六臣注文选》，第 872 页。
② 《六臣注文选》，第 522 页。
③ 《六臣注文选》，第 320 页。
④ 《六臣注文选》，第 303 页。

受命既固。郑玄曰：受天命以王天下也。”①按：此处，李善注根据实际需要，不引《毛苌传》，只引《诗》原文及《郑玄笺》，可见其引经之灵活。李善或直引《郑笺》以释字义，如：《文选·卷一八·赋·啸赋》李善注“啸”云：“郑玄《毛诗》笺曰：啸，蹙口而出声也。”②或直引《毛诗传》，如《文选·卷二五·诗·赠答三·赠何劭王济》：“虽原其缱绻，而从之末由。”李善注：“《毛诗传》曰：遡洄从之。”③按：李善注于此引《毛诗传》以释“从之”之出典，可见李善对《毛诗传》之谙熟。

其引《韩诗》亦甚可观，如《文选·卷四六·序·王文宪集序》：“要以岁暮之期。”李善注：“《韩诗》曰：“蟋蟀在堂，岁聿云暮。”④按：《毛诗·国风·唐风》：“蟋蟀在堂，岁聿其莫”与《韩诗》相合。而李善于此引《韩诗》，却不引《毛诗》，足见其之好尚。又如《文选·卷四六·序·三月三日曲水诗序》：“出饯戒告。”李善注：“《韩诗章句》曰：送行饮酒曰饯。”⑤按：李善于此不直接训解，而引《韩诗章句》以训“饯”，颇费心血。再如《文选·卷三八·表·为范尚书让吏部封侯第一表》：“蹑屩齐楚，徒失贫贱。”李善注：“《韩诗外传》曰：田子方谓魏太子曰：贫贱可以骄人矣。志不得，则受履而适秦楚耳。安往而不得吾贫贱乎！”⑥按：李善于此引《韩诗外传》以注明原文典故，但未作进一步解释。但总的看来，其注引《韩诗》，或经文、或《章句》、或《外传》，皆随机应变，妥帖恰当。

---

①《六臣注文选》，第366页。
②《六臣注文选》，第342页。
③《六臣注文选》，第462页。
④《六臣注文选》，第877页。
⑤《六臣注文选》，第866页。
⑥《六臣注文选》，第714页。

### (四)引《礼》述要

李善注所引《礼》，囊括《周礼》《仪礼》《礼记》，可谓三《礼》皆备，臻于完善，且均用郑玄注。但亦偶引《大戴礼记》。

其之引《周礼》及郑玄注，如《文选·卷二七·诗·行旅下·始安郡还都与张湘州登巴陵城楼作》："经途延旧轨，登闉访川陆。"李善注："《周礼》曰；国中经途九轨。……郑玄《周礼注》曰：延，进也。"①按，李善于此引《周礼》经文以释事，引郑玄注以释义，甚为妥帖。又如《文选·卷六〇·行状·齐竟陵王》："诏给温明秘器，敛以衮章，备九命之礼，遣大鸿胪监护丧事。"李善注："《周礼》曰：三公自衮冕而下。又曰：上公九命。"②按：李善于此引《周礼》以释"衮章""九命"之源，但不释义。

其之引《仪礼》及郑玄注，如《文选·卷四二·书·与梁朝歌令吴质书》："驰骋北场，旅食南馆。"李善注："《仪礼》曰：尊士旅食于门。郑玄注曰：旅，众也。士众谓未得正禄所谓庶人在官者。"③按：李善引《仪礼》及郑玄注，以注明"旅食"之出处及含义。或直引郑玄注以释字义，如《文选·卷二·赋·西京赋》："方驾授饔。"李善注："郑玄《仪礼》注曰：方，并也。"④

其之引《礼记》及郑玄注，如《文选·卷四六·序·王文宪集序》："正歌有阕。"李善注："《礼记》曰：有司告以乐阕。郑玄曰：阕，终也。"⑤按：此处，李善注引《礼记》及郑玄注以释"阕"之出处及含义，

① 《六臣注文选》，第503页。
② 《六臣注文选》，第1112页。
③ 《六臣注文选》，第786页。
④ 《六臣注文选》，第57页。
⑤ 《六臣注文选》，第874页。

遵从古注，而不妄下己意，甚为客观。或直引郑玄注以释字义，如《文选·卷一·赋·西都赋》："脱角挫脰。"李善注："郑玄《礼记》注曰：挫，折也。"①

其之引《大戴礼记》，如《文选·卷四四·檄·檄蜀文》："施德百蛮而肃慎致贡。"李善注 ；"《大戴礼》：孔子曰：昔舜教通于四海之外，肃慎、北发、渠搜、氐、羌来服。"②按：李善于此处释文章典故，非引《大戴礼记》不可，可见其注之恰当。又如《文选·卷二·赋·西京赋》："高陵平原，据渭踞泾。"李善注："《大戴礼》曰：独坐不踞，然踞却倚也。"③按：李善于此引《大戴礼记》以释"踞"字之出处及文义，甚妥。

### (五)引《春秋》述要

李善注所引《春秋》，以《左传》为主，以《公羊》《穀梁》二传为辅，于"春秋三传"未有偏废，择善而征之。《左传》用杜预注，《公羊传》用何休注。

其引《左传》及杜预注，如《文选·卷一八·赋·琴赋》："或曲而不屈，或直而不倨。"李善注："《左氏传》吴公子季札闻歌颂曰：直而不倨，曲而不屈。杜预曰：倨，傲也。"④按：李善于此引《左传》经文以释事，引杜预注以释字义，二者结合甚妙。或仅引《左传》以释词语典故，不用杜预注，如《文选·卷四七·赞·三国名臣序赞》："鸟择高梧，臣须顾眄。"李善注："《左氏传》曰：仲尼曰：鸟则择木，

① 《六臣注文选》，第 32 页。
② 《六臣注文选》，第 833 页。
③ 《六臣注文选》，第 45 页。
④ 《六臣注文选》，第 336 页。

木岂能择鸟。"①或直引杜预注以释字义，如《文选·卷二五·诗·赠答三·为顾彦先赠妇二首》："华容溢藻幄。"李善注："杜预《左氏传注》曰：幄，帐也。"②

其引《公羊传》及何休注，如《文选·卷四五·设论·解嘲》："徽以纠墨，制以锧鈇。"李善注："《公羊传》曰：不忍加之鈇鑕。何休注曰：腰斩之刑也。"③按：李善于此处引《公羊传》经文与何休注文以释"鑕鈇"，既释其义，又明其源，甚是合理。或仅引《公羊传》原文，而不用何休注，如《文选·卷三六·文·永明十一年策秀才文》："昔者贤牧分陕，良守共治。"李善注："《公羊传》曰：自陕以西，邵公主之。"④或直引何休注，而不引经文，如《文选·卷二五·诗·赠答三·答卢谌》："三孽并根。"李善注："何休《公羊传注》曰：孽，犹树之孽生者也。"⑤按李善于此引何休注以释字义，而不自注，可见其服膺何休注。

李善引《穀梁传》，但录其经文，而未用晋代范宁注，如《文选·卷四六·序·豪士赋序》："又况乎饕大名以冒道家之忌，运短才而易圣哲所难者哉！"李善注："《穀梁传》曰：君不尸小事，臣不专大名。"⑥按：李善于此引《穀梁传》文句以释其义，二者文义相近，故可互训，盖由注者联想而征引。又如《文选·卷二·赋·西京赋》："林麓之饶，于何不有！"李善注："《穀梁传》曰：林属于山曰麓。"⑦按：李善于此引《穀梁传》以释"林麓"之义，释事与释义兼备。

综上，李善注引《易》，乃是以古文《费氏易》王弼注本为主，亦

① 《六臣注文选》，第905页。
② 《六臣注文选》，第464页。
③ 《六臣注文选》，第843页。
④ 《六臣注文选》，第867页。
⑤ 《六臣注文选》，第467页。
⑥ 《六臣注文选》，第863页。
⑦ 《六臣注文选》，第53页。

引郑玄与韩康伯之注，具有极高的学术水准与文献价值。其之引《尚书》，乃是据伪《孔传古文尚书》，但亦引《尚书大传》及郑玄《古文尚书注》《尚书大传注》，是故，其注虽引伪古文及伪《孔传》，但于《尚书》学，乃是今古文兼采。其之引《诗》，只有毛、韩二家，并用汉魏古注，于齐、鲁二家无征，但亦是兼采今古文之《诗》学。其之引《礼》，最为齐备，三《礼》皆征，且用郑玄注，今古文《礼》学并未偏废。其之引《春秋》，三传皆引，且用汉魏古注，甚是合理。由是观之，李善注引经，于今古文之学未有偏倚，根据需要，酌情征引，珠联璧合，相得益彰，因而取得了一定的学术价值。

### 三、五臣注引经：今古杂糅，唯史不征

五臣注引经不多，相对李善来说，可谓杯水车薪，但亦有一定的学术价值。其之引经，有古文，亦有今文。然皆以释义为主，总体成就不如李善，但在一定程度或层面上胜过李善注，所以也得到了一些公允的评骘。

#### （一）引《易》述要

五臣注引《易》虽不甚多，但作为对李善注之补充辅助，尤为必要。然考其所引《易》之文本亦是王弼所注之古文《费氏易》，只是但引经文而不引注文。如《文选·卷四六·序·三月三日曲水诗序一首》："臣闻出《豫》为象，钧天之乐张焉。时秉既位御气之驾翔焉。"刘良注："《易·豫卦》云：先王以作乐崇德。象则《易》象也。"吕延济注："《易·乾卦》云：时秉六龙以御天也。既位谓飞龙，喻天子得位也。御气则御行于元气中也，驾则龙也。"①按：李善于此处虽有注

① 《六臣注文选》，第867页。

解，但未引《周易》。五臣刘良、吕延济之注可补李善之阙。又如《文选·卷四七·颂·圣主得贤臣颂》："《易》曰：飞龙在天，利见大人。"张铣注："初九：潜龙勿用。今飞在天则时以通泰，故大人起治万物，利见大人，则天子也。"①按：此处，李善无解，而张铣注之，其不仅引《周易》经文，并有阐释发挥，先释事，后释义，胜过李善。再如《文选·卷四八·符命·典引》："时至气动，乃龙见渊跃。"吕向注："天命既至则候时而动。其出也，如龙潜而见天下文明而人利见之，似龙跃于渊，自试欲飞之意也《易·乾卦·九四》云：或跃在渊。自试也。"②按：李善注于此虽引《周易》经文，但未作阐释，吕向注先阐释文义，然后引《周易》经文以证之，优于李善注。

### （二）引《诗》述要

五臣注引《诗》略有十余条，鲁、齐、韩、毛四家皆备，可谓今古兼采。

其之引《毛诗》者，如《文选·卷二六·诗·行旅上·初发石首城》："犹劳贝锦诗。"吕向注："《诗》云：萋兮斐兮，成是贝锦。喻工者错彩以成锦文，谗者构言以作过言，我虽抱忠信之德，犹劳此谗人构作此罪。"③按：吕向注所引诗句出自《诗经·小雅·巷伯》。李善于此注云："《毛诗》曰：萋兮斐兮，成是贝锦。郑玄曰：谗人集作已过以成于罪，犹女功之集彩色以成锦文也。"④由是观之，吕向注与李善注相合，皆是引《毛诗》说以释文义，是故，吕向注所引为《毛诗》。只是李善注除引经文外只引郑玄笺而不做推阐，但吕向注根据郑玄笺注而结合实情予以发挥阐释。

---

① 《六臣注文选》，第 884 页。
② 《六臣注文选》，第 918 页。
③ 《六臣注文选》，第 499 页。
④ 《六臣注文选》，第 499 页。

其之引今文《诗》，如《文选·卷四二·书·与吴质书》："三年不见东山犹叹其远；况及过之？思何可支！"吕延济注："《诗》曰：我徂东山，滔滔不归，自我不见于今三年，此叹三年为远，况四年，思何支持也。过之，为过三年。"①按："我徂东山，滔滔不归"，语出《诗·豳风·东山》。《毛诗》："滔滔"作"慆慆"，今文三家皆作"滔滔"。吕延济此处所引《诗》为今文。李善于此处未注明"东山"之出处，吕延济不但征引今文诗以探语源，并结合《诗》之典故以释文义，远胜李善注。

其之引《鲁诗》，如《文选·卷四四·檄·檄吴将校部曲文》："忽朝阳之安，甘折苕之末，日忘一日，以至覆没，大兵一放，玉石俱碎。"吕延济注："忽，暗也。《诗》曰：梧桐生矣，于彼高冈。言凤所栖也，谓暗上鸣高冈之安乐巢。"②按：《毛诗·大雅·卷阿》："凤凰鸣矣，于彼高冈。梧桐生矣，于彼朝阳。"吕延济注之引文与《毛诗》文句次序相悖，而与《论衡·讲瑞篇》《初学记》所引相合。而《说苑·辨物篇》《吕氏春秋·开春论》高诱注、《国语·周语》韦昭注所引此诗，皆与《毛诗》相合。清人陈乔枞、王先谦皆以为"《论衡》(及《初学记》)所引，或记忆之误，偶倒其文"③。但是，陈、王二人的观点值得商榷，他们并未注意《文选》五臣注所引亦同《论衡》，且若说《论衡》所引为误，但《初学记》与《文选》五臣注皆作于唐代前期，且二者皆为官修学术名著，体例严谨，学风笃实，因记忆错误而颠倒引文的出现几率极小。所以此三者相同，皆异于《毛诗》，则说明三者引文别有所据。据陈乔枞《鲁诗遗说考》可知《论衡》所引诗说皆本于《鲁诗》，王充为《鲁诗》学者。是故，吕延济注之引此诗亦当为《鲁诗》。又如：《文选·卷四六·序·三月三日曲水诗序》："元宰比肩于尚

① 《六臣注文选》，第786页。

② 《六臣注文选》，第833页。

③ 王先谦：《诗三家义集疏》卷二十二，中华书局，1987年，第908页。

父，中铉继踵乎周南。分陕流勿翦之欢，来仕允克施之誉。”吕延济注：“周公、邵公分陕界而治，人皆欢悦。《诗》云：蔽芾甘棠，勿剪勿伐，邵伯所茇也。”①按：《毛诗·召南·甘棠》：“蔽芾甘棠，勿剪勿伐，召伯所茇。”②可见，《毛诗》“邵”作“召”。王先谦《诗三家义集疏》先引古注：“《鲁》‘召’亦作‘邵’。”③然后疏云：“《韦元成传》引作‘邵伯’，明‘邵’亦为鲁异文。”④由此观之，吕延济注引《鲁诗》以释文义，而弃《毛诗》。

其之引《韩诗》，如《文选·卷三七·表·求自试表》：“今臣无德可述，无功可纪，若此终年，无益国朝，将挂风人，彼己之讥，是以上惭玄冕，俯愧朱绂。”吕延济注：“《诗》云：维鹈在梁，不濡其翼。彼己之子，不称其服。此讥无德而衣玄冕，言我无功德以益国朝，而空衣绂冕，恐悬此讥，是以惭也。”⑤按：据王先谦《诗三家义集疏》，“彼己”为《韩诗》，《毛诗》作“彼其”，《齐诗》作“彼记”。曹植《求自试表》“彼己”是用《韩诗》，吕延济注于此引《韩诗》以释其语源，并阐释题旨，符合文义。又如《文选·卷三七·表·求自试表》：“君无虚授，臣无虚受，虚授谓之谬举，虚受谓之尸禄，《诗》之‘素餐’，所由作也。”刘良注：“谬，误也。尸禄，谓善恶都不言而食禄也。《诗》曰：彼君子兮，不素餐兮。此《诗》刺素餐也。”⑥按：“彼君子兮，不素餐兮”八字，今古文相同。李善于此引《韩诗》说以释“素餐”，但未引经文，刘良在此引原文诗句以释之，与李善注语相合，是作为李善注之补充出现的，且此文作者曹植素习《韩诗》，是故，刘良注所引乃为《韩诗》。

① 《六臣注文选》，第 896 页。
② 《六臣注文选》，第 78 页。
③ 《六臣注文选》，第 86 页。
④ 《六臣注文选》，第 88 页。
⑤ 《六臣注文选》，第 688 页。
⑥ 《六臣注文选》，第 687 页。

## (三)引《礼》述要

五臣注亦引《礼》，但仅引《周礼》，于《仪礼》及《礼记》均无征引。如《文选·卷一·西都赋》："水衡虞人修其营表，种别群分，部曲有署。"张铣注："水衡虞人，掌山泽之官。"①按：张铣注文乃是引《周礼》郑玄注：《周礼·天官·大宰》："以九职任万民，一曰三农，生九谷；二曰园圃，毓草木；三曰虞衡，作山泽之材。"郑玄注："虞衡，掌山泽之官，主山泽之民者。"李善于此处虽引《周礼》及郑玄注，但只是解释川、衡之义，并未注明水衡虞人之职，张铣注于此揭示语源，一语中的，胜于李善注。又如《文选·卷二·赋·西京赋》："周制大胥，今也惟尉。"李周翰注："《周礼》：市致大胥职。今但属三辅都尉。"②按：李周翰注于此引《周礼》以注语源，并指明大胥官职至唐代之变迁。再如《文选·卷五六·铭·新漏刻铭》："挈壶命氏，远哉义用。"张铣注："《周礼》置挈壶氏掌漏刻。"③按：此处之注，李善虽引《周礼》及郑玄注但未说明挈壶氏所掌之职，张铣引《周礼》以明之，是补李注之阙。

值得注意的是，五臣注未引亦是史书的《尚书》《春秋》二经。其之引《易》为费氏古文，引《诗》兼采今古文四家，引《礼》只限于古文学之《周礼》，且均不引古注。由此观之，五臣注不重史，较为重视《诗》学。总的来看，其引经较少，因而很少释事，以此遭到了很多讥评。

---

① 《六臣注文选》，第 32 页。

② 《六臣注文选》，第 51～52 页。

③ 《六臣注文选》，第 1039 页。

## 四、学术传统与注释风格

通过以上对六臣注引经的考释梳理，我们可以窥探出六臣的学术倾向，可以说其注释所承载的学术传统决定其注释风格。进一步来看，绍承的学术传统之不同，决定李善、五臣二注注释风格的差别，从而导致学术成就的差异。具体地说，李善注引经情况，体现了唐初南北经学相融合的现象。而五臣注引经相对于李善之引经，则是微乎其微，因而反映不出唐朝经学统一的趋势。

稽考经学，自东汉末季以降，汉学式微，魏晋时期，郑玄之学与王肃之学分庭抗礼，二学皆为融合今古文之“通学”。南北朝时期，南学与北学又等量齐观。《北史·儒林传》云：

> 大抵南北所为章句，好尚互有不同。江左，《周易》则王辅嗣，《尚书》则孔安国，《左传》则杜元凯。河洛，《左传》则服子慎，《尚书》《周易》则郑康成。《诗》则并主于毛公，《礼》则同遵于郑氏。南人约简，得其英华；北学深芜，穷其枝叶。考其终始，要其会归，其立身成名，殊方同致矣。①

按：《北史·儒林传》大体描述了南北朝经学的学派归属概况。所谓“江左”即指南朝，所谓“河洛”，即是北朝。由于政治格局的限定，从而导致了南北经学学派的不同与学风的差异。然南北二学并无明显轩轾，只是大同小异，殊途同归而已。及至隋唐，南北政局一统，学术文化亦步趋政局而逐渐统一。在政治上的大一统之前夜，历仕陈、隋、唐三朝的陆德明作《经典释文》则开启了经学统一之风。陆

① 李延寿：《北史》卷八十一，中华书局，1974年，第2709页。

德明考察各部经典传授之源流与学术优劣，遂《易》以王弼注为主，但兼存郑玄及王肃注，《尚书》以伪《孔传》为主，但亦存马融、郑玄之注，于伏生今文本不作别记。《诗》用《毛诗》、毛传、郑笺，于齐、鲁、韩三家皆不取。《礼》用三《礼》及郑玄注。《春秋》《左传》用杜预注，《公羊传》用何休注，《穀梁传》用范宁注。值得注意的是，陆德明选用较好的注本作为底本，并且广采汉魏六朝注本，博采众长，兼容并蓄，集当时经学之大成，开启隋唐经学一统之先河。隋初，政府大力兴办教育，广泛征召儒士，因而大量南方儒生得以入关，从而使儒学迅速北传，陆德明即在征召之列。及至唐初，唐太宗主张刊定五经、统一经学，遂于贞观四年诏颜师古撰作《五经定本》，于贞观七年颁定于天下，在此基础上，唐太宗又命孔颖达等人撰写五经义疏，直至高宗永徽四年，《五经正义》方修订完成，颁行全国，成为钦定的经学教科书。《五经正义》融会诸家，择善从之，存是去非，一统经说。如此一来，汉魏时期，经说繁芜，师说多门，家法林立之弊病荡然无存，一扫罄尽，传统的“汉学”系统得到了总结、统一与升华。因此皮锡瑞称唐朝为“经学统一时代”。

那么，在经学一统的广阔的学术背景与充分的历史条件下，李善注《文选》之引经能够旁征博引，体大思精就自然成了顺理成章之事。按：李善《文选注》于高宗显庆三年(658)上呈，而《五经正义》于高宗永徽四年(653)颁行，二书定稿时隔五年。李善注所征引经说有不同于《五经正义》之处，如：李善注之引《尚书大传》《韩诗》《周礼》《仪礼》《公羊传》《穀梁传》皆为孔颖达《正义》所不取。而《五经正义》用刘焯、刘炫、沈文阿等人义疏又为李善所不采。二注虽并出于初唐，却同中有异，但都体现了唐初经学大一统的趋势。李善《文选注》秉承了自汉代以降的经学传统。汉代经学昌盛，前汉重师法，后汉重家法，门户之见颇重，派别之争激烈，及至汉末，大儒郑玄融合今古文，实现了经学之小一统，魏晋以还，王肃之学又重新统一各类经说，影响力盖过郑学，南北朝虽有南学与北学之称，但二学交流频繁，有融合之势，降及唐初，伴随着政治的统一，国家的安定，经学遂得以一统，由是观之，经学由大分到小合再由小合到大分最后由大分变为大合，而无论是分还是合，各派的学说都是并存的，“分”促进了各派学说的发展，而“合”并未导致各派学说的消弭，只是将其纳入一个新的意识范畴与学术形态之内，总之是兼容并蓄，求同存异，多闻阙疑。这个分合之迹是经学发展的趋势，亦是上古与中古时代学术发展的传统。既然在这种学术氛围下，李善《文选注》秉承了如此的学术传统，遂促成其注释风格的最终形成。

经学的融合一统促使李善注引经的博采众说，今古并存，择善而从。另一方面，经学的繁衍复杂、疏不破注之注疏原则又影响了李善注引事联类，释事忘义的特殊风格。汉代经学的注释方式主要有：传、章句、注、解故等，经说即是以这些方式繁衍流传。魏晋以降又出现义疏之学。这种注释的一个指导性的原则是“注宜从经，疏不破注”。注文严格结合经文进行解说，疏文密切依照注文进行诠释，不允许随意发挥。传统的经学即是依赖注疏之方式而发展。这亦是对汉儒经学解说方法的承袭，汉儒治经即是严格遵守师法家法，是故模拟之风盛行。而如果追本溯源，就会发现此注经的思维方式源于孔子“述而不作，信而好古”的治学思想。孔子“述而不作，信而好古”的学术理念自然对后世学术产生了重大影响，并波及文学的层面。经学的门户之见，因循守旧即是受到孔子思想的影响，而文学复古模拟的意识形态亦本源于此。如汉大赋的模拟因袭，少有创新；骈文的形式化特征尤其严重，最后成为自身发展的桎梏。从这种意识形态来考察李善《文选》注，我们就会明白为什么李善注旁征博引，但只释事而不释义。李善在唐初注释《文选》，虽然不是注经，但是其之学术根基即儒家经学。《新唐书·李邕传》云："善，有雅行，淹贯古今，不能属辞，故人号'书簏'。"①按："属辞"即撰写诗文，不能属辞即不善于写文章，文学水平不高。"书簏"即是讥讽读书虽多但并不消化，不善运用之人。如《太平御览·读诵》引沈约《俗说》："刘柳为仆射，傅迪为左丞。傅好读书而不解其义。……刘道傅云：'读书虽多而无所解，可谓书簏。'"②由是观之，李善虽学识渊博，但短于辞章写作，且不甚理解文义，不能活学活用。如此一来，他的注释在客观上必定要受到当时经学注释传统与风格的影响，在主观方面，又受限于其自身的学识能力，因而作注时只是征引古书，不改经文，不作推阐发挥，遂"释事而忘义"。其实，这种注释方式从南朝两部名著之注解即可窥见端倪。一者是"前四史"之一的《三国志》，裴松之的注文引经据典，体大思精，但仅引证事典，并不释义。一者是被列入子部小说类的《世说新语》，刘孝标之注文虽极为详尽，但亦乏释义。二注之价值主要是在文献学与史料学方面，可为后世学者辑佚之资。由此足见，当时经学注释之风对经史、子、集之影响。因而经学分合互动的学术传统及注宜从经、疏不破注的注疏原则促成了李善《文选注》引经注文，释事忘义的注释风格。

五臣注之引经远不及李善注之丰赡，且并不全面，于《尚书》《春秋三传》均未征引，除了于《诗》是今古文四家兼采之外，《易》《礼》皆引古文本，且只引经文，并加以发挥阐释，而很少引经注，其引经之目的即是以释义为主。从其引经情况看，五臣并不笃守经学，没有过多地受到经学一统的学术氛围及疏不破注的注疏原则的影响，没有完全承袭当时的学术传统而将其运用到注文之中，因而主观色彩

① 《新唐书》卷二百二，第5754页。

② 李昉等：《太平御览》卷六一六《学部一〇》，中华书局，1960年，第2770页。

多一些，更注重自己对经文与文本的理解，因而重视解释并推阐文义，最终形成了以释义为主的注释风格，这也表明了虽然处于经学一统的时代，疏不破注的注经之风已猛烈劲吹，但是唐代学者并未完全被濡染同化，而且这种注释风格与唐代出现的新儒学及宋代道学思想亦是一脉相承、遥相辉映的。因为唐宋道学家注经释文皆不信汉唐旧注，而是以己之意去逆推文本之义，即“舍传求经”、义理至上之学风。

值得注意的是，五经为六臣引以注文，经文在六臣注那里遂成为连接经学与文学的媒介、纽带。所引经文本身虽不是文学话语，但是在作为理解文意之筌蹄，遂在一定程度上被赋予了文学意义。这种文学意义的生发是由注者的引用而实现的。六臣注之引经在赋予经文以文学意义以及文本以经学意义的同时，其本身也就获得了一定的文学意义，而这种文学意义是借助注释对象，并在接受者的思维空间中逐步形成的，是由注释者与接受者共同创造的。经文的文学意义主要在于阐释文本之意蕴，其在阐释的过程中便不自觉地被纳入了文学轨道。经文与文本互文见义，互为注脚。

## 余　论

《文选》六臣注引经以注文，是学术与文学发展的逻辑必然。文学与经学本是同根，水乳交融，浑然一体。因此考察文学的时候，经学就成为了一个有效的观照面。用经释文是最有说服力的注释方式，而同时文本亦成为了经文的注脚。李善注之引经明显地反映了经学统一之大势，秉承了疏不破注的学术传统与经注风格，因而以释事为主。但是五臣注引经并未深受经学的影响，从而以释义为主。但总的看来，作为注文的经文在文本与文意之间发挥了联结作用，使经文具备了文学价值，而文本亦具备了经学意义，所以文本因为经文的注释而抬升了学术地位。需要强调的是，据以上考释，李善注亦有释义的成分，因此不能简单地说李善注“释事而忘义”。而五臣注虽较少引经释事，但亦有价值。如《四库全书总目》引李匡义《资暇录》云：“李氏《文选》有初注者，有覆注，有三注，有四注者，当时旋被传写，其绝笔之本皆释音训义，注解甚多，是善之定本本事义兼释。”①《总目》评五臣注云：“并为一集，附骥以传，盖亦幸矣。然其疏通文意，亦间有可采，唐人著述，传世已稀，固不必竟废之也。”②按：《四库全书总目》对二注的看法是比较中肯的，给学界提供了一个价值标准。从六臣注引经概况这个视角来全面考察二注所绍承的学术传统及注释矩矱，将学术与文学联系起来，将注释学与经学打通，那么六臣注所蕴含的经学意义与文学意义即会昭然若揭。

## 第四节　吴开《优古堂诗话》的禅宗基因

宋代诗学与禅学在发展上表现出一种同步性，在思维方式上表现出一定的内在契合性，在语言表达上也表现出一种融通性，可以说宋代诗学与禅学关系密切，水乳交融，更进一步说，宋代诗学具有明显的禅宗基因，禅宗的价值取向、思维方式、语言机制无不在宋人诗学中体现得淋漓尽致。诗话是宋人诗学的主要文献载体，其最能够集中彰显出宋代诗学的禅宗基因，因而诗话作品是我们探究宋代诗学的禅宗基因的重要文献资料。在宋代众多诗话作品中，《优古堂诗话》可谓别具一格，虽然其篇幅不长且作者饱受非议，却清晰地体现出禅宗的思维方式与价值理念，是值得我们做一番考察的。

① 《四库全书总目》卷一百八十六《集部三十九》，第1685页。
② 《四库全书总目》卷一百八十六《集部三十九》，第1686页。

《优古堂诗话》的作者吴幵是两宋之际的文人，在靖康之变中卖主求荣，卒误国事，高宗建炎以后窜谪以死。《四库全书总目·集部·诗文评类》对吴幵及其《优古堂诗话》作了简要的评价：

> 其人本不足道，而所作诗话乃颇有可采。……所论惟卷末“吏部文章二百年”一条……兼涉考证。其余则皆论诗家用字炼句，相承变化之由。夫夺胎换骨，翻案出奇，作者非必尽无所本。实则无心暗合，亦多有之。必一句一字求其源出某某，未免于求剑刻舟。即如李贺诗“桃花乱落如红雨”句，刘禹锡诗“摇落繁英堕红雨”句，幵既知二人同时，必不相袭。岑参与孟浩然亦同时，乃以参诗“黄昏争渡”字为用浩然《夜归鹿门》诗，不免强为科配。又知张耒诗《夕阳外》字本于杨巨源，而不知《夕阳西》字本于薛能。可知辗转相因，亦复搜求不尽。然互相参考，可以观古今人运意之异同，与遣词之巧拙。使读者因端生悟，触类引申，要亦不为无益也。①

近人丁福保编纂的《历代诗话续编》抄录了古人对吴幵及其《优古堂诗话》评论云：“幵，误国庸臣，人不足道，其论诗乃颇可取。书中涉考证者不及十分之一，大旨在明诗家用字炼句相承变化之由。虽无心暗合，不必皆有意相师，然换骨夺胎，作者原有是法，亦未始不资触发也。”②由是观之，吴幵《优古堂诗话》重在论述诗歌之用字炼句，考证诗句之源流缘起，具有一定的理论价值与学术意义，吴幵人品虽为人所不齿，但《优古堂诗话》的学术价值也得到了后世学者的认可，可见不能轻易地因人废言。

① 永瑢等：《四库全书总目》卷一百九十五《集部》四十八，中华书局，1965年，第1782页。

② 丁福保辑：《历代诗话续编》，中华书局，1983年，第2页。

宋代禅学极为发达，诗学多从禅学中汲取养分，以禅说诗，以禅喻诗成为当时的诗学风尚。两宋之际，江西诗派占据诗坛主流，其点铁成金，夺胎换骨之诗学理论影响深远，然究其实质，乃是根源于禅宗之美学思想理论。吴幵《优古堂诗话》秉承江西诗派诗论思想，品鉴字句，考镜源流，体现出禅宗美学思想，对后世诗学理论具有一定的影响。对此诗话之禅宗基因进行探讨不仅有助于我们对其有一个全新而深刻的体认，而且亦可以通过这一案例窥探出宋代诗学与禅宗美学之间的内在关系。然而迄今为止，学界对此诗话所蕴含的禅宗美学因素尚未有系统的探讨，对此诗话在宋代诗学中的地位更是鲜有论及，本文的写作即试图填补这一学术空白，以期方家指正。

## 一、考镜诗句缘起，推重禅宗心性证悟

《优古堂诗话》的禅宗美学基因首先体现在其对诗句缘起的考据与对心性证悟的论述方面，换言之即通过考证诗句缘起以阐释心性证悟，对心性的重视是宋代道学的重要着眼点，更是禅宗的理论基点。《优古堂诗话》"禅心竟不起"条云："唐僧皎然《答李季兰》诗云：'天女来相试，将花欲染衣。禅心竟不起，还捧旧花归。'乃悟参寥《答杭妓》诗：'禅心已作沾泥絮，不逐东风上下狂。'"①唐代著名女道士李季兰对皎然和尚一往情深，皎然却以"禅心竟不起"谢绝其之深情，诗句中展现出清静寂定的心境与超凡脱俗的情操。宋僧参寥"禅心已作沾泥絮"二句以沾上泥土的柳絮不再飞扬飘舞以比喻自己之心进入禅定无念的状态，不为物起，不为风扰，八风不动。皎然《答李季兰》与参寥《答杭妓》二诗皆标举禅心，展现出从容淡定，心若秋水的境界。吴幵于《诗话》中将此二首诗并举，并称自己由前一

① 《历代诗话续编》，第254页。

首诗乃悟后一首诗之含义，但至此戛然而止，并未展开论述，这体现了禅宗不立文字，重视顿悟，直指人心，见性成佛之教义。又如“鱼遗子鹿引麛”条云：“唐吴子华诗云：‘暖漾鱼遗子，晴游鹿引麛。’乃悟山谷诗‘河天月晕鱼分子，桐叶风微麛养茸’所自。”①此条亦是强调禅那之悟。再如“此心安处便是吾乡主”条云：

> 东坡作《定风波序》云：“王定国歌儿曰柔奴，姓宇文氏。定国南迁归，予问柔广南风土应是不好？柔对曰：‘此心安处，便是吾乡。’因用其语缀词云：‘试问岭南应不好？却道，此心安处是吾乡。’”予尝以此语本出于白乐天，东坡偶忘之耶！乐天《吾土》诗云：“身心安处为吾土，岂限长安与洛阳。”又《出城留别》诗云：“我生本无乡，心安是归处。”又重题诗云：“心泰身宁是归处，故乡可独在长安？”又《种桃杏》诗云：“无论海角与天涯，大抵心安即是家。”②

吴幵指出苏轼《定风波·南海归赠王定国侍人寓娘》“此心安处是吾乡”一语源于白居易之诗歌。此番考据，不仅是为了点明“此心安处是吾乡”之缘起，更是意在阐发唐宋诗词语句之中蕴含的即心是佛、平常心是道的南宗禅的美学思想。禅宗美学思想以心性论为核心基点，主张通过心性修持以得到思想境界的升华，是一种摒除烦恼，追求内在生命觉悟和精神超越的教义理念。是以《坛经》云：“何名为禅定？外离相曰禅，内不乱曰定。外若著相，内心即乱，外若离相，内心不乱。……《维摩经》云：‘即时豁然，还得本心。’”③禅宗认为佛在心中，理想就在现实生活之中，将彼岸世界嫁接到现实世界之中，

① 《历代诗话续编》，第252页。
② 《历代诗话续编》，第262页。
③ 慧能著，郭朋校释：《坛经校释》，中华书局，2012年，第45页。

不执着于未来生命的追求，而致力于内心的反求安定，注重现实感性生活，强调“佛法在世间，不离世间觉”①，要求在日常生活中安心体悟，超越现实，实现理想境界。

《优古堂诗话》对心性禅修的推重，是以列举数条以谈心性证悟，只是含义较为隐晦而已。如“处事无心觉累轻知”条云：“吕东莱先生吕居仁诗云：‘忍穷有味知诗进，处事无心觉累轻。’李成季已尝云：‘静疑多事非求福，老觉无心胜摄生。’二诗虽相似，然皆佳句也。”②吴开将此两首关于心性的禅味诗歌并举，评其为：“佳句”。其审美理念可见一斑。又如“梦中梦身外身”条云：“山谷尝自赞其真曰：‘似僧有发，似俗无尘。作梦中梦，见身外身。’盖亦取诗僧淡白《写真》诗耳。淡白云：‘以觉梦中梦，还同身外身。堪叹余兼尔，俱为未了人。’”③此条意在点明黄庭坚诗歌之禅学渊源。诗句中所云“梦中梦，身外身”，体现出禅修后的佛心开悟。再如“傀儡”条云：

> 唐梁锽《咏木老人》诗：“刻木牵丝作老翁，鸡皮鹤发与真同。须臾弄罢寂无事，却似人生一梦中。”《开元传信记》称“明皇还蜀，尝以为诵，而非明皇作也”。观山谷诗：“世间尽被鬼神误，看取人间傀儡棚。烦恼自无安脚处，从他鼓笛弄浮生。”盖用锽意也。④

此条追溯黄庭坚诗歌与梁锽《咏木老人》诗之渊源，与“梦中梦身外身”条有异曲同工之妙。当然，在阐述诗句的缘起之时，吴开也会指出诗句的佛经出处。如“横陈”条云：

① 《坛经校释》，第73页。
② 《历代诗话续编》，第240页。
③ 《历代诗话续编》，第257页。
④ 《历代诗话续编》，第253页。

荆公诗："日高青女尚横陈。""潮回洲渚得横陈。"横陈二字，见《首楞严经》及宋玉《风赋》。前辈以用横陈始于荆公，非也。陆龟蒙《蔷薇》诗云："倚墙当户自横陈，致得贫家似不贫。"沈约《梦见美人》诗云："立望复横陈，忽觉非在侧。"见《玉台新咏》。①

此条点明王安石诗歌中"横陈"二字渊源于《首楞严经》，禅宗虽不立文字，然于学问修证之功亦是极为重视，是以《首楞严经》等几部佛经即为禅宗众经之核心，禅宗门徒习禅悟道之重要教材。由此可见，吴开对禅宗经典之熟稔。

正是由于对禅宗美学的推崇，是以吴开在《优古堂诗话》中考镜诗句缘起，推重禅宗心性证悟，体现出深厚的禅宗思想基因。将考证与心性义理阐释熔于一炉，既是宋代道学的思维彰显，又是禅宗的影响使然。从这一点可以看出宋代道学对内在心性的重视，虽然与宋人的生活环境与政治生态以及学术自身的发展逻辑有关，但佛禅思想的浸润也是不容忽视的，从某种意义上说，禅宗对心性的证悟无论是从学理上还是实践上都是高于儒家的，因而宋代道学的心性理论很大程度上都借鉴于禅宗，诗话当然也不例外。当然，除了考证诗句的禅宗基因，在论述诗句的用字炼句方面，亦展现出禅宗的思维方式。

## 二、推崇夺胎换骨，运用法眼思维

《优古堂诗话》的禅宗美学基因其次体现在对夺胎换骨理论的推崇，对禅宗法眼思维的运用，以此鉴赏诗歌字词之美等方面。如其"学诗如学仙时至骨自换"条云："鲍慎由《答潘见素》诗云：'学诗比

① 《历代诗话续编》，第231~232页。

登仙，金膏换凡骨。'盖用陈无己《答秦少章》'学诗如学仙，时至骨自换'之句。"①此处考证即体现出吴幵对江西诗派夺胎换骨、点铁成金之诗学理论的服膺与推崇。僧人惠洪《冷斋夜话》记录黄山谷之语云："诗意无穷，而人才有限，以有限之才，追无穷之意，虽渊明、少陵，不得工也。然不易其意而造其语，谓之换骨法；窥入其意而形容之，谓之夺胎法。"黄山谷对夺胎换骨说的定义由此可见一斑。而如果追本溯源，即可发现此说亦源于禅宗。《祖堂集》卷二《慧可禅师》即提出换骨变顶之说。而与夺胎换骨说联系密切，可以互相参证的理论即是"点铁成金"之说。黄山谷《答洪驹父书》云："古之能为文章者，真能陶冶万物，虽取古人之陈言入于翰墨，如灵丹一粒，点铁成金也。"点铁成金之说亦是源于禅宗理论，如《祖堂集》卷十三、《景德传灯录》卷十八、《五灯会元》卷七皆提到："还丹一粒，点铁成金；至(妙)理一言，点(转)凡成圣"②之理论主张，仅仅是个别字词不同罢了。夺胎换骨与点铁成金均是源于禅宗思想而形成的讲论用字炼句的诗学理论，《优古堂诗话》也极为重视这一理论，因而在文中提及。当然，这种诗学理论又是与诗眼之说一脉相承的。诗眼指的是诗人的赏鉴能力与观察力，诗歌中的点睛传神之笔，诗眼理论讲究用字炼句，这与夺胎换骨与点铁成金的诗学理论在终极目标的本质上是一致的。诗眼最重视的往往是一个字，因而又可称为字眼。

《优古堂诗话》对诗句字眼的锤炼极为重视，如"身轻一鸟过"条云：

> 欧阳文忠公《诗话》：陈公时得杜集，至《蔡都尉》"身轻一鸟"，下脱一字。数客补之，各云"疾""落""起""下"，终莫能

---

① 《历代诗话续编》，第230页。

② 参见张伯伟：《禅学与诗话》，浙江人民出版社，1992年，第47页。

> 定。后得善本，乃是“过”字。其后东坡诗：“如观李杜飞鸟句，脱字欲补知无缘。”山谷诗：“百年青天过鸟翼。”东坡诗：“百年同过鸟。”皆从而效之也。予见张景阳诗云：“人生瀛海内，忽如鸟过目。”则知老杜盖取诸此。况杜又有《贶柳少府》诗：“余生如过鸟。”又云：“愁窥高鸟过。”景阳之诗，梁氏取以入《选》。杜《赠骥子》诗：“熟精《文选》理。”则其所取，亦自有本矣。如《赠韦左丞》诗，皆仿鲍明远《东武吟》：“主人且勿喧，贱子歌一言。”然古《咏香炉》诗：“且座且勿喧，愿歌一言。”①

《诗话》首先引用欧阳修《六一诗话》对杜甫诗“身轻一鸟过”一句中“过”字的探讨，然后论及苏轼、黄庭坚用“过”字之诗句，并指出杜诗用“过”字盖本于西晋张协之诗，而张协之诗又载录于《文选》，是以杜诗用字本之于《文选》，最后又以杜诗模仿《文选》中所采录的鲍照诗为例以证之。吴幵在论述“过”这个字眼的同时，又追本溯源，揭示诗歌用字的内在关系，彰显出深厚的考证功力，值得注意的是，北宋范温《潜溪诗眼》亦谈到这一案例。《诗眼》“句法以一字为工”条云：

> 句法以一字为工，自然颖异不凡，如灵丹一粒，点铁成金也。浩然云：“微云淡河汉，疏雨滴梧桐。”工在“淡”“滴”字。如陈舍人从易偶得杜集旧本，至《送蔡都尉》云：“身轻一鸟”，其下脱一字。陈公因与数客各以一字补之，或曰疾，或曰落，或曰起，或曰下，莫能定。其后得一善本，乃是“身轻一鸟过”，陈公叹服，一“过”字为工也。又如淮海小词云：“杜鹃声里斜阳暮”，东坡曰：“此词高妙，但既云斜阳，又云暮，则重出也。”

---

① 《历代诗话续编》，第229页。

余因此识作诗句法，不可重叠也。①

范温指出锤炼精工的字眼方能使得诗句颖异不凡，犹如灵丹一粒，点铁成金，熠熠生辉。范温《潜溪诗眼》以禅喻诗，借鉴禅宗的思维方式来观照诗歌，《诗眼》指出："识文章者，当如禅家有悟门，夫法门百千差别，要须自一转语悟入。如古人文章直须先悟得一处，乃可通其他妙处。"②因此，《诗眼》十分注重对诗歌用字炼词的探讨，将禅宗的法眼理论移植到诗学理论之中，因此以诗眼论诗。《诗眼》引用《六一诗话》对杜诗"身轻一鸟过"中"过"字之评述，又引申出其对作诗句法不可重叠之看法。但远不及《优古堂诗话》论述内容之广与理论之深。范温与吴幵是同时代人，皆在诗话作品中讲论诗眼，又引用同一范例，可见当时以禅喻诗风气之盛行。这也证明《优古堂诗话》对诗眼之探讨也是对以禅喻诗的思维理路之运用。他者如"开帘风动竹"条指出："《异闻集·霍小玉传》为'开帘复动竹'，改一'风'字，遂失诗意。"③"背秋转觉山形瘦新雨还添水面肥"条考证"瘦"字之渊源，"红生白熟生碧熟红"条讲论文字对偶之奇。"三诗皆用清浑字"条讲论苏轼、陈后山、参寥三人诗中皆有"清浑"二字。《优古堂诗话》对诗眼、字眼之重视，由此可见一斑。

要之，法眼即菩萨之眼，是禅宗五眼中仅次于佛眼的层次，具有质能互换、神通变化之功能，能够体悟见到一切妙法。法眼移植到诗学中，即是诗眼、字眼，是以禅喻诗之思维方式的具体运用。夺胎换骨与点铁成金以及诗眼等宋代重要的诗学理论均是基于文字的锤炼而发展演绎出来的，这自然彰显出宋代诗学在语言文字方面对禅宗

① 蒋述卓主编：《宋代文艺理论集成》，中国社会科学出版社，2000年，第507页。

② 《宋代文艺理论集成》，第507页。

③ 《历代诗话续编》，第241页。

的承袭与发展，这也是宋代诗学发展的一条内在理路。

周裕锴先生在《文字禅与宋代诗学》一书的前言中指出：

> 禅宗发展到北宋中叶，进入了一个全新的时代，即所谓“文字禅”时代。……号称“不立文字”的禅宗，一变而为“不离文字”的禅宗，玄言妙语、绮文丽句都成了禅的体现，中国禅宗史上出现了独特的富有诗意的宗教文化景观。与“文字禅”的兴盛相对应，北宋中叶以后的诗歌也进入了一个全新的时代，即所谓“以文字为诗”的时代。唐诗中的兴象意境，一变而为宋诗的诗眼句法。……宋代禅学与诗学这种同步的“语言学转向”并非偶合，而有一种深刻的内在联系，借用佛教术语来说，即二者缔结了文字因缘。无论是禅学立场的“以诗语禅”，还是诗学立场的“以禅喻诗”，都可见出这一点。事实上，尽管诗与禅相互渗透的过程开始于唐代，但二者真正的融合却完成于北宋中叶以后。可以说，“文字”是诗与禅最终融合的唯一中介。换言之，诗与禅其它相似的内在机制，如价值取向的非功利性、思维方式的非分析性、肯定和表现主观心性等等，只提供诗禅融合的可能性，而二者相似的语言表达方式才将可能性真正转化为现实性。从这个意义上说，“文字禅”和“以文字为诗”提供了诗禅相融的最佳范本。①

周先生对宋代禅宗与诗学的发展及专项进行了简要的回顾，点明了宋代诗学与禅学的同步与最终融合的内在因缘，揭示了“文字”在宋代诗学与禅宗思想最终融合中的重大作用，具有深刻的道理，但却没有提及宋代诗学与禅学产生密切关联的深厚文化背景，没有论及价

---

① 周裕锴：《文字禅与宋代诗学》，复旦大学出版社，2017年，第1～2页。

值取向、思维方式、心性修养等因素在诗与禅融合中的媒介作用，只是强调“文字”是诗与禅最终融合的唯一中介，这也是值得商榷的。当然，《优古堂诗话》不但在心性证悟、语言文字方面对禅宗思想进行了融合，而且在思维方式方面对禅宗也是进行了一定的绍承。

## 三、借鉴二道相因，进行辩证分析

思维方式的发展与完善是学术文化进步的基石，诗学对禅宗思维方式的承袭既是诗学进化的一维标志，也是禅宗思想内化为诗学理论的一个重要标志。“二道相因”是禅宗解决问题的一个主要思维方法，具有辩证思维特质，《坛经》对其有详尽的论述：

> 若有人问法，出语尽双，皆取对法，来去相因，究竟二法尽除，更无去处。……若有人问汝义，问有将无对，问无将有对，问凡以圣对，问圣以凡对，二道相因，生中道义。如一问一对，余问一依此作，即不失理也。设有人问，何名为暗？答云：明是因，暗是缘，明没则暗，以明显暗，以暗显明，来去相因，成中道义。①

由是观之，二道相因的辩证思维方式要求思考回答问题时要语义双关，运用相对法，以来和去这种相对立的两个方面互为因果，方能从中产生出正确的见解。最终连这种相对二法也要消泯，不能执着任何一面，采用的是中和的态度，摒弃的是极端的观点，在二元对立中寻求统一。这种思维方法在宋人诗话中较为常见，如范温《潜溪诗眼》以工拙相半论杜诗，叶梦得《石林诗话》以禅宗论云间有三种语而论

① 《坛经校释》，第110、114、116页。

老杜诗之三种语。

《优古堂诗话》借鉴禅宗二道相因之思维方式，进行辩证分析，成果颇丰。如“小雨斑斑”条云：“文忠公诗：‘小雨斑斑作燕泥。’东坡诗：‘小雨斑斑未作泥。’山谷诗：‘润花小雨斑斑。’”①此条指出欧阳修、苏轼、黄庭坚三人诗句中皆有“小雨斑斑”一词，而不同的是欧诗云：“作燕泥”，苏诗云：“未作泥”，此二者同中有异，相互对立。黄诗则以“润花”将欧、苏二人之诗统一调和起来。吴幵拈出这三位具有师承关系的大文豪的诗句进行比较分析，是有意识地进行归纳对比，究其实质乃是对二道相因的逻辑思维方式的具体运用。又如“一意两用”条云：

> 乐天：“自从苦学空门法，销尽平生种种心。惟有诗魔降未得，每逢风月一闲吟。”又云：“人各有一癖，我癖在章句。万缘皆已销，此病独未去。”此意凡两用也。太白：“举杯邀明月，对影成三人。”又云：“独酌劝孤影。”此意亦两用也。然太白本取渊明“挥杯劝孤影”之句。②

此条列举白居易与李白诗句，指出诗意皆一意凡两用，即诗意双关，内涵丰富，两种用意相互独立又互相联系，一意凡两用之说法即蕴含二道相因之思维方式。再如“桃花乱落如红雨”条云：“李长吉有‘桃花乱落如红雨’之句，以此名世。予观刘禹锡诗云：‘花枝满空迷处所，摇落繁英坠红雨。’刘李同出一时，决非相为剽窃。”③吴幵于诗话中多好追溯诗句缘起，阐明诗歌相承变化之由，然于此条却指出李贺诗与刘禹锡诗句虽然极为相似，但二者为同时代人，决非相互剽窃。

① 《历代诗话续编》，第235页。
② 《历代诗话续编》，第235页。
③ 《历代诗话续编》，第241~242页。

此条点明二人诗句虽高度一致，但又相互独立，同质而异构，但皆属于中唐思想文化的产物，因而是对立统一的，吴幵的考辨彰显出鲜明的辩证性，这亦是对二道相因之逻辑方式的运用。

最能反映出《优古堂诗话》中二道相因之逻辑方式的则是“自是桃花贪结子，错教人恨五更风”条：

> 陈辅之《诗话》记荆公喜王建《宫词》：“树头树底觅残红，一片西飞一片东。自是桃花贪结子，错教人恨五更风。”韩子苍反其意而作诗送葛亚卿曰：“刘郎底事去匆匆，花有深情只暂红。弱质未应贪结子，细思须恨五更风。”①

此条指出韩子苍反王建《宫词》之意而作诗送葛亚卿，王建《宫词》认为正是因为桃花贪图结子，因而导致人们错误地怨恨五更风，而韩子苍却在诗中指出桃花因为弱质而不会贪图结子，所以细细考量还是应当怨恨五更风，二诗看法截然相反，但却相映成趣，均具有深刻的思想与无穷的意蕴，均为读者构建出一种幽眇的意境。此二首诗一正一反，因缘相生，对立统一，于正反对比之中彰显出异曲同工之妙，通过吴幵的解读，二道相因的逻辑方式昭然若揭。

由以上数例可以看出，《优古堂诗话》或自觉或不自觉地运用禅宗二道相因的中道思维之逻辑方式评论诗歌，融入辩证思维，提升了诗话的境界格局，加深了诗话的思想厚度，显示出浓郁的禅味，而这正是对以禅喻诗的惯性思维之运用的成果，这又是在宋代诗文理论汲取禅风的文化背景之中形成的。因而不仅仅是《优古堂诗话》，其他诗话类作品也是时常借鉴这一思维逻辑方式。对思维方式的承袭与借鉴，是宋代诗学接受禅宗思想的又一重大表现，也彰显出宋代诗

① 《历代诗话续编》，第251页。

学思维理路生成的内在机制，这与对禅宗心性证悟以及语言文字的继承是一脉相承的。

## 余　论

吴幵《优古堂诗话》以禅论诗并不是空穴来风，而是渊源有自的，是在宋代儒学与佛学两大学术文化思潮的交流与磨合中形成的。要言之，宋人诗话的禅宗基因是在宋学的历史文化背景之中渐渐形成的。就吴幵《优古堂诗话》而言，其首先彰显着宋学的思想精神，因此他首先强调的仍是儒家思想，如其开篇第一条即是“诗可以观人”。值得注意的是，宋代以理学为主导的学术思潮，是以传统儒学为本，吸纳佛禅与道家思想而形成的新儒学思想体系。诗学作为儒学在文艺领域的延伸，自然要汲取佛禅美学的思维理念以发展壮大。诗学从禅学中借鉴方法，吸取养分，以禅如诗，以禅喻诗，以禅说诗即成为一时之风尚。是以黄庭坚从禅宗思想中拈出“点铁成金”“夺胎换骨”的思维概念作为诗歌创作的圭臬法门，使其本人成为北宋末年以降直至南宋的最大的诗歌流派的真正宗祖。黄庭坚及江西诗派是在禅宗美学思想的哺育之下成长起来的，宋室南渡后，整个诗坛都笼罩在江西诗派的思想宗旨之下。因此当时的诗话作品皆以禅喻诗，富有禅宗基因，《优古堂诗话》即为一例。值得注意的是，北宋中叶以后也是宋代道学渐趋兴盛，由民间走向朝堂之上，成为官方认可的学术之时期。这种共时性，也在很大程度上折射出宋代儒学与禅学的密切关联。

如果将《优古堂诗话》置于宋代诗学的历史背景与诗话谱系之中，无论是从纵向还是从横向上，我们将看到《优古堂诗话》与宋代的其他诗话类作品皆有佛禅风味这个共性。宋代诗话的开山之作，欧阳修的《六一诗话》，即是作者晚年受到佛禅思想影响而创作的，从书名即可窥见一斑。比吴幵稍早的范温，在《潜溪诗眼》中践行禅宗法眼的美学思想理论，以禅喻诗，提倡顿悟。与吴幵同时代的叶梦得在《石林诗话》中以云门宗的禅来论诗，其举“云门三句”以论杜诗，并提出作诗须“悟”，论谢灵运诗认为一般人往往不悟诗家妙处，亦讲论诗法炼字，《诗话》中“诗人以一字为工”条即论述杜甫诗歌炼字之妙。与吴幵同时且稍后的陈善的《扪虱新话》“大旨以佛氏为正道”①，其“心无定见故无定论”条即是用佛禅心境理论来阐述诗歌创作与心性的关系，其“文章有夺胎换骨法”条即是在阐述江西诗派的诗学理论，彰显出禅宗思维特质。而这两条皆与吴幵《优古堂诗话》论诗的相关条目相类。比吴幵稍后的吴可在《藏海诗话》中说：“凡作诗如参禅，须有悟门”，并作由三首诗组成的一组《学诗诗》，每首皆以“学诗浑似学参禅”起兴，用以强调诗须有悟门的观点。南宋末年严羽撰《沧浪诗话》，虽然反对江西诗派，标举盛唐之音，但是在以禅喻诗方面却与江西诗派毫无二致，《沧浪诗话》借鉴禅宗思想，提倡妙悟，其《诗辨》条云：“大抵禅道惟在妙悟，诗道亦在妙悟。”②而南宋末年张炎《词源》标举“清空”之说，即是以禅论词。此外，王直方《归叟诗话》、惠洪《冷斋夜话》，曾季狸《艇斋诗话》、周紫之《竹坡诗话》、杨万里《诚斋诗话》、罗大经《鹤林玉露》等诗话著作皆以禅论诗，与《优古堂诗话》相近。

当然，除了共性，亦有个性。《优古堂诗话》的以禅喻诗无论从共时性还是从历时性来看，皆具有异于他者的特质。这主要表现在吴幵在以禅论诗时，点到为止，含而不露，较有余韵，较为分散零散，既没有范温《诗眼》专一，又没有叶梦得《石林诗话》集中，更没有严羽《沧浪诗话》系统，而惟其如此，《优古堂诗话》方彰显出真正的禅

① 《四库全书总目》卷一百二十七《子部》，第1093页。

② 何文焕辑：《历代诗话》，中华书局，2004年，第686页。

味，不蹈袭前人窠臼，启发读者自悟，方得以流传千古。因此，其在宋代诗论中的地位是不容忽视的，从北宋欧、苏开始的以禅喻诗到南宋严羽系统地以禅喻诗，吴开起着承先启后的作用。其对欧阳修、范温、王直方均有一定的承袭，而对叶梦得、陈善、周紫之、吴可、杨万里、严羽等诗论家均有一定的影响。

要而言之，《优古堂诗话》借鉴禅宗因果理念以追溯诗歌源流，阐发诗歌中的心性思想，用禅宗法眼方法以论证诗眼，以禅宗二道相因的思维方式以论述诗歌理论，究其实质即是对禅宗美学思想精神的推崇与践行，由此禅学与诗学即合二为一。寻绎《优古堂诗话》的禅宗基因，不但有助于我们对其深厚的学理底蕴有一个全新的体认，而且有助于我们探究宋代禅宗与诗学的关系，同时也为我们了解宋代诗学的美学特质提供了一个不错的视角。

## 第五节 《张佩纶日记》中的诗学与经学关系考论

日记一般是文人申抒性灵，聊以自慰的真情之作，其中包罗万象，囊括古今，既有对日常生活的记述，又有对时事政治的看法，更有对学术思潮的评断，因而极具史料价值与研究意义。晚清名人皆好撰写日记以自娱，在客观上为后世留下了丰硕的社会史料与理论成果，如曾国藩《无慢室日记》、李慈铭《越缦堂日记》、叶昌炽《缘督庐日记》、王闿运《湘绮楼日记》、翁同龢《翁文恭公日记》等。而《张佩纶日记》则是记录张佩纶思想意识的重要史料，亦是探究其学术思想的重要切入点。张佩纶(1848—1903)，字幼樵，一字绳庵，直隶丰润人，同治年间进士，授翰林院侍讲，晚清“清流”派名臣，性行耿介，刚直不阿，累疏指陈经世大略，以弹劾大臣闻名，为“得名最远，招忌最深”之清流党人，后入李鸿章幕府，既是李鸿章的女婿，又是近代作家张爱玲的祖父。张佩纶学术造诣极高，成就亦颇为突出，与张之洞齐名。其精研《管子》，擅写奏议，撰有《涧于集》与《涧于日记》，并仿《四库全书总目》之例，编纂《管斋书目》《丰润张氏书目》两部目录学专著，著录书籍约六百种。其在晚清政治外交与学术思想方面均具有一定的影响力，是一位学者型的政治家。作为清流主将，张佩纶个性鲜明，学识渊博，在《日记》中涉及了经学、史学、子学，文学等诸多传统学术领域。而尤为值得注意的是，张佩纶的诗学观念与经学理念不仅极具强烈的经世精神和实用价值，而且具有学术逻辑的内在一致性和价值取向的外在统一性。迄今为止，学界对张佩纶的研究多集中在他的政治生涯、经世思想、社会人际关系，以及《管子》学与目录学的成就方面，然而对张佩纶诗学的研究却鲜有涉及，而对其诗学与经学关系的研究更是一片空白。与本节内容相关的研究成果主要有两篇硕士论文。一是 2005 年河北大学耿茹的硕士论文《张佩纶思想研究》，该文论述了张佩纶的学术思想，对其诗歌思想精神进行了简要的评价，但未能扩展开来，亦未对其诗学思想进行探究。一是 2010 年暨南大学阴迎新的硕士论文《张佩纶诗歌研究》，该文对张佩纶的诗歌内容与艺术特色作了客观的论述，对其在晚清诗坛的地位作了公允的评价，并在最后一部分探讨了张佩纶的诗论，但只是泛泛而谈，未能深入探究，其最大的特色是对张佩纶关于女性诗歌的评论作了评价。总的来说，目前学界虽对张佩纶诗歌成就与诗学理论虽有所论及，但成果甚少，更是缺乏深度与广度，而张佩纶在晚清政界与学界的特殊地位与影响力又决定了对其诗学理论进行探讨的必要性，而本节以其日记为视角，对张佩纶的诗论从宏观与微观，从局部到整体，从点到面地进行了研究，并以其诗学与经学的关系为核心纽带与探究重心，借以管窥晚清的诗学思想走向，学术思潮发展趋势，以填补当今学术研究的一块空白，这亦是创新之处，是以笔者不揣浅陋，尝试就此问题做一些初步探赜，恳请方家指正。

## 一、知人论世：人品与诗品的统一

张佩纶是清末名臣，清流党人，正直耿介，声望极高。他的诗学思想绍承孟子，站在儒家的伦理道德立场上评骘歌诗文作品，形成了强烈的经世致用和富有浓厚的儒学伦理倾向的诗学观念。如其在光绪十五年正月十八日的《津门日记》中说：

> 连日读《元遗山集》。余读诗，每以知人论世为主。其人不肖，其诗必不能佳。众以为佳，余亦不取。遗山生平以崔立一碑为大疑案，乃取张石洲本合翁、凌、施三谱参证。翁、凌均据本集及陵川之辨以驳《归潜志》之诬。施北砚独主刘京叔说，云名职累人，不敢为先生讳。余谓崔立此碑，王从之，虽却翟奕辈之请，后仍胁刘祁、麻革等为之。如祁所言，则裕之秉笔而托于祁作，祁固得罪名教矣。裕之即不作此文，要当时必豫其事。故祁得以诬之："薄云乎，尔恶德无罪？"郝伯常云，岂得独罪元遗山？谓祁当并坐，当首恶，而亦非以遗山为罪也。夫王从之不愿作碑，而祁毅然作之，如郝辨所云不顾名节。若此，宜内翰与裕之，当遂与祁绝，乃内翰泰山之游仍与刘、郁同行，而遗山亦不与祁、郁乖异。《上梁文》中称三名流，初不深斥。凌仲子举此谓其存心忠厚，此非忠厚也。盖王若虚及元裕之不愿作碑，而使翟奕、张信辈胁刘、麻自代，此若虚之智也。祁亦不愿作而无计自脱，遂丧心为之。此刘祁之大谬也。祁久而自悔，故不得不反噬若虚、裕之以自解。若虚、裕之当时实亦与其事，故不能迳绝祁、郁。此事底蕴，合裕之内翰表、《上梁文》及《归潜志》观之，是非自定。凌、翁皆强辨，而施则定论也。余言似涉刻覈，然文人狡狯，事复饰非文过，如遗山者甚多。后之论事者因其文而重

> 其人，反为之欺饰辉护，比比皆是，最为陋习，故不可以补辨。①

张佩纶在日记中首先阐明自己以“知人论世”为诗学理念，认为诗品随人品而定，人品不好则诗文亦不佳。接下来对金源文宗元好问崔立碑疑案进行了考辨，指出元好问即使未作碑文，但必定参与其事，为人所不齿，这是其人生的一大污点，而后人因其诗文绝佳而为其掩饰回护，亦是不该。可见张佩纶认为诗品要与人品统一，只有人品好诗品才有可能高，只有通过“知人论世”的方法才能了解诗人的真实品格，而后人亦应实事求是，不必为尊者讳。从张佩纶的这段考证可以看出，他采用了乾嘉汉学的考据方法，同时亦有义理分析，可谓义理考据兼备。

张佩纶以人品论诗还表现在对杜牧的评价上面，他在光绪十五年正月二十七日的日记中说：

> 夜与合肥师论诗。师以余近作颇似小杜，余何敢当。因取樊川诗论之。世动以樊南与樊川并称，实则小李非小杜敌也。《四库提要》引其《寄小侄阿宜诗》曰：“经书刮根本，史书阅兴亡。高摘屈宋艳，浓薰班马香。李杜泛浩浩，韩柳摩苍苍。近者四君子，与古争强梁”，以为牧于文章具有根柢，宜其睥睨“长庆体”似矣，而未足尽牧之之生平也。夫牧之之时，党人方炽，乃为牛僧孺之书记，而不入牛党。论山东论回鹘，为卫公所赏，而又不入李党。观其所注《孙子兵法》，信一代奇才，学识并超。《罪言》洞达时势，不得仅以诗人目之。其人品、才学均超出元、白之上，故余事作诗，犹能豪达如此。视义山之周旋节幕不能自振者，异

① 张佩纶：《张佩纶日记》，凤凰出版社，2015年，第191~192页。

矣。故余论诗，必以人品为主，固哉之见，持之有故耳。①

李鸿章称赞张佩纶诗歌近似杜牧，张氏不敢当，缘由在于其对杜牧品格之景仰。按张佩纶极为推崇李商隐诗，早年曾为义山诗作注，但仍以为李商隐诗不如杜牧诗，他指出杜牧人品才学均远逾元稹、白居易，而亦为李商隐所不及，故以人品来看，小杜诗超出小李诗之上。这亦体现了他知人论世，注重人品的诗学理念。

## 二、调和唐宋：尊苏与抑黄的统一

自宋以降，大凡论诗者，皆不能不对唐音宋调之优劣进行评价，明清诗坛遂出现了唐宋诗之争，明人大抵“宗唐贬宋”，是以明代诗坛以宗唐派占据主流，清代宋诗派渐趋崛起而发展壮大，唐宋诗之争愈演愈烈。而纵观清代诗坛唐宋诗之争可见宗宋渐渐成为主流，融合唐宋之势亦很明显，但宗唐之势日益式微。张佩纶在光绪十七年十二月二十六日《兰骈馆日记》中摘录了朱彝尊的诗学语录以表明自己对唐宋诗之看法，朱彝尊语云：

迩者诗人多舍唐学宋，予尝嫌务观太熟，鲁直太生，生者流为萧东夫，熟者降为杨廷秀，萧不傅而杨傅，效之者何异海隅逐臭之夫耶？

学诗者以唐人为径，此遵道而得周行也。唐之有杜甫，其犹九达之逵乎。外是而高、岑、王、孟，若李，若韦，若元、白、刘、柳，则如崇期剧骖，可以交复而岐出。至若孟郊之硬也，李贺之诡也，卢仝、刘叉、马异之怪也。斯绠縆而登险者也。正者

① 《张佩纶日记》，第195页。

极于杜，奇者极于韩，此跻夫三峰者也。宋之作者，不过学唐人而变之尔，非能轶出唐人之上。若杨廷秀、郑德源之流，鄙俚以为文，诙笑嬉亵以为尚，斯为不善变矣。①

由以上引文可见，朱彝尊崇唐罢黜宋，认为学诗者当以唐诗为宗，宋诗乃是唐诗之变，不及唐诗。而张佩纶学诗“于国朝最爱竹垞”②，素所服膺朱彝尊之诗学思想，将此诗语摘入日记之中，其崇唐之思想倾向昭然可见。而如果以片面地或一味地崇唐来给张佩纶贴标签，则有失公正，他对宋诗也不是一概否定的，如其在光绪十七八十二月二十六日《兰骈馆日记》中写到：

《随园诗话》载：王楼村先生学三山，谓香山、义山、遗山也。晦若因之改(遗)香山为虞山，余皆不以为是。余亦有三山，则义山、半山、眉山耳。香山与义山太不类，遗山亦不足学。由半山以溯昌黎，由眉山以规李、杜，此学诗之天津梁，通唐宋之界而上，无晚唐波靡之音，下断西江粗直之派，则亦诗之中流也。③

张佩纶说自己于诗主要学习李商隐、王安石、苏轼三人。此三人，李商隐为唐人，王安石、苏轼为北宋人，他指出学宋是为学唐服务的，学宋是通往唐诗之桥梁。通过学习王安石而可得韩愈诗歌之精髓，通过学习苏轼，而可得李白、杜甫诗歌之神韵，融合唐宋名家诗歌之长而摒弃晚唐诗歌颓靡之音、江西诗派粗直之弊，则可得作诗之要旨。而学李商隐诗的终极目标亦是学杜诗，张佩纶说：“学杜须从义山

① 《张佩纶日记》，第 424 页。
② 《张佩纶日记》，第 334 页。
③ 《张佩纶日记》，第 427 页。

入，半山说也。学杜须从山谷入，虚谷说也。文达主半山，而不以虚谷为然。余遂服膺此语。"①总的说来，张佩纶表达出融合唐宋之诗学思想倾向。

对于宋代诗人，张佩纶最为推崇苏轼，他在光绪十五年三月十八日《津门日记》中说：

> 《石洲诗话》云："宋人七律，精微无过王半山。至于东坡，则更作得出耳。阮亭尝言东坡七律不可学，此专以盛唐格律言之，其实非通论也。"又云："太白仙才，独缺七律，得东坡为补作之，然已隔一尘矣。"余谓东坡之才，不知者动以太白拟之，非也。太白守六朝甚谨，其自开世界不如子美。坡公则开宋诗世界者，谓其作宋之子美则可，谓其作宋之太白则不可。所作七律，避盛唐而中唐。姚姬传云："东坡天才，有不可思议处。其七律只用梦得、香山格调，其妙处岂刘、白所能望哉?"然坡之七律亦不得云刘、白格调。要之，坡才何所不宜，而典太多，笔太疾，专以开合动荡，破西崑之饤饾，而率易之病间出，视介甫则近于疏，此当选而学之耳。翁尊之，王贬之，皆皮相也。②

张佩纶借助对翁方纲、王渔洋、姚鼐对苏轼看法之评价，表露出自己对苏轼之推崇，他指出苏轼在宋诗史上的地位与杜甫在唐诗史上的地位等同，皆为开一代诗风者，与李白在诗歌史上的作用与地位迥然有别。值得注意的是，张佩纶在赞扬苏轼的同时，亦贬抑了苏轼弟子，江西诗派的宗主黄庭坚，他在光绪十五年三月十七日的日记中摘录了纪晓岚《书山谷集后》中对黄鲁直的五古、七古、五六言绝、七

① 《张佩纶日记》，第492页。
② 《张佩纶日记》，第209页。

言绝的诸多毛病的评议之语，并评价云：

> 《提要》于黄诗极推许，乃覃溪先生所作。观此，知纪文达于谷诗所得甚深，故品题精刻如此。文达评苏诗，虽蹈明人批点习气，然足以药貌学坡诗之病。此论尤江西派所宜知。近人于诗学已无渊源，惟守伯言一派者，尊黄过甚。吾固喜纪文达之说，而尽录之。①

张佩纶为了打消读者的疑惑，首先说明《四库全书总目提要》对黄山谷的诗极为推崇并不是纪晓岚的主张，乃是翁方纲执笔之缘故，翁方纲主张崇宋的复古诗学，特别推崇黄山谷。张佩纶指出近代诗学已无渊源，梅曾亮一派的桐城派文人普遍推崇黄山谷奇崛兀傲之诗风，则有失偏颇，张氏自己则赞同纪晓岚对黄山谷诗歌持批评之态度。

张佩纶在光绪十七年十月廿二日《兰骈馆日记》中引述钱谦益之语，进一步阐述了自己对黄山谷的看法：

> 自宋以来，学杜者莫不善于鲁直，评杜者莫不善于辰翁。鲁直不知杜之真脉络，所谓前辈飞腾，余波绮丽者，而拟议其横空排奡，奇句硬语，以为得杜衣钵，此所谓旁门小径也。②

由此足见，张佩纶的推崇宋诗亦是有选择性的，对苏轼极为推许，而贬抑黄山谷，说明其对最能代表宋调风格的江西诗派“横空排奡，奇句硬语”的诗风是不满的。在张佩纶看来，苏轼、王安石之诗学唐人

① 《张佩纶日记》，第208页。

② 《张佩纶日记》，第411页。

而得神韵精髓，而以黄庭坚为代表的江西诗派学杜甫之诗而偏离正轨，误入旁门小径，是以不足取。总的看来，张佩纶诗学以唐为宗，而兼主宋诗。

张佩纶兼融唐宋，而以唐为主的诗学思想之形成除了朱彝尊外，亦有袁枚之影响。他在光绪十七年四月初五日《兰骈馆日记》中追溯了自己诗学思想形成之轨迹：

> 余少日学诗，邵香严丈授以《小仓山房诗》读之，后乃旁涉韩白诸家，而于国朝最爱竹垞，不喜渔洋，犹沿随园说也。入都后，如子俊、孝达均詈随园，遂不复深览。年来偶一阅之，则随园诗侭有功夫，未可轻贬。阮文达《孙莲水"春雨楼"诗序》："随园之才力大矣，门径广矣。有醇而肆者，亦有未醇而肆者。学之者不善，盖其肆而肆焉，以为出于随园，而随园不受也。即不敢肆其词，而遗其醇焉，以为出于随园，而随园不受也。"立论可谓精到允确。①

在日记中，张佩纶指出了自己对袁枚诗学认识的曲折过程，尽管以前对袁枚有误解，但最终还是极为服膺。而袁枚的诗学主张又是如何呢？他在《答施兰垞论诗书》云：

> 夫诗，无所谓唐、宋也。唐、宋者，一代之国号耳，与诗无与也。诗者，各人之性情耳，与唐、宋无与也。若拘拘焉持唐、宋以相敌对，是子之胸中有已亡之国号，而无自得之性情，于诗之本旨已失矣。②

① 《张佩纶日记》，第334页。

② 袁枚著，王英志编校：《袁枚全集新编·小仓山房文集》卷十七，浙江古籍出版社，2015年，第325页。

袁枚主张诗歌“无分唐宋”，评议诗歌，应当以性情为矩矱，而不应以国号时代为标准，反对唐宋之争，门户偏见，究其本质，即是兼融唐宋，而值得注意的是，袁枚于诗既重性灵，自是以崇唐为主，而其对宋诗批评比唐诗多，作为诗坛盟主，他的这种美学趣尚自然对后世文人的好尚产生了影响，张佩纶对唐诗的偏爱亦有袁枚诗学旨趣之因素。

## 三、诗文同本：诗歌与散文的合一

文人欲提高一种文体的地位，则必将其与他类高雅文体并举，如苏轼以诗为词，李清照提出词别是一家，是以词之地位得到了迅速提升。张佩纶认为诗文同本，虽不是为了提高诗之地位，但亦是为了拓展诗歌的价值意义和美学范畴。他在光绪十七年十月十六日《兰骈馆日记》中说：

> 陈后山云，杜之诗法，韩之文法也。诗文各有体，韩以文为诗，杜以诗为文，故不工耳。余按，杜文不工固已，以韩谓不工于诗，此后山之偏见也。《苕溪渔隐》论昌黎诗至三卷，续辑一卷，皆枝枝节节而论之。虽毁赞互见，其未窥昌黎诗之全体则一。夫诗文本是一事。昌黎之诗，与其文同。李汉所谓摧陷廓清之功，比于武事。苏明允所谓渊然之光，苍然之色，畏避不敢迫视者。不独陈其文，实兼其诗言之。文公以李杜并称，其诗实奄有李杜之长，李之奇而超，杜之厚而重，公尤得之。盖探原于二《雅》、三《颂》、楚《骚》、汉赋、古乐府，以成一家之体。籍得其高亮，郊得其坚瘦，荆得其议论，苏得其波澜。实中唐一大家，与白香山一平一奇，各极其妙。而学韩者易失之粗，学白者

易失之滑。韩、白不任咎也。世不知韩，至玉溪所谓(语)句奇语重喻者少耳。①

张佩纶对陈后山认为韩愈诗歌不工的观点进行了批驳，指出诗文本是一事，韩愈的文章与诗歌皆为一体之事。韩愈不仅文章极好，而且诗歌亦佳，兼具李杜之长，绍承了诗经、楚辞、汉赋、古乐府之优秀传统，而自成一家。张籍、孟郊、王安石、苏轼各得其长处之一。可见，张佩纶甚为推崇韩愈的诗歌，将韩愈诗歌的地位与其古文地位等同起来，对韩诗作为韩文外的又一美学范式的意义价值进行了论断，这就自然而然地提升了韩愈诗歌的艺术价值与影响力。将韩愈诗歌与散文等同起来，表现了对韩愈诗歌的推崇，归根结底即是对唐诗的倾慕，客观上提升了唐诗的地位，拓展了唐诗的美学范畴，亦间接地展现了自己对唐宋诗之争看法，并为尊唐一派添加了力量。

## 四、兼容汉宋：考据与义理的合一

清代末年，道咸以降，伴随着今文经学的崛起，面对着西学东渐，折衷汉宋二学以完善古代经学体系结构即成为传统学术文化发展的新趋势与新格局。张佩纶在诗学方面是唐宋并举的，在经学方面则是汉宋兼容融，盖由清末学术思潮多元化发展的影响及其个人所处的政治地位所致。他在光绪十八年六月二十九日《兰骈馆日记》中说：

国朝诸儒崇尚考证，名为汉学，其端发自顾亭林、阎百诗诸先生。自乾隆、嘉庆间，彬彬称盛矣。其间主张太过，至于诋毁

① 《张佩纶日记》，第409页。

程、朱，门户之见太重。江藩作《汉学师承记》，嗤毁宋学，不遗余力。余尝心非之。方植之殆心疾其非，乃著《汉学商兑》四卷，大攻汉学，然其言亦多过当。其上卷列诸儒诋毁宋学之说，如毛西河毁朱子，谓道学本道家学，两汉始之，历代因之，至华山而张大之，宋人又死心塌地以依归之。……然宋儒之独到处千古常存，汉学家驳之，朱子不见损。方氏尊之，朱子亦不见益。乃反唇相讥，其气嚣陵，其语庞杂，其识琐碎，所谓女子与贾竖争言，殊失大体。至国朝诸儒之考证，亦自不废江河流传万古。方氏惟以小学音韵为汉学诸公绝业，为唐宋以来所未有，而其他率一笔抹杀，而结之曰主张宗旨既偏，则邪说谬言实亦不少，未免有意轻藐，与江藩之过推汉学同一谬妄。此皆门户相激之偏，遂至学士大夫成一攻讦之派。吾谓真能通经之汉儒，真务究理之宋儒，必不如是。居今日而论儒术，汉学家流于琐碎，于小学尚未深通，辄拾乾嘉诸儒唾余，摇唇鼓舌，所谓碎义逃难者，正汉儒之所鄙。宋学家竟已绝响矣。窃谓必泥汉学，不过归于无用；必泥宋学，亦不过归于无用，去通经致用甚远。夫人生此世必以切于世用为主，穷通得失，自天主之，而所自主者，则在砥名厉行。以汉学之考证，求之制度事物，识其大者而小者可遗。以宋儒之义理，归之身体力行，践其实者而空者可略。于是，达而在上，则建言行政，均能斟酌古今，有裨实济；即穷而在下，治经自无汉儒党同妒道习气，穷理自无宋儒讲学标榜习气。可谓子夏曰："女为君子儒，毋为小人儒。"如此，庶平君子矣。余思辑《汉儒近思录》，专取汉人躬行实践之语，依《近思录》分门别类，使治经、穷理两途归于制行立身，而免于口舌之争。又思辑《汉唐以来学案》，申明通儒之学，断以外能济世、内能律身为主。而所谓训诂也，语录也，特学中之支流，不必千气万力，耗精神于无一用之地，而使吾儒所以自谬与所以教人者，无以异于朝市之争凌。虽余非其人，庶一息尚存，此志勿懈耳。①

张佩纶花了大量篇幅评议了有清以来的汉宋之争，持论有据，评骘公允。他认为汉学家和理学家的门户之争，互相攻讦是不正确的，无论是对己方还是对彼方的学术地位都没有任何影响。而真正的通经究理之儒必定有兼容胸怀，而不会有门户之见。汉学之弊在于琐碎，宋学之弊在于空谈。而文人当研习汉学以识学问之大体，钻研宋学以磨砺意志心性。将汉宋二学兼容起来，考据与义理并重，学问与立身并行，以经世致用为务，身体力行，践行实事，砥砺名节。如此，方可为“君子儒”：达则兼济天下，建言行政；穷则治经穷理，公正允直。张佩纶的观点实际上是在当时特定的学术思潮背景之下，以了解之同情的态度调和汉宋，裨补学术，是符合学术思潮发展逻辑的，亦是时世大势所趋。他打算编辑《汉儒近思录》《汉唐以来学案》，以此打通汉宋二学对立之畛域，使治经与穷理统一，济世与律身统一。

张佩纶的学术主张是汉宋兼容，这表明了他的学术视野的广阔和胸怀度量的宽广，唯有贯通汉宋，方可以经世致用，而他在朝政上积极建言献策，弹劾不肖，在日常生活中更是积极践行着自己通经致用的学术主张。如他在光绪十八年七月十一日《兰骈馆日记》中写到：

巳刻雨止，晚乃大晴。是日合肥夫人之柩，拟殡于北河新浮桥之新宅，以雨改期。《异议》：“《公羊》说雨不克葬，谓天子诸侯也。卿大夫臣贱，不能以雨止。”本朝儒，如毛西河《春秋传》、孔氏《公羊通义》、万氏《学春秋随笔》，则皆据《王制》“庶人县封，葬不为雨止”之文，在大夫士即无冒雨而行之理。况殡又轻

① 《张佩纶日记》，第480~482页。

于葬乎！及改期已决。巳刻，乃雨止渐晴矣。①

在日记中，张佩纶对李鸿章夫人之殡因雨改期的礼制依据进行了考证，指出根据许慎《五经异议》士大夫遇雨不应当改殡期，而毛奇龄《春秋传》、孔广森《公羊通义》、万斯大《学春秋随笔》根据《礼记·王制》提出士大夫遇雨要改变殡葬之期，是以李鸿章夫人之殡因雨改期。这就为李鸿章夫人之殡礼制找到了理论依据，在封建时代是极为实用的，可见张佩纶对汉学的精研精习与运用自如。

不仅如此，张佩纶在日记中对礼学、《春秋》学、《诗经》学、《尚书》学多之汉唐注疏多有考证勘正，兼采重今古文，重视训诂义理与微言大义之阐发，体现出经世致用之主张。如其在光绪十七年四月三十日《兰骈馆日记》中云：

《表记》："子曰：君子不以色亲人。情疏而貌亲，在小人则穿窬之盗也欤。子曰：情欲信，辞欲巧。"郑注："巧，谓顺而说也。"《疏》："与巧言令色异。"案，孔《疏》非也。《诗》及《论语》巧言皆谓小人，未有属之君子者。此"情欲信，辞欲巧"足上意，谓以色足恭一辈耳。天下安有如簧如流之君子哉？有色厉内荏之小人，有情疏而貌亲之小人，孔子均断为穿窬之盗。盗亦有道。若辈在盗中，特穿窬者耳，鄙之甚矣。②

此段文字不长，但内蕴极为丰赡，张佩纶对《礼记·表记》话语之郑玄注及孔颖达疏证进行了考辨，指出了孔颖达的错误之处，考据精密严谨，义理深刻详尽，体现了张氏对君子、小人的看法，体现出理论

① 《张佩纶日记》，第487页。
② 《张佩纶日记》，第343页。

联系实际之用。

如果说对汉学的考证表现了张佩纶的经世思想，那么张佩纶对宋学的探究则表现了张佩纶的修心情怀和真理追求，如他在光绪六年二月初六《嘉禾乡人日记》中云：

> 静坐，检《近思录·过克己篇》阅之，择数则录为韦弦。明道先生曰："治怒为难，治惧亦难克己可以治怒，明理可以治惧。"王文勤公尝以治惧句对止谤，莫如自修，书以自警。伯潜，文勤孙婿也，复书以勖。余窃谓余之病在怒不在惧，不如易克己可以治怒。属文勤公孙可庄修撰更书之。尧夫解他山之石可以攻玉者，温润之物若将两块玉来相磨，必磨不成，须是得他个粗砺底物方磨得出。譬如，君子与小人处，为小人侵陵，则修省畏避，动心忍性，增益豫防，如此便道理出来。阅此，觉尤怒俱消，寸衷冰释。谢子与伊川先生别一年，往见之。伊川曰："想别一年，做得甚功夫?"谢曰："也只去个'矜'字。"曰："何故?"曰："子细检点得来，病痛尽在这里，若按伏得这个罪过，方有向进处。"伊川点头，因语在坐同志者，曰："此人为学，切问近思者也。"问："上蔡才高，所以病痛在此。"朱子曰：此说是。谢氏谓去得"矜"字。后来"矜"依旧在，说道理爱扬扬地。"矜"字病根甚大，宜自克也。①

在光绪十九年十月十三日《兰骈馆日记》中说：

> 今日读书，每苦爱博不专，虽手不释卷，而掩卷辄忘，因忆朱子有言："昔日陈烈先生苦无记性，一日读《孟子》'学问之道

① 《张佩纶日记》，第37~38页。

> 无他，求其放心而已矣'，忽悟曰：'我心不曾收得，如何记得书？'遂闭门静坐不读书百余日，以收放心，却去读书，遂一览无遗。始知为学不可不先治心也。"又云："读书无疑者，须教有疑；有疑者却要无疑，到这里方是长进。"以此二说参之东坡"八面受敌法"，须以专静反复求之，庶不至须掷光阴。①

在第一段文字中，张佩纶翻检《近思录》，并作笔记，对去"矜"以治怒进行了论述。第二段文字指出自己因朱熹之语而悟出为学当先治心，专静以求方有所成之真理。由以足见其对宋学之服膺，将程朱理学之思想精神作为自己安身立命，进德修业之依归与方法，将宋学之作用落到实处以践行之。

总的来看，张佩纶修习汉学以资经世，作用在外，研习宋学以炼心志，作用在内。在外向和内向的双重维度上建构自己的知识体系与人格精神，与当时学术发展的趋势大体一致。

## 五、文经互证：诗学与经学的统一

作为内在指向的宋学与作为外在指向的汉学在各自的学术思潮背景下催生了不同的诗歌范式。简而言之，即汉学背景下出现了唐诗，宋学的背景中催生了宋诗。唐诗是汉魏六朝诗歌的延续，发展与革新，宋诗是唐诗的因革与宋学的产物。

张佩纶在诗学方面，主张唐宋兼融则与其主张汉宋兼修的经学主张相一致的。由此足见学术思潮对文学思想的沾溉是很明显的，亦是必然的。而从大的诗学背景上着眼，我们即可发现张佩纶的诗学思想亦与当时同光体诗人唐宋兼融的思想相一致，不同的是张氏主张

① 《张佩纶日记》，第569页。

以唐为主，而同光体主张以宋为主。同光体的唐宋兼融的诗学主张也反映了学术思潮对文学思想的主导作用。如陈衍提出“三元”说：“盖余谓诗莫盛于三元，上元开元，中元元和，下元元祐也。”①这三元分别为唐宋诗歌最盛之时期，开元、元和为唐代年号，元祐为宋代年号，三元分别是古代学术思潮中的汉学、新儒学、宋学兴盛之时。同光体另一诗论家沈曾植则提出“三关”说：“余尝谓诗有元祐、元和、元嘉三关。”②陈衍诗论由上至下进行梳理，而沈曾植诗论则是由下至上进行上溯，将“开元”易为“元嘉”，撇盛唐开元而窥视刘宋元嘉，体现了同光体诗学强烈的学术精神。元祐、元和、元嘉分别是古代学术思潮史上的玄学(汉学)、新儒学、宋学的兴盛时期。由此可见，同光体诗学有着强烈的学术思想意识，与张佩纶一样，在学术思潮上均主张汉宋兼修，在诗学思想上均主张唐宋并重。

晚清主张唐宋兼融的诗学思想并非空穴来风，陈衍提倡“三元”说，主张诗人之诗与学人之诗合，沈曾植标举“三关”说，亦强调诗歌的学术文化意蕴。可以看出，同光体诗人主张将唐诗的风神情韵与宋书筋骨思理两种美学意蕴弥纶合一，将学术与文学合一，儒士与文人合一，学问与道德合一。唐代杜甫、李商隐、韩愈，宋代王安石、苏轼之诗歌皆是诗人之诗与学人之诗之合，他们在诗中喜用典故，以学为诗，同时又兼具性情，既空灵蕴藉又理趣横生，是以同光体和张佩纶皆极为推崇这些唐宋诗人。

不同的是，同光体诗学以宋为主，取法乎下，而张佩纶则以唐为主，取法乎上。其中缘由在于：一方面，张佩纶受到朱彝尊早期诗学影响，注重性情意蕴的抒发，而特崇唐诗。另一方面张佩纶修习宋

① 陈衍著，钱仲联编校：《陈衍诗论合集》，福建人民出版社，1999年，第6页。

② 郭绍虞：《中国历代文论选》第四册，上海古籍出版社，1980年，第291页。

学，指向内心，作为修身养性之良方，以致实用，为个人之事，而研习汉学，指向外在，以经济为第一要义，偏于公事，而其为清流中坚，故以唐为主，疏泄性灵亦不足为怪。

张佩纶以知人论世为诗学圭臬，主张诗品与人品的统一，特重人品，即体现了其对宋学的服膺，将道德与文章等同起来，而不是一味追求诗歌的空灵秀逸，格调优胜。而张佩纶兼容唐宋，尊苏与抑黄的统一则体现出其对江西诗派的鄙夷，学问气息太浓而导致经世价值锐减，且缺乏唐诗的性灵飘逸，风神情韵之美。而将诗歌与古文等同起来，更是表达了对中唐诗歌经世载道价值的推崇，对诗歌经济时务的要求。对汉学的推崇及对宋学的关注均体现出张佩纶经世致用的经学思想倾向，而其诗学亦体现出经世致用之主张，可见经学对诗学的主导作用和影响力度。对张佩纶的诗学思想与经学思想之关系的揭示有助于我们对同光体诗学思想的体认以及晚清诗坛思想发展趋势的进一步体认。而其诗学与经学在晚清诗坛与学界既具有独特的地位与价值又具有普遍性的价值意义。而梳理清楚了张佩纶的诗学思想及其深厚的经学渊源，则对于张佩纶的为人处世及其诗歌文章会有更加清晰的理解与阐释。

## 余　论

除了受到朱彝尊、袁枚等人诗学志趣的影响，张佩纶的经学兼采汉宋，无门户之见，是其诗学兼融唐宋的主要原因。张氏经学思想对诗学理念的导向还是可见一斑的。清末学术以会通汉宋为大的趋势，而诗学亦是以调和唐宋为主旋律，从张佩纶学兼汉宋而主张兼融唐宋的诗学思想的个案即可以看出这一趋势。盖由晚清政局动荡，思潮多元，内忧外患，是以文人希冀会通汉宋，兼融唐宋之诗风，移风易俗，陶铸人才，以固国学之本，砥砺心性，经世致用，然后中学为体，西学为用，以图自强。值得注意的是，张佩纶的经学与诗学思想之形成虽是大势所趋，受社会感染，然其之绍承亦是渊源有自。晚清权臣李鸿章亦极为欣赏张佩纶，张佩纶亦师事李鸿章，常与李论学，尊其为“合肥师”，李鸿章将自己的爱女鞠藕嫁给张佩纶，因而张佩纶之学术思想受到李鸿章影响甚大，而李鸿章是曾国藩嫡传弟子，曾国藩为学兼采汉宋，将汉宋二学归要于礼学，经世与义理兼重，创立湘乡派，在姚鼐“义理、考据、文章”的为文主张之外，又加“经济”一条，可见其以文经世之思想。其所编选的《十八家诗钞》，亦是唐宋兼采，由此足见张佩纶的思想与曾国藩的主张几乎是一致的。而张佩纶对曾国藩“高山仰止，慨慕久之”①，喜读曾国藩文章，服膺曾氏论学之语，可以说，张佩纶的学术思想在很大程度上继承了曾国藩。值得注意的是，曾国藩在诗歌方面私淑江西诗派，诗学在兼融唐宋的同时，则以宗宋为主，与同光体一致，而这又与张佩纶偏重唐诗有所不同，由此可见二者诗学思想的和而不同。

概而言之，张佩纶的诗学主张与晚清诗学各派可谓和而不同。与桐城派相和的是均兼融唐宋，不同的是桐城派以宋为主。与宋诗派相和的是均研习宋代学人之诗，不同的是宋诗派贬斥唐诗。与湖湘派相和的是均推崇唐诗，不同的是湖湘派力反宋诗。与同光体相和的是均兼采唐宋，不同的是同光体以宋为主。而从大体上看，张佩纶与樊增祥、易顺鼎二人主张融合唐宋而又偏重中晚唐诗最为接近。但是樊增祥、易顺鼎在晚清政界、社会的影响力又是不可与张佩纶同日而语。通过对张佩纶诗学与经学关系的考论，及其诗学与晚清各派诗学关系的辨析可以窥见当时唐宋诗之争之一斑，诗学史发展之大趋势，亦可发现张氏诗学思想在晚清诗学界是有一席之地的，因而不可忽略。

① 《张佩纶日记》，第347页。

# 第五章　美学与文论的理论实践

理论的效用在于实践，中国古代美学与文论的思想理论必然浸入学人文士的意识深处，潜移默化成为他们的学术理念与属文宗旨，因此，只有深入探究古代学人文士对传统美学与文论的思想理论之实践，方能对美学与文论的意义价值有一个更为清晰的体认。在本章，笔者通过对东汉汝南袁氏与弘农杨氏两个家族的家族风操之考察，以揭示汉代经学世家对作为家学的经学的审美风潮的具体践行所导致的家风迥异之缘由；通过对《后汉书》不录《论衡》文之缘由的考辨，以探究范晔对六朝文艺美学理论的具体实践；通过对陆机诗歌用赋的考察，以探赜陆机对魏晋文艺创作的审美观念的具体实践；通过对庾信辞赋与《左传》的密切关系之探研，以考察庾信对南朝文学思潮的具体实践。

## 第一节　奢僭与质朴——东汉袁、杨二氏之家风的审美特质

汉代自武帝以降独尊儒术，官僚多以经术起家，遂逐渐兴起了一批以经学起家、累世为官的官僚地主。经学成为汉代士人的利禄之来

源、仕进之利器。东汉世家大族皆崇儒通经，世代传经，广收门徒，是故门生故吏遍布天下。累世经学是造就累世公卿的重要文化因素。东汉汝南袁氏与弘农杨氏俱为四世三公的世家大族，但是家族风操却迥然不同。世家大族家风的形成固然是根植于自身的不断积累和自我更新，但是也与外缘因素，特别是与学术文化的审美特质有着相当密切的联系。袁、杨二氏家风之异即体现了二者家学的审美风潮之差异。通过这一案例，我们可以对东汉经学的审美特质有一个更深入的体认。

## 一、东汉袁、杨二氏家风之异

东汉一代，沛郡桓氏、扶风贾氏、汉中李氏、江夏黄氏、蜀郡赵氏等均为累世公卿的世家大族。而在的众多世家大族中，汝南袁氏（袁安）和弘农杨氏（杨震）俱为四世三公，因此最为显贵。《后汉书·杨震列传》注引《华峤书》云："东京杨氏、袁氏，累世宰相，为汉名族。然袁氏车马衣服极为奢僭；能守家风，为世所贵，不及杨氏也。"①华峤在此一方面指出袁、杨二氏均为东汉名族，另一方面，亦是着重强调的是二氏家风迥异：袁氏奢僭，杨氏质朴。考察《后汉书》可知，弘农杨氏，"四世太尉、德业相继"②，如杨震畏四知而辞金，杨秉有三不惑，杨赐、杨彪皆以廉洁称，是故孔融称赞道："杨公四世清德，海内所瞻。"③范晔亦赞云："杨氏载德，仍世柱国。震畏四知，秉去三惑。赐亦无讳，彪诚匪忒。"④而汝南袁氏德业平平，

---

① 范晔撰，李贤等注：《后汉书》卷五十四，中华书局，1965年，第1790页。
② 《后汉书》卷五十四，第1790页。
③ 《后汉书》卷五十四，第1788页。
④ 《后汉书》卷五十四，第1791页。

末有美誉，“贵宠于世，富奢甚，不与它公族同”。① 且汉末，袁绍、袁术皆为军阀，割据一方，尤其是袁术僭号称帝，横征暴敛，终至族灭。按，袁、杨二氏所处的时代背景相同，权势地位亦相匹敌，而家风却迥异，缘由何在？其实，在二氏家风的背后有着深层的学术文化背景，正是由于家学风范的差异，从而导致了二氏家风的不同。在广阔的历史文化背景下，家族学术的审美风潮对世家大族的风操具有明显的导向作用。

汉代学术以经学为主。而自“汉元、成至后汉”，为经学“极盛时代”。由于东汉时期，经学世家业已形成，是故，东汉经学不同于西汉经学的独重师法，而是首重家法，正因如此，经学世家的家风也随之形成，打上了鲜明的经学烙印。皮锡瑞云《经学历史·经学极盛时代》云：

> 前汉重师法，后汉重家法。先有师法，而后能成一家之言。先有师法，而后能成一家之言。师法者，溯其源；家法者，衍其流也。……家法从师法分出……《后汉书·儒林传》云：“立五经博士，各以家法教授。”《宦者蔡伦传》云：“帝以经传之文，多不正定，乃选通儒谒者刘珍及博士良史诣东观，各校雠家法。”是博士各守家法也。《质帝纪》云：“令郡国举明经，年五十以上，七十以下，诣太学。自大将军至六百石，皆遣子受业。……四姓小侯先能通经者，各令随家法。”是明经必守家法也。②

按：皮锡瑞对东汉经学之重家法作了评述，揭示出了家法在东汉经学

① 《后汉书》卷四十五，第1523页。

② 皮锡瑞著，周予同注释：《经学历史》，中华书局，1959年，第136～137页。

中的地位与价值。东汉世家大族的存在主要是基于以经学为代表的学术文化上的传承与垄断。东汉经学特重家法，从而导致东汉一代，家学蔚然成风，占据了经学的主流，而以经学为主体的学术文化对家法的重视是世家大族家风形成之主要因素。

汝南袁氏与弘农杨氏都是东汉累世专攻一经的经学世家，不同的是，汝南袁氏世传《孟氏易》，弘农杨氏代习《欧阳尚书》，《孟氏易》与《欧阳尚书》虽均为今文经学，但是二者经义截然有异，学术思想大相径庭，是故不同的学术风潮反映在不同的家族风尚上自然亦是断然不同的。可以说，正是不同的经学风潮与家学风范催生了不同的家风，经学世家的家风所体现的审美特质，正是相应的经学及家学的审美理念的具体呈现。因而，从袁、杨二氏的家学风范层面考察，方可管窥二氏家风迥异之缘由。

## 二、孟氏《易》学要旨与袁氏家学风范

司马迁云："《易》著天地阴阳，四时五行，故长于变。"①《易》学言阴阳消长，善于变化。《易》学渊源甚远，源自上古伏羲，至孔子作《十翼》，始为完备。自鲁人商瞿受《易》于孔子，五传至齐人田何。汉兴，田何传《易》，要言《易》者本之田何。田何授东武王同子中，洛阳周王孙、丁宽、齐服生，皆著《易传》数篇。田何之后，言《易》者多本之于丁宽。丁宽从田何学成东归至洛阳，复从周王孙受古义，号《周氏传》，作《易说》三万言，训故举大谊而已。宽授同郡田王孙。田王孙授施雠、孟喜、梁丘贺。由是《易》有施、孟、梁丘之学。② 汉宣帝时，施、孟、梁丘氏《易》皆立于学官。孟喜即是《孟氏易》之鼻

① 泷川资言：《史记会注考证》，新世界出版社，2009 年，第 5198 页。

② 参见班固撰，颜师古注：《汉书》卷八十八《儒林传》，中华书局，1962 年，第 3597、3598 页。

祖。《汉书·儒林传》云：

> 孟喜字长卿，东海兰陵人也。父号孟卿，善为《礼》《春秋》，授后苍、疏广。世所传《后氏礼》《疏氏春秋》，皆出孟卿。孟卿以《礼经》多、《春秋》烦杂，及使喜从田王孙受《易》。喜好自称誉，得《易》家候阴阳灾变书，诈言师田生且死时枕喜膝，独传喜，诸儒以此耀之。同门梁丘贺疏通证明之，曰："田生绝于施雠手中，时喜归东海，安得此事?"又蜀人赵宾好小数书，后为《易》，饰《易》文，以为"箕子明夷，阴阳气亡箕子；箕子者，万物方荄兹也。"宾持论巧慧，《易》家不能难，皆曰"非古法也"。云受孟喜，喜为名之。后宾死，莫能持其说。喜因不肯仞，以此不见信。喜举孝廉为郎，曲台署长，病免，为丞相椽。博士缺，众人荐喜。上闻喜改师法，遂不用喜。喜授同郡白光少子、沛翟牧子兄，皆为博士。由是有翟、孟、白之学。①

由是观之，《孟氏易》属于齐学系统。其鼻祖齐人孟喜，好吹嘘夸耀，弄虚作假，反复无常，以阴阳灾异解说《周易》，是一位叛离儒家师门、敢于接受异端邪说的易学家，不为当世《易》学家所信任，亦不为皇帝认可。但其弟子皆为博士，是故孟氏《易》立于学官。

汉代今文经学如按地域划分，可分为齐学和鲁学两类。齐学是在春秋战国期间齐学基础上形成的。齐文化源于齐国开国侯王吕尚所实行的一系列政策。《史记·齐太公世家》云："太公至国，修政，因其俗，简其礼，通工商之业，便鱼盐之利，而人民多归之，齐为大国。"②缘于因俗简礼的政治思想的形成，使齐国在学术文化方面，于

① 《汉书》卷八十八，第3599页。

② 《史记会注考证》，第2111页。

战国初孕育出“百家争鸣”的稷下学派和具有奇异色彩的邹衍“大九州、五德始终”学说汉代的齐学，是故在思想方面，则表现出不拘传统、富于创造、兼收并蓄的特征。它既有对春秋战国齐学的继承，又有自己的创新，其创新的内容是根据秦汉时期的政治需要和时代变化而形成的，主要是阴阳五行、黄老思想、方术之学、今文经学和谶纬。齐学主要特点为学风较为夸诞、罕言礼乐、不守师法，繁琐注经，好谈阴阳灾异，渐趋谶纬化，以天人之学为旨归。《汉书·地理志》云：“太公治齐，修道术，尊贤智，赏有功，故至今其土多好经术，矜功名，舒缓阔达而足智。其失夸奢朋党，言与行谬，虚诈不情，急之则离散，缓之则放纵。”①章太炎云：“汉世齐学，杂以燕齐方士怪迂之谈，乃阴阳家之变，鲁学尤近儒流。”②皮锡瑞云：“汉有一种天人之学而齐学尤盛。《伏传》五行，《齐诗》五际，《公羊春秋》多言灾异，皆齐学也。《易》有象数占验，《礼》有明堂阴阳，不尽齐学，而其旨略同。”③董仲舒把阴阳五行说和今文经《公羊传》相牵合，用以巩固皇权，就是沿袭齐学学风而发展的。辕固《齐诗》，施、孟、梁丘三家《易》，伏生《尚书》皆为齐学。作为齐学一脉的孟氏《易》学，自然就体现出齐学风尚。

《周易孟氏章句》久已失传，清人惠栋《易汉学·卦气图说》，焦循《易略图·论卦气六日七分》，张惠言《易义别录·周易京氏》，都汇录有孟喜《易》的残文即历代考评，且都与京氏易混论。现存《孟氏易》的最早资料，乃是唐代僧一行《历议六·卦议》所引孟喜思想：

> 十二月卦出于《孟氏章句》，其说《易》本于气，而后以人事明之。京氏又以卦爻配期之日，坎、离、震、兑，其用事自分、

① 《汉书》卷二十八下，第1661页。

② 章太炎：《菿汉三言》，上海书店出版社，2011年，第192页。

③ 《经学历史》，第106页。

> 至之首，皆得八十分日之七十三。颐、晋、井、大畜，皆五日十四分，余皆六日七分，止于占灾眚与吉凶善败之事。……又京氏减七十三分，为四正之候，其说不经，欲附会《纬》文《七日来复》而已。……当据孟氏，自冬至初，中孚用事，一月之策，九六、七八，是为三十。而卦以地六，候以天五，五六相乘，消息一变，十有二变而岁复初。坎、震、离、兑，二十四气，次主一爻，其初则二至、二分也。坎以阴包阳，故自北正，微阳动于下，升而未达，极于二月，凝涸之气消，坎运终焉。春分出于震，始据万物之元，为主于内，则群阴化而从之，极于南正，而丰大之变穷，震功究焉。离以阳包阴，故自南正，微阴生于地下，积而未章，至于八月，文明之质衰，离运终焉。仲秋阴形于兑，始循万物之末，为主于内，群阳降而承之，极于北正，而天泽之施穷，兑功究焉。故阳七之静始于坎，阳九之动始于震，阴八之静始于离，阴六之动始于兑。故四象之变，皆兼六爻，而中节之应备矣。①

由此观之，孟氏《易》学要旨主要包括：四正卦说、十二月卦说、六十卦配以七十二候、六日七分。所谓四正卦即以坎、离、震、兑，四卦共二十四爻，分主一年中二十四节气。其中坎、离二卦之初爻分主二至(冬至、夏至)，震、兑二卦之初爻分主二分(春分、秋分)，用阴阳说二至、二分，后世象数《易》学家吸收四正卦说，并广为流传。所谓十二月卦，即十二月消息卦，为从六十四卦中，选取十二卦，将其有规律组合以配十二月，表现一年四季十二月阴阳消长之变化特征，进而根据阴阳消长占卜吉凶成败。所谓六十卦配以七十二候，即

① 欧阳修、宋祁：《新唐书》卷二十七上《历志三》，中华书局，1975 年，第 598~599 页。

十二卦共七十二爻，代表七十二候：孟氏将四正卦、十二消息卦与一年四时、二十四节气、十二个月相配之后，又进而利用六十四卦，扣除坎、离、震、兑四正卦，剩余六十卦，将六十卦对应七十二候，分值周岁三百六十五日又四分之一，如此则一卦值六日七分。

综上所述，孟氏之卦气说，为一种占验术，属于象数《易》学，将卦象配合时日，比附人事，以探象数奥妙，究灾异深旨，后来的京房说妖异，即本于孟氏言灾异。孟氏《易》学之所以有上虚假浮夸、阴阳灾异之思想，是因为其受到地域文化之熏染。

东汉仍立五经十四博士，《易》为施、孟、梁丘、京四家。汝南袁氏世传《孟氏易》，其家学风范必然蒙上了作为齐学系统的孟氏《易》学之色彩。据《后汉书·袁安传》记载，袁安字邵公，汝南汝阳人。祖父良，习《孟氏易》，平帝时举明经，为太子舍人。安少传良学。肃宗时，累拜司徒，以直节著闻于世。安子京、敞最知名。京字仲誉，习《孟氏易》，作《难记》三十万言。累迁为蜀郡太守。敞字叔平，少传《易经》教授，累迁为司空。京子彭，少传父业，历广汉、南阳太守。彭弟汤，少传家学，诸儒称其节，多历显位。桓帝初为司空，以豫议定策封安国亭侯，食邑五百户，累迁司徒、太尉。汤长子成，左中郎将，早卒，次子逢嗣。逢字周阳，以累世三公子，宽厚笃信，著称于时。灵帝立，逢以太仆豫议，增封三百户。后为司空，卒于执金吾。子基嗣，位至太仆。逢弟隗，少历显官，先逢为三公。时中常侍袁赦，隗之宗也，用事于中。以逢、隗世宰相家，惟崇以为外援。成子绍，逢子术。袁彭孙闳，少励操行，苦身修节。从父逢、隗并贵盛，数馈之，无所受。二弟忠、弘，节操皆亚于闳。① 按：汝南袁氏四世三公，虽袁安、袁敞、袁彭等人以节操著称，但是大多皆无德操可言。如袁绍父袁成，“与梁冀结好，言无不从。京师谚

① 参见《后汉书》卷四十五，第1517～1527页。

曰：‘事不谐，问文开’”①。袁隗、袁忠、袁弘节操一般，无足称道。袁绍、袁术皆为汉末军阀，残酷纵恣。

袁氏家族世习《孟氏易》，唯有袁京作《易难记》三十万言，后虽佚，但以其三十万言观之，则知此作必浮词甚多，僭越师法，与东汉删减章句之风相悖。由于袁氏无章句流传，其治《孟氏易》缺少直接的经义文献，在此据旁证资料，管窥其家学风范。《后汉书·袁安传》载窦宪日矜己功，趁北单于败逃，塞北地空之际，欲结恩北虏，乃上立降者左鹿蠡王阿佟为北单于，置中郎将领护，如南单于故事。事下公卿议，太尉宋由、太常丁鸿、光禄勋耿秉等十人议可许。安与任隗奏，以为不可，事奏，未以时定。安惧宪计遂行，遂有《上封事谏立北单于》，其中引《易》章句云：“夫言行君子之枢机，赏罚理国之纲纪。”李贤注：“《易》云言行者，君子之枢机。枢机之发，荣辱之主也。”②按：“言行者，君子之枢机”出自《周易·系词上》第七。孔颖达《正义》云：“枢谓户枢，机谓弩牙。言户枢之转，或明或暗；弩牙之发，或中或否，犹言行之动，从身而发，以及于物，或是或非也。”③袁安引《周易·系辞》之语，以佐证其政治主张，指出言行忠信，赏罚分明对于国家治乱之重要性。

《后汉书·袁术传》称袁术少“以侠气闻，数与诸公子飞鹰走狗，后颇折节。举孝廉，累迁至河南尹、虎贲中郎将。后在南阳，户口尚数十百万，而不修法度，以抄掠为资，奢恣无厌，百姓患之。又少见谶书，言‘代汉者当涂高’，自云名字应之。又以袁氏出陈为舜后，以黄代赤，德运之次，遂有僭逆之谋。又闻孙坚得传国玺，遂拘坚妻夺之。兴平二年冬，天子播越，败于曹阳。术大会群下，因谓

① 《后汉书》卷七十四《袁绍传》，第2373页。

② 《后汉书》卷四十五，第1521页。

③ 李学勤主编：《十三经注疏·周易正义》卷第七，北京大学出版社，1999年，第276页。

曰：'今海内鼎沸，刘氏微弱。吾家四世公辅，百姓所归，欲应天顺民，于诸君何如？'众莫敢对。只有主簿阎象、张承劝谏。建安二年，因河内张炯符命，遂果僭号，自称仲家。术虽矜名尚奇，而天性骄肆，尊己陵物。及窃伪号，淫侈滋甚，媵御数百，无不兼罗纨，厌粱肉，自下饥困，莫之简恤。于是资实空尽，不能自立。……遂归帝号于绍，曰：'禄去汉室久矣，天下提挈，政在家门。豪雄角逐，分割疆宇。此与周末七国无异，唯强者兼之耳。袁氏受命当王，符瑞炳然。今君拥有四州，人户百万，以强则莫与争大，以位则无所比高。曹操虽欲扶衰奖微，安能续绝运，起已灭乎！谨归大命，君其兴之。'绍阴然其计"①。由此观之，袁术素无操守，依仗祖业权势，以谶书僭号称帝，及至败亡，仍是迷信袁氏受命当王，可谓谬哉！然其之所以有如此僭逆之志，亦是深受其家学影响所致。按：《孟氏易》之要旨即是以阴阳灾异解说《周易》，附会时政，为自身之阶级利益服务。袁术此举就是对《孟氏易》学思想之借题发挥。而袁氏家族中信奉"袁氏受命当王"者，不止袁术一人，袁叙又是一位。袁叙乃袁绍从弟，建安初为济阴太守。其《与从兄绍书》云："今海内丧败，天意实在我家，神应有征，当在尊兄。南兄臣下欲使即位，南兄言，以年则北兄长，以位则北兄重。便欲送玺，会曹操断道。"②可见，袁氏迷信天命，却不思修德立命，终至败亡。

总之，通过对袁安文章中所引《孟氏易》章句，袁京作《易难记》三十万言，大肆阐发义理，以及袁术等人迷信图谶，僭号称帝等一系列行径考察，可见袁氏家学风范由袁安的较为笃实忠信渐趋发展为袁京的浮夸荒诞、及至后世子孙的好谈阴阳谶纬。其缘由乃是袁氏家族受到作为家学的《孟氏易》之影响，而罕言礼乐、繁琐注经，变化

① 《后汉书》卷七十五，第2438、2439、2443页。

② 严可均辑：《全后汉文》卷三十，商务印书馆，1999年，第307页。

无常，好谈阴阳灾异，渐趋谶纬化。久而久之，这种作为意识形态的家学风范便反映到了道德品行之上：袁氏家族不能够持守家风，日益奢僭荒淫，终为士人所不齿。而这种奢僭家风正是齐地域文化和孟氏《易》学相结合的学术思潮在门徒家族风操方面的体现。

### 三、欧阳《尚书》学要旨与杨氏家学风范

《尚书》乃周官之旧典，经孔子删定以传世者。司马迁云："《书》纪先王之事，故长于政。孔子之时，周室衰微而礼乐废，《诗》《书》缺。追迹三代之礼，序《书传》，上纪唐虞之际，下迄秦缪，编次其事。"①秦焚书坑儒，《尚书》受厄最甚。汉兴，唯有故秦博士济南伏生治《尚书》，文帝闻伏生治之，"于是诏太常，使掌故朝错往受之。秦时禁《书》，伏生壁藏之，其后大兵起，流亡。汉定，伏生求其《书》，亡数十篇，独得二十九篇，即以教于齐、鲁之间。齐学者由此颇能言《尚书》，山东大师亡不涉《尚书》以教。伏生教济南张生及欧阳生。张生为博士，而伏生孙以治《尚书》征，弗能明定。是后鲁周霸、雒阳贾嘉颇能言《尚书》云。欧阳生字和伯，千乘人也。事伏生，授倪宽。宽又受业孔安国，至御史大夫，自有传。……欧阳、大小夏侯氏学皆出于宽。宽授欧阳生子，世世相传，至曾孙高子阳，为博士。高孙地馀长宾以太子中庶子授太子，后为博士，论石渠。……地余少子政为王莽讲学大夫。由是《尚书》世有欧阳氏学。林尊字长宾，济南人也。事欧阳高，为博士，论石渠。后至少府、太子太傅，授平陵平当、梁陈翁生。当至丞相，自有传。翁生信都太傅，家世传业。由是欧阳有平、陈之学。翁生授琅邪殷崇、楚国龚胜。崇为博士，胜右扶风，自有传。而平当授九江朱普公文、上党鲍宣。普为博

① 《史记会注考证》，第 2908 页。

士，宣司隶校尉，自有传。徒众尤盛，知名者也。”①“桓荣字春卿，沛郡龙亢人也。少学长安，习《欧阳尚书》，事博士九江朱普。……郁(桓荣子)字仲恩，少以父任为郎。敦厚笃学，传父业，以《尚书》教授，门徒常数百人。……郁经授二帝，恩宠甚笃，赏赐前后数百千万，显于当世。门人杨震、朱宠，皆至三公。”②

《史记·儒林列传》云：“伏生教济南张生及欧阳生，欧阳生教千乘兒宽。兒宽既通《尚书》，以文学应郡举，诣博士受业，受业孔安国。……张生亦为博士。而伏生孙以治尚书征，不能明也。自此之后，鲁周霸、孔安国，雒阳贾嘉，颇能言尚书事。孔氏有古文尚书，而安国以今文读之，因以起其家。”③《汉书·艺文志》云：“《古文尚书》者，出孔子壁中。武帝末，鲁共王坏孔子宅，欲以广其宫。而得《古文尚书》及《礼记》《论语》《孝经》凡数十篇，皆古字也。共王往入其宅，闻鼓琴瑟钟磬之音，于是俱，乃止不坏。孔安国者，孔子后也，悉得其书，以考二十九篇，得多十六篇。安国献之。遭巫蛊事，未列于学官。”④章太炎云：“伏生传《书》之后，未得壁经之前，《史记》称鲁周霸、孔安国，雒阳贾嘉，颇能言《尚书》事。孔安国为博士以书教授。兒宽初受业于欧阳生，后又受业于安国。所以然者，以欧阳生本与孔安国本不同耳。兒宽之徒，为欧阳高，大小夏侯。欧阳高，大、小夏侯三家，本之兒宽，而兒宽本之孔安国。孔安国非本之伏生，则汉之所谓今文《尚书》者，名为伏生所传，实非伏生所传也。三家《尚书》，亦有孔安国说，今谓三家悉伏生，未尽当也。”⑤由此观之，兒宽之欧阳《尚书》学既源于齐人欧阳生，以及鲁人孔安国。

① 《汉书》卷八十八，第 3603、3604 页。

② 《后汉书》卷三十七，第 1249~1256 页。

③ 《史记会注考证》，第 4897~4898 页。

④ 《汉书》卷三十，第 1706 页。

⑤ 章太炎：《章太炎讲国学》，吉林人民出版社，2008 年，第 114 页。

而孔安国所授予兒宽之《尚书》乃是今文，而非古文。但其所源不可知。后世欧阳《尚书》学皆本之于兒宽，是故欧阳《尚书》学自兒宽后已是齐鲁二学融合之产物。

鲁文化导源于周公旦在周初制定的礼乐制度，从《史记·鲁周公世家》中关于伯禽变其俗、革其礼以治鲁并融合周文化与东方文化建立“礼义之邦”的记载和春秋时期“学在官府”制度破坏、私家讲学之风兴起后出现的以孔子为代表的儒家学派之主张中，可窥探出鲁文化本于礼乐、好古敏求、质朴务实、无意标新的思想实质。春秋以降，礼崩乐坏。然而周礼对鲁国的影响仍较其他地方浓重。鲁人传授的儒经，学风比较谨守，与齐学相对应，称为“鲁学”。鲁学以《礼》《鲁诗》《穀梁春秋》《鲁论语》为主要经典以及以礼乐为中心的今文经学派，较为重视家法和师承。《汉书·地理志》云：“其(鲁国)民有圣人教化，故孔子曰：‘齐一变至于鲁，鲁一变至于道。’言近正也。濒洙泗之水，其民涉度，幼者扶老而代其任。俗既益薄，长老不自安，与幼少相让。……孔子闵王道将废，乃修六经，以述唐虞三代之道……是以其民好学，上礼义，重廉耻。”①然而鲁学与齐学这两种大相径庭的文化意识形态在战国时期即已出现了初步融合的情形。而在汉代大一统的政治态势下，齐学、鲁学在新层次上的流变融会，又占极其重要的地位。这在很大程度上决定了欧阳《尚书》学既重仁义礼制，又重因俗简礼；既恪守传统的师法、家法，又善于因时权变，从而融汇齐鲁文化之精髓。

汉代今文经学多喜谈天人之际，祥瑞灾异，繁琐注经，较为虚夸。伏生之《尚书大传》即以阴阳五行为基础而大谈阴阳灾异，昭帝时夏侯始昌与夏侯胜利用《洪范五行转》讲灾异与政事的关系，梁丘贺用易经占卜，京房更是利用易经引向专讲灾异。“秦近军能说《尧

① 《汉书》卷二十八下，第1662页。

典》，篇目两字之说至十余万言，但说粤若稽古三万言。”①但是欧阳尚书却较为朴实，精简章句，少谈灾异。由于《尚书欧阳章句》已经佚失，但通过许慎《尚书异义》中有引《欧阳尚书》之说，以及陈乔枞《尚书欧阳遗说考》、马国翰《玉函山房辑佚书·尚书欧阳章句》、皮锡瑞《今文尚书考证》等相关资料可知其学要旨主要包括：九族、六宗、三公、五行等学说。

九族：“九族乃异姓有属者。父族四：五属之内为一族，父女昆弟适人者与其子为一族，己女昆弟适人者与其子为一族，己之女子子适人者与其子为一族；母族三：母之父姓为一族，母之母姓为一族，母女昆弟适人者与其子为一族；妻族二：妻之父姓为一族，妻之母姓为一族。”②

六宗：“在天地四方之中，为上下四方之宗。三月庚辰，初更立六宗，祀于洛阳西北戌亥之地，礼比太社。”(《今文尚书考证》引《续汉志》)“上不及天，下不及地，旁不及四时，居中央，恍惚无有，神助阴阳变化，有益于人，故郊天并祭之。”③按：皮锡瑞评云伏，生谓天地四时，欧阳说与伏生似异而实不异。

三公：“古者天子有三公(司空，司马，司徒)，每一公三卿佐之，每一卿三大夫佐之，每一大夫三元士佐之，故有三公、九卿、二十七大夫、八十一元士，凡百二十。在天为星辰，在地为山川。”④

五行：“木，东方也。于《易》，地上之木为观。其于王事，威仪容貌亦可观也；火，南方，扬光辉为明者也。其于王者，南面向明而治；土，中央，生万物者也。其于王者，为内事；金，西方，万物既成，杀气之始也。其于王事，出君行师，把旄杖钺，誓士众，抗威

① 《汉书》卷三十，第1724页。
② 皮锡瑞：《今文尚书考证》，中华书局，1989年，第10页。
③ 《今文尚书考证》，第49、50页。
④ 《今文尚书考证》，第191页。

武，所以征叛逆止暴乱也。水，北方，终藏万物者也。其于人道，命终而形藏，精神放越，圣人为之宗庙以收魂气，春秋祭祀，以终孝道。”①

按：欧阳《尚书》学要旨体现了谨守师法，但不迂执，灵活变通，而又中规中矩，主张法古务实，强调仁义礼制。推阐经义以劝谏君王要遵守礼制，行止有度，亲贤远佞，勤政爱民，依法治国的质朴特性。在西汉，欧阳《尚书》即被称为朴学。《汉书·儒林传》云：“宽有俊材，初见武帝，语经学。上曰：‘吾始以《尚书》为朴学，弗好，及闻宽说，可观。’乃从宽问一篇。”②按：“朴学”之名即出于此。所谓朴学，即质朴之学，以求实切理为帜志，并崇尚朴实无华的治学风格。及至东汉，经学删繁就简之风盛行，而首推欧阳《尚书》学派。如：“荣受朱普学章句四十万言，浮辞繁长，多过其实。及荣入授显宗，减为二十三万言。郁复删省定成十二万言。由是有《桓君大小太常章句》。”③其既恪守师法、家法，又善于权变之求实学风尽显。欧阳《尚书》学重仁义礼制、道德操守之质朴学风的形成从更深层上讲，应是齐鲁两种学术文化相融合的结果。

弘农杨氏世习《欧阳尚书》，其家学风范必受齐鲁两种文化的影响以及《欧阳尚书》经义的熏染。《后汉书·杨震列传》载杨震字伯起，弘农华阴人。父宝，习《欧阳尚书》。哀、平之世，隐居教授。震少好学，受《欧阳尚书》于太常桓郁，明经博览，无不穷究。诸儒为之语曰：“关西孔子杨伯起。”年五十，乃始仕州郡，累迁为司徒、太尉。震五子，长子牧，富波相。少子奉，奉子敷，笃志博闻，议者以为能世其家。震中子秉。秉字叔节，少传父业，兼明《京氏易》，博通书传，常隐居教授。年四十余，乃应司空辟，拜侍御史，频出为

① 《今文尚书考证》，第247、248页。
② 《汉书》卷八十八，第3603页。
③ 《后汉书》卷三十七，第1256页。

豫、荆、徐、兖州刺史，迁任城相。自为刺史、二千石，计日受奉，余禄不入私门。故吏极钱百万遗之，闭门不受。以廉洁称。累迁为太尉。秉性不饮酒，又早丧夫人，遂不复娶，所在以淳白称。尝从容言曰我有三不惑：酒，色，财也。秉子赐，赐字伯献。少传家学，笃志博闻。常退居隐约，教授门徒，不答州郡礼命。后辟大将军梁冀府，非其好也。出除陈仓令，因病不行。公车征不至，连辟三公命。后以司空高第，再迁侍中、越骑校尉，累迁为司空、司徒、太尉。赐子彪，彪字文先，少传家学。初举孝廉，州举茂才，辟公府，皆不应。熹平中，以博习旧闻，公车征拜议郎，迁侍中、京兆尹。累迁为司空、司徒、太尉。自震至彪，四世太尉，德业相继，与袁氏俱为东京名族。由是观之，东汉弘农杨氏四世三公，家风淳朴、廉洁自律，是故范晔论其家世云："积善之家，必有余庆。"①

弘农杨氏世代研习欧阳《尚书》桓氏学，学风淳朴，能守家法。虽《桓君大小太常章句》已佚，且杨氏无章句流传，但从其家族所上奏疏中所引《欧阳尚书》章句，可窥探出杨氏家学风范。永宁二年，安帝乳母王圣，邓太后崩，内宠始横。安帝乳母王圣，因保养之勤，缘恩放恣；圣子女伯荣出入宫掖，传通奸赂。杨震上疏请出乳母王圣。在上疏中，杨震引经据典，妙语连珠，推阐情理，所引用欧阳《尚书》之章句为"唐虞俟乂在官，四凶流放，天下咸服，以致雍熙。方今九德未事、《书》诫牝鸡牡鸣"。② 按：《尚书·尧典》云："黎民于变时雍。庶绩咸熙。流共工于幽州，放允兜于崇山，窜三苗于三危，殛鲧于羽山，四罪而天下咸服。"③所谓"黎民于变时雍"，《孔传》："言天下众民皆变化化上，是以风俗大和。"《正义》："尧民之变，明其变恶从善，人之所和，惟风俗耳。人俗大和，即太平之世

① 参见《后汉书》卷五十四，第1759~1790页。

② 《后汉书》卷五十四，第1761页。

③ 《十三经注疏·尚书正义》卷第二，第27、28页。

也。”所谓“庶绩咸熙”，《孔传》：“众功皆广，叹其善。”《正义》：“言定历授事能使众功皆广，叹其善谓帝叹羲和之功业。”所谓“流共工于幽州，放允兜于崇山，窜三苗于三危，殛鲧于羽山，四罪而天下咸服”，《孔传》：“皆服舜用刑当其罪，故作者先叙典刑而连引四罪，明皆征用所行，于此总见之。”《正义》：“此四罪者，征用之初即流之也，舜以微贱超升上宰，初来之时，天下未服，既行四罪，故天下皆服舜用刑当其罪也。”①《尚书正义·皋陶谟》云：“亦行有九德：宽而栗，柔而立，愿而恭，乱而敬，扰而毅，直而温，简而廉，刚而塞，强而义。彰厥有常吉哉！九德咸事，俊乂在官。”②所谓“九德”，《孔传》：“言人性行有九德，以考察真伪则可知。……明九德之常，以择人而官之。则政之善。”《正义》：“如此九者考察其真伪，则人之善恶皆可知矣。……所言九德，谓彼人常能然者。若暂能为之，未成为德。故人君取士，必明其九德之常，知其人常能行之，然后以此九者之法择人而官之，则为政之善也。”③所谓“九德咸事，俊乂在官”，《孔传》：“使九德之人皆用事。谓天子如此，则俊德治能之士并在官。”《正义》：“使九德之人皆得用事，事各尽其所能，无所遗弃，则天下俊德治能之士并在官矣。”④按：“牝鸡牡鸣”与牝鸡司晨同义，比喻妇人窃权乱政，出自《尚书·牧誓》。《尚书·牧誓》云：“王曰‘古人有言曰：‘牝鸡无晨。牝鸡之晨，惟家之索。’今商王受惟妇言是用，昏弃厥肆祀弗答，昏弃厥遗王父母弟不迪，乃惟四方之多罪逋逃，是崇是长，是信是使，是以为大夫卿士。《孔传》：牝鸡无晨，言无晨鸣之道。喻妇人知外事，雌代雄鸣则家尽，妇夺夫政则国亡。《正义》：言家以对国耳。将陈纣用妇言，故举此古人之语。妇人不

① 《十三经注疏·尚书正义》卷第二，第66、70页。
② 《十三经注疏·尚书正义》卷第四，第104页。
③ 《十三经注疏·尚书正义》卷第四，第105、106页。
④ 《十三经注疏·尚书正义》卷第四，第106页。

当知政，是别内外之分。”①由《尚书正义》之注疏观之，杨震所引《尚书》典故极为妥帖，指陈得失，以资讽谏，笃守经义，辨虚妄、明是非。上疏虽短，而切中时弊，其笃厚踏实之学风昭然可见。

杨震子孙在上疏中亦是旁征博引，而且尤重《尚书》经文。如延熹三年，杨震子太尉杨秉复上疏谏任左右除拜，文中所引《尚书》章句为：“皋陶诫虞，在于官人。”李贤注：“《尚书》皋陶诫舜曰：在知人，在官人。”②按：《尚书·皋陶谟》云：“在知人，在安民。知人则哲，能官人。《孔传》：叹修身亲亲之道在知人所信任，在能安民。无所不知，故能官人。《正义》：人君行此道者，在于知人善恶，择善而信任之，在于能按下民，为政以安定之也。知人善恶，则为大智。能用官，得其人矣。”③熹平元年，青蛇见于御坐，杨秉子杨赐因蛇变上封事，文中典故有关《尚书》者极多：“休征则五福应，咎征则六极至。《尚书》曰‘天齐乎人，假我一日。’是其明征也。夫皇极不建，则有蛇龙之孽。《诗》云：‘惟虺惟蛇，女子之祥。’故《春秋》两蛇斗于郑门，昭公殆以女败。”④按：五福、六极者，《尚书·洪范》云：“五福：一曰寿，二曰富，三曰康宁，四曰攸好德，五曰考终命。六极：一曰凶、短、折，二曰疾，三曰忧，四曰贫，五曰恶，六曰弱。《正义》：五福者，谓人蒙福佑有五事也。六极谓穷极恶事有六。五福六极，天实得之，而历言此者，以人生于世，有此福极，为善致恶福，为恶致极，劝人君使行善也。”⑤所谓“《尚书》曰‘天齐乎人，假我一日’”，李贤注：“我谓君也。天意整齐于人，必假于君

① 《十三经注疏·尚书正义》卷第十一，第285页。
② 《后汉书》卷五十四，第1773页。
③ 《十三经注疏·尚书正义》卷第二，第103页。
④ 《后汉书》卷五十四，第1776页。
⑤ 《十三经注疏·尚书正义》卷第十二，第324页。

也。今《尚书》文假作俾。俾，使也，义亦通。”①按：《尚书·吕刑》云：“天齐乎人，假我一日，非终惟终在人。《孔传》：天整齐于下民，使我为之，一日所行，非为天所终，惟为天所终，在人所行。《正义》：言已当慎行以顺天也。”②所谓“夫皇极不建，则有蛇龙之孽”。李贤注：“《洪范五行传》曰：皇，大也。极，中也。建，立也。孽，灾也。君不合大中。是谓不立。蛇龙，阴类也。”③而对于“《诗》云：‘惟虺惟蛇，女子之祥。’故《春秋》两蛇斗于郑门，昭公殆以女败。”李贤注云：“《洪范五行传》曰……郑昭公殆以女子败矣。”④上述两处引文均出自伏生《洪范五行传》，该《传》是对《尚书·洪范》的诠释著作，通篇充满了神秘的五行灾异思想，首次把《洪范》中所说君王日常行为的五事：貌、言、视、听、思，分别与五行：木、火、金、水、土相配。并创造性地把自然界发生的种种灾异现象归划为五大类，分属于木、火、金、水、土。此外，还用五行相克的理论解读灾异现象发生的原因。此《传》开创了用五行言灾异以及用五行灾异之说解释儒家经典的先河，其在今文经学史上的重要地位极为重要。但值得注意的是，杨赐在上疏中虽引《洪范五行传》之经义，并不是为了宣扬神秘的阴阳灾异，而是劝善惩恶，期望灵帝明德亲民，改革弊政。

中平七年，关东兵起，董卓惧，欲借《石包谶》，徙都长安以避难，乃大会公卿商议。杨赐子司徒杨彪曰：“移都改制，天下大事，故盘庚五迁，殷民胥怨。……《石包室谶》，妖邪之书，岂可信用?”李贤注：“盘庚，殷王之名也。胥，相也。迁都于亳，殷人相与怨恨。汤迁亳，殷人相与怨恨。汤迁亳，仲丁迁嚣，河亶甲居相，祖乙

① 《后汉书》卷五十四，第1777页。

② 《十三经注疏·尚书正义》卷第十九，第543、544页。

③ 《后汉书》卷五十四，第1777页。

④ 《后汉书》卷五十四，第1777页。

居耿，并盘庚五也。”[1]按：《尚书·盘庚》云：“盘庚五迁，将治亳殷，民咨胥怨。《孔传》：自汤至盘庚凡五迁都，盘庚治亳殷。民不欲徙，乃咨嗟忧愁，相与怨上。”[2]杨赐最后指斥《石包室谶》为邪书，这在汉末谶纬流行的形势下，是难能可贵的。

通过以上对杨氏家族在上疏中所引《尚书》经义的分析，可见，杨氏家学风范较为朴实，能守师法、家法，虽谈阴阳五行，但是不信谶纬。此学风显然是受到了作为齐鲁二学相融合的欧阳《尚书》学之影响而形成的。这种质朴务实的家学风范自然对家族风操产生了影响。所以杨氏家族四世三公，虽极为显贵，但是注重仁义礼制、淳朴廉洁，家风笃厚，为世所贵，与袁氏的荒淫奢僭形成了鲜明的对比。其实，这两种迥异的家风正是不同的地域文化和学术思潮在学人风操方面的反映。由于汝南袁氏世习属于齐学系统的《孟氏易》，而未能吸取他家之长，抱残守缺，擅改师法，变化无常，喜谈阴阳，最终与谶纬相结合，从而导致了家风的变质。而弘农杨氏世传欧阳《尚书》学，虽源于齐学，但是经过兒宽的转益多师，又补充了鲁学的新鲜血液，其经义从而融合了齐鲁二学之长，又加上桓荣父子删减章句，质朴之风尽显。是故，杨氏家学极为淳朴，家风自然能够得到持守。

## 结　语

总之，袁、杨二氏迥异的家风，并非一偶然现象，而是当时学术、政治、地域文化、社会发展共同孕育而形成的，在士族文化史上具有极重要的意义。在众多因素中，相应的经学风潮和家学风范是导

① 《后汉书》卷五十四，第 1787 页。

② 《十三经注疏·尚书正义》卷第九，第 224 页。

致二氏家风迥异的主导因素。可以说人性的光辉与卑琐主要取决于其家族学术风潮的审美特质，奢僭的家学审美风潮一旦内化到家族门人的血液精魂之中自然催生出奢僭的家风，而质朴的家学审美风潮一旦内化到士人的血液精魂之中自然就铸造出了淳朴的家风。袁、杨二氏家风之异即体现了这一点。袁、杨二氏家风的形成可以被视为汉代社会由盛而衰的历史过程中蕴含了政治导向、文化抉择以及学术转向等多重意义的意识形态的审美嬗变，从一个侧面昭示出在汉代广阔的社会背景下，经学审美风潮与家族风操之审美特质之间既含张力又具合力，二者的发展演进具有高度的一致性。要言之，特定的家风之审美特质正是特定的经学及家学的审美风潮的熏染所致，从某种意义上说，家风的审美特质取决于家族士人对家学审美风潮的具体践行。可以说，家风的特质不仅是学术的，更是审美的。

## 第二节　《后汉书》不录《论衡》文考辨

范晔《后汉书》将王充、王符、仲长统三人合传，显然是根据三人的特点，将他们都列入了思想家、论说文家一类。后世学者将三人誉为“汉世三杰”。表面上看去，似乎范晔对此三人是一视同仁的，故而将他们列为一类。其实仔细读来，却不尽然。因为范晔虽对三人的评价都很高，但是对王符《潜夫论》、仲长统《昌言》中的文章有所采摭，却未采摭王充《论衡》里的篇章，这就令人很是费解。其实范晔不录《论衡》文，不是无意间的疏漏，而是有意为之的，并且对《论衡》在中国学术史上的命运产生了极大的影响。寻绎范晔选文的缘由，将会加深我们对《论衡》的理解以及对范晔史学思想的认识，因而具有一定的学术价值与意义。

## 一、前人的看法

范晔缘何于王充、王符、仲长统三人合传中只采摭王符《潜夫论》与仲长统《昌言》中的文章呢？此中必有缘故。前人对此鲜有评述。明确解释此问题的学者乃是清人黄式三，他认为这主要是因为《论衡》本身的弊端，他在《儆居集》四《读子集》一《读王仲任〈论衡〉》中说：

> 后汉王仲任充、王节信符、仲长公理统同传，范氏论此三子，多谬通方之训，好申一隅之说，赞曰："管视好偏，群言难一，救朴虽文，矫迟必疾。"然则节信《潜夫论》、公理《昌言》，传录其要略，而独不录《论衡》，岂非以仲任之书矫枉过正之尤甚邪！读其书，问孔、刺孟，谬矣。汉世以灾异免三公，欲矫其说，而谓灾变非政事所召，复谬矣。讥时之厚葬，遂申墨子薄葬之说，而谓人死无知，不能为鬼，抑又谬矣。物之灵者蓍龟，皆死而有知，人独无知乎？而仲任所详言者天命，其说之遗误后人，而不可不辩者，尤在此也。①

黄式三认为《论衡》矫枉过正，纰缪较多，尤其是问孔刺孟，自然为封建正统思想所不容，因而《后汉书》不录其文。黄氏的看法是很有代表性，也是很有市场的，也点到了《论衡》的要害之处，自然会得到贬低《论衡》的学者的共鸣。那么范晔也是这个观点吗？遗憾的是，目前尚无法找到这方面的证据。不过从现有的文献资料看，范晔没有

① 王充著，黄晖撰：《论衡校释》附编三《论衡旧评》，中华书局，1990年，第1249页。

重点针对《论衡》进行攻击、贬低，他对三家思想的评论均较为客观。《后汉书·王充、王符、仲长统列传论赞》云：

> 数子之言当世失得皆究矣，然多谬通方之训，好申一隅之说。贵清静者，以席上为腐议；束名实者，以柱下为诞辞。或推前王之风，可行于当年；有引救敝之规，宜流于长世。稽之笃论，将为敝矣。如以舟无推陆之分，瑟非常调之音，不限局以疑远，不拘玄以防素，则化枢各管其极，理略可得而言与？赞曰："管视好偏，群言难一。救朴虽文，矫迟必疾。举端自理，滞隅则失。详观时蠹，成昭政术。"①

可见，范晔认为诸家思想皆有荒谬偏颇之处，他并没有认为其中一家或两家的思想比较好一些，所以他对三家的评价是很公平的。那么既然没有门户之见，亦无优劣之分，而以这个衡量尺度去选录文章的话，那就没办法解释其唯独不录《论衡》文这个事实了。而范晔为什么会有如此公正客观的思想呢？这就要从他的身世及时代背景方面去考察了。

范晔出生于仕宦之家，书香门第，是范泰少子，但由于是庶出，自幼不为父兄所爱，身处晋宋易代之际，仕途坎坷，屈伸荣辱，所以他"不得志，乃删众家《后汉书》为一家之作"②。可见，他著《后汉书》的动机与司马迁亦有相合之处。他"少好学，博涉经史，善为文章，能隶书，晓音律"③，是故儒家文化早已深深融入了他的精神与血液之中，入宋以后，他多居要职，是入世的，但是由于宦海浮沉，

① 范晔撰，李贤等注：《后汉书》卷四十九，中华书局，1965 年，第 1660、1662 页。

② 沈约：《宋书》卷六十九，中华书局，2000 年，第 1202 页。

③ 《宋书》卷六十九，第 1202 页。

命途多舛，所以他必然从内心去寻求道家思想来作为精神上的慰藉，以此来排遣烦闷。而且晋宋之交，玄学尚存余力，佛学也渐趋兴盛，玄佛合流，那么他的人格精神必然杂糅了儒释道三家思想。所以，他并没有也不会以儒家的卫道士的身份来修史，自然也不会因为《论衡》的"问孔刺孟"而贬抑之。是故，范晔对三人的评判态度是较为公正公平的。那么黄式三对此问题的解释并未揭开事实的真相。

## 二、不录《论衡》文之因

既然从黄式三的说法、范晔的人格精神及其对三人作品的总体评价中都看不出端倪，那么就应当从三人的本传中去寻找答案，寻求本证是较为科学的。

我们首先考察一下范晔对《潜夫论》与《昌言》的评价。《后汉书·王符传》云：(王符)"志意蕴愤，乃隐居著书三十余篇，以讥当时失得，不欲章显其名，故号曰《潜夫论》。其指讦时短，讨谪物情，足以观见当时风政，著其五篇云尔。"①《后汉书·仲长统传》云："(仲长统)每论说古今及时俗行事，恒发愤叹息。因著论名曰《昌言》，凡三十四篇，十余万言。……今简撮其书有益政者，略载之云。"②由此可见，范晔认为《潜夫论》与《昌言》都是针砭时弊、月旦社会之作，属于政治论文的范畴，所以选取其书中有益于时政的篇章，载入史册。是故，范晔选录了《潜夫论》中的《贵忠篇》《浮侈篇》《实贡篇》《爱日篇》《述赦篇》等五篇；著录了《昌言》中的《理乱篇》《损益篇》《法诫篇》等三篇。这也是与范晔修史的目的是一致的。范晔在《狱中与诸甥侄书》中说明了他编纂《后汉书》的目的是，"欲因事就卷内发

① 《后汉书》卷四十九，第1630页。
② 《后汉书》卷四十九，第1646页。

论，以正一代得失”①，明确地提出写史是为政治服务的。因此，范晔特别重视史论。他说：“详观古今著述及评论，殆少可意者。……吾杂传论，皆有精意深旨，既有裁味，故约其词句。”②他用论赞的形式来评论史事，把史论作为压轴之作，精心构思，用力甚深，亦是《后汉书》的一个极大的特色。如此看来，范晔采摭《潜夫论》与《昌言》里的文章自然是顺理成章的事情了。

那么，范晔是如何评价《论衡》的呢？《后汉书·王充传》云：“充好论说，始若诡异，终有理实。以为俗儒守文，多失其真，乃闭门潜思，绝庆吊之礼，户牖墙壁各置刀笔。著《论衡》八十五篇，二十余万言，释物类同异，正时俗嫌疑。”③王充认为庸俗的文人墨守成规，大多失去了儒家思想的本质，因而创作了《论衡》，诠释万物的异同，纠正时人疑惑之处。可以说，在范晔看来，《论衡》是偏重儒学思想性的论说文，而与政治联系不大或根本不相关联，因而不是政论文之属，那么王充著述《论衡》的目的就与范晔的修史目的不符，而且《论衡》亦非纯文学的范畴，所以范晔自然是不采摭其文的。《四库总目提要》评价云：“范氏以符与王充、仲长统同传，韩愈因作《后汉三贤赞》。今以三家之书相较，符书洞悉政体似《昌言》，而明切过之；辨别是非似《论衡》，而醇正过之；前史列之儒家，斯为不愧。”④由此可见，《四库提要》认为《潜夫论》与《昌言》都是“洞悉政体”的政治论文，而《论衡》则是偏重于“辨别是非”的哲学论文。章太炎在《检论·学变》中云：

① 《宋书》卷六十九，第1209页。

② 《宋书》卷六十九，第1209页。

③ 《后汉书》卷四十九，第1629页。

④ 永瑢等：《四库全书总目》卷九十一《子部一》，中华书局，1965年，第773页。

> 汉、晋间学术则五变：……华言积而不足以昭事理，故王充始变其术，曰："夫笔著者，欲其易晓而难为，不贵难知而易造；口论，务解分而可听，不务深迂而难睹也。"作为《论衡》，趣以正虚妄，审乡背。怀疑之论，分析百端；有所发擿，不避孔氏。汉得一人焉，足以振耻。至于今，亦未有能逮者也。然善为蜂芒摧陷，而无枢要足以持守，斯所谓烦琐哲学者。惟内心之不充颎，故言辩而无继。……东京之衰，刑赏无章也。儒不可任，而发愤者变之以法家。王符之为《潜夫论》也，仲长统之造《昌言》也，崔寔之述《政论》也，皆辨章功实，而深嫉浮淫靡靡，比于"五蠹"；又恶夫以宽缓之政，治衰敝之俗。《昌言》最恢广，上视杨雄诸家，牵制儒术，奢阔无施，而三子闳达矣。①

章太炎又在《国故论衡·论式》中云："后汉诸子渐兴，讫魏初几百种。然深达理要者，辨事不过《论衡》，议政不过《昌言》，方人不过《人物志》，三家差可以攀晚周。其余虽娴雅，悉腐谈耳。"②章太炎认为《论衡》是一部思辨性的哲学著作，是"辨事"的。而《潜夫论》与《昌言》则是法家经世之作，有着政治色彩，是"议政"的。这种观点与范晔的看法是一致的。其实《论衡》是疾虚妄、斥鬼神的一部唯物主义哲学著作，虽然极具思想性，但是属于哲学范畴，而不属于政治学范畴。那么范晔不录其文就不足为怪了。范晔既然以这样的法则来采摭文章，自然非仅对《论衡》如此，他书亦然，比如对于应劭《风俗通》亦不收录，只是简单提到而已，而对于应劭的驳议、奏疏等政论文则有所采摭。究其原因，王鸣盛在《十七史商榷》中说得很明白：

① 傅杰：《章太炎学术史论集》，云南人民出版社，2008年，第322页。

② 章太炎著，庞俊、郭诚永疏证：《国故论衡疏证》，中华书局，2008年，第389页。

> 《后汉书·应奉传》曰："应劭撰《风俗通》，以辩物类名号，识时俗嫌疑。文虽不典，后世服其洽闻。"又曰："甄纪异知，虽云小道，亦有可观。"按劭，汉俗儒也；《风俗通》，小说家也。蔚宗讥其不典，又云异知小道，可谓知言。王充传云："著《论衡》八十五篇，释物类同异，正时俗嫌疑。"此与《风俗通》品题略同，尤为妙解。盖两书正是一类，皆摭拾謏闻，郢书燕说也。①

范晔对《风俗通》的评价与《论衡》相似，认为二书都是辨物解疑之书，而王鸣盛则更是将二书归入一类。因而《风俗通》亦未得到采摭。

范晔对文章采摭的标准，在《狱中与诸甥侄书》中即已得到了阐述：

> 文患其事尽于形，情急于藻，义牵其旨，韵移其意。虽时有能者，大较多不免此累，政可类工巧图缋，竟无得也。常谓情志所托，故当以意为主，以文传意。以意为主，则其旨必见；以文传意，则其词不流。然后抽其芬芳，振其金石耳。此中情性旨趣，千条百品，屈曲有成理。②

范晔认为文章是用来表达情志的，是故宜以情意为主，以文章传达情意。若以情意为主，文章的主旨自然明晰可见；而以文章传达情意，文即达意。若此，文章则表里如一，情韵兼美。其实他主张要注重文章的现实功用，而不是过分重视辞藻的华丽与音韵的修饰。只有能够表达出真实情志的文章，与时政相联系的文章才是好文章。如果按照范晔的这个标准，去考察王充《论衡》、王符《潜夫论》、仲长统《昌

① 王鸣盛：《十七史商榷》卷三十六，中华书局，2008年，第198~199页。
② 沈约：《宋书》卷六十九，中华书局，2000年，第1202页。

言》，那么我们不难发现，虽然《论衡》《潜夫论》《昌言》，都是论说文章，即语体散文，均以思想性为主，通过文章来表现作者的情感意志，思辨而有法度，朴实而有情韵，即范晔所谓的“以意为主，以文传意”。但是，《潜夫论》与《昌言》在政治思想方面较《论衡》更高一筹，因而此二者更加符合范晔的选文标准。

通过以上的探讨，我们可以总结出范晔或者说史学家采摭文章的标准主要是分类对待的，对于具有思想性的论说文，以是否经世议政为矩矱，是则录，否则弃。总之，采摭文章是为修史服务的。章学诚在《文史通义·永清县志六书例议》中说：“史家约取掌故，以为学者之要删，其与专门成书，不可一律求详，亦其势也。”①章氏一语中的，道出了史家采录文章的标准是由史书编撰的目的与性质所决定的。

## 三、不录《论衡》文之影响

《论衡》由于得到了范晔《后汉书》的记载与肯定，因而在学术史上提高了地位，扩大了影响，促进了流传。但是由于其中篇章皆不见于史传，所以在一定程度上也限制了《论衡》的影响力，使其在学术史上长期湮没无闻，多遭非议。在先秦两汉，文章的传播在很大程度上都有赖于史籍的著录，因为在那个时期，文史哲没有本质与明确的区分，学者的作品大多容易散佚，编订文集的理念尚未形成。所以对于大多数著名的篇章，史学家在修史时会适当选录的，而且史学家的文学修养也是极高的，如司马迁、班固、陈寿等人既是著名的史学家亦是伟大的文学家。当然，范晔亦不例外，他所写的《后汉书》文学

① 章学诚著，叶瑛校注：《文史通义》卷七《外篇二》，中华书局，1985年，第748页。

艺术成就也是很高的。所以好的文章由于得到史书的著录而锦上添花、影响扩大，比如李斯《谏逐客书》及石刻、邹阳《狱中上梁王书》、司马相如赋都因司马迁《史记》的收录，董仲舒的《天人三册》、扬雄赋，刘歆《让太常博士书》因得到班固的采录，而流芳百世、传诵不绝，成为后世学者辑佚的资料来源。《论衡》在学术史上长期遭到攻击，没有得到公正的待遇，尽管有多种原因，但是与范晔的不录其文亦是有关系的。

但是事物的发展存在着矛盾的一面，所以应当辩证地去看问题。《论衡》由于未被《后汉书》著录而在学术史上命途多舛，但意外的是，历经一千多年，在大量的国学典籍散佚消亡的情况下，它却相对完整地保存了下来，这确实是个奇迹。其中原因自然很多，如果从范晔不录其文这个视角去看，我们会发现正是由于范晔唯独不录其文，反倒引起了学者们的兴趣，促使了学者们去研究、窥探《论衡》的优劣，尤其是弊端，从而批驳《论衡》，极力打压，为范晔不录其文作理论支持。因为《隋书·经籍志》到《四库全书总目提要》等官修目录，《郡斋读书志》《直斋书录解题》等私修目录及古今知名学者的论文随笔，对《论衡》的贬损都是多于褒扬的，既然要批驳它，自然要研究它，所以《论衡》得以相对完善地保存了下来，虽然也有佚文，但是大体完整。

## 结　语

综上，范晔于《后汉书》中不录《论衡》文章，是既成事实，是范晔的修史目的所决定的，而不是《论衡》思想的“偏激”所导致的。而《论衡》遭到历代封建统治阶级的冷遇、攻击和禁锢，被视为异书，其中的先进思想在学术史上长期不得重视，与范晔的不载录其文亦有关联。而《论衡》全书较为完整的保存下来，可以看作范晔不著录其文的不自觉的推动。通过这一学术个案，我们可以看出范晔采摭论说文入《后汉书》的标准是以经世议政为主的。

## 第三节　陆机诗歌用赋考略

赋作为汉魏时期的主要文体，在文学史上影响甚大，而赋来源于古诗，尤其是《诗》三百篇，班固《两都赋序》云：“赋者，古诗之流也。”左思《三都赋序》云；“盖《诗》有六义焉，其二曰赋。”刘勰《文心雕龙·诠赋》云：“《诗》有六义，其二曰赋。……赋也者，受命于诗人，而拓宇于《楚辞》也。”可见，赋与诗的关系是极为密切的，而学者多以赋源于诗，这是从本体论的角度来说的。汉魏以后，赋与诗歌均蓬勃发展，并行不悖，《诗》三百篇对赋的影响日益式微，而乐府诗、文人诗对赋的影响也并不明显。而赋由于修辞手法、体式法度等方面的日益完善，反而日趋成为诗歌的取材渊薮，诗歌用赋以宣泄情志、提高文品，成为诗歌发展史上的重要现象。但是学界目前针对这一文学现象的研究成果并不充分，虽有涉及者，但大多是点到为止，未能深入下去，而学界的研究成果大多集中在赋对诗之接受这一层面上。缘于此，本节试图通过对西晋陆机诗歌用赋的相关文献进行梳理与考察，从陆诗用赋的方法形态、文化背景、文学传统等视域，揭示陆诗用赋的文学意义。

### 一、陆诗用赋的三种形态

陆机诗歌用赋之方法形态主要表现于用其法、用其辞、用其意三个层面。这三个层面既各自独立，又相互联系，构成了陆诗用赋之形态的一个完整系统。下文即依次举例论证这三种方法形态。

用赋之法者，即是采用铺陈之大赋修辞方法。赋，尤其是汉大赋主要的修辞手法就是铺陈。刘勰《文心雕龙·诠赋》云："赋者，铺也，铺采摛文，体物写志也。"《释名》云："敷也，敷布其义谓之赋也。"陆机诗歌广泛采用铺陈手法，呈现出赋之特征。如其《赴洛道中作二首》其一：

总辔登长路，呜咽辞密亲。借问子何之？世网婴我身。永叹遵北渚，遗思结南津。行行遂已远，野途旷无人。山泽纷纡馀，林薄杳阡眠。虎啸深谷底，鸡鸣高树巅。哀风中夜流，孤兽更我前。悲情触物感，沉思郁缠绵。伫立望故乡，顾影凄自怜。①

此诗作于作者离开吴地，远赴洛阳之时，书写自己途中所见进屋与心情。开头四句，紧扣诗题，感叹自身的不自由，并交代了离乡之因。"永叹"以下十句，通过对北渚、南津、野途、山泽、林木、虎啸、鸡鸣、哀风、孤兽等大量景物运用排偶的手法细腻地描摹，渲染了环境的险恶，从空间与时间、内心与外界各个层面抒发离别桑梓远游异地时的愁苦悲怆，孤寂落魄之情，写景大肆铺陈，辞藻华美，境界澄澈。最后四句指出自己触物伤感，顾影自怜，与开头相照应。铺陈手法的运用将惆怅迷惘，凄切悲凉之情渲染得淋漓尽致。

又如其拟曹操乐府诗《苦寒行》：

北游幽朔城，凉野多险难。俯入穹谷底，仰陟高山盘。凝冰结重磵，积雪被长峦。阴云兴岩侧，悲风鸣树端。不睹白日景，但闻寒鸟喧。猛虎凭林啸，玄猿临岸叹。夕宿乔木下，惨怆恒鲜

① 陆机著，杨明校笺：《陆机集校笺》，上海古籍出版社，2016 年，第 216 页。

> 欢。渴饮坚冰浆，饥待零露餐。离思固已久，寤寐莫与言。剧哉行役人，慊慊恒苦寒。①

此诗是描述北征战士冰天雪地行军之凄苦。开篇两句点明诗题，交代时间地点。自“俯入”以下十四句即围绕“苦寒”“险难”之主题反复进行铺陈渲染，通过对俯、仰之间所闻睹的谷底、高山、冰礀、积雪、长峦、阴云、岩石，悲风、树木、寒鸟、猛虎、玄猿、乔木、冰浆、露餐等景象进行铺排描写，将战士之苦描摹得极为形象生动，令读者“苦寒”“险难”之感油然而生。结尾四句，不仅呼应开头，而且申发离愁别绪，更使得苦寒之情曲折动人。清人吴淇《六朝选诗定论》卷十云：“首四句写远征人之艰难，正是苦寒张本。‘凝冰’四句，正写寒；‘不睹’四句，旁写寒，已暗渡入苦字。‘日宿’四句，即事写苦寒；末四句，即情写苦寒。”②此处分析即清晰地点明了此诗写苦寒的铺陈手法。

再如其拟古诗《拟今日良宴会》：

> 闲夜命欢友，置酒迎风馆。齐僮梁甫吟，秦娥张女弹。哀音绕栋宇，遗响入云汉。四座咸同志，羽觞不可算。高谈一何绮，蔚若朝霞烂。人生无几何，为乐常苦晏。譬彼伺晨鸟，扬声当及旦。曷为恒忧苦，守此贫与贱。③

此诗不惜笔墨，大力铺陈渲染宴会之盛，着重描写音乐之美，宴饮之欢。通过齐僮、秦娥、哀音、遗响、四座、羽觞、高谈、朝霞、伺晨

① 《陆机集校笺》，第 349~350 页。

② 陆机著，刘运好校注整理：《陆士衡文集校注》，凤凰出版社，2007 年，第 525 页。

③ 《陆机集校笺》，上海古籍出版社，2016 年，第 308 页。

鸟等一系列意象的铺排，将对音乐与人生描摹置于广阔的时空之中，抒发了作者提倡及时行乐的感性追求。

陆机诗歌用赋之法于上述三例中可见一斑，当然其用赋法之诗歌远不止于此三首，如其《赴洛二首》《拟青青陵上柏》《吴趋行》《猛虎行》等皆用赋法以抒情写志。

相比较而言，用赋之辞则较为简单。此类方法即是在诗句中引用、化用赋之语辞。兹即按照自作诗、拟古诗、拟乐府诗之次序举例以证之。

《招隐》："飞泉漱鸣玉。"取辞于张衡《思玄赋》："漱飞泉之沥液兮。"

《赠冯文罴》："发轸清洛汭。"取辞于班彪《游居赋》："遂发轸于京洛。"

《为顾彦先赠妇二首》之二："佳人眇天末。"取辞于张衡《东京赋》："眇天末以远期。"

《拟今日良宴会》："齐僮梁甫吟，秦娥张女弹。"前一句取辞于张衡《南都赋》："于是齐僮唱兮列赵女"；蔡邕《琴赋》："梁甫悲吟。"后一句取辞于应玚《神女赋》："夏姬曾不足以供妾御，况秦娥与吴娃"；闵洪《琴赋》："汝南鹿鸣，张女群弹。"

《拟明月何皎皎》："凉风绕曲房。"取辞于枚乘《七发》："纵恣于曲房隐间之中。"

《拟明月皎夜光》："翰飞戾高冥。"取辞于傅毅《洛都赋》："弋高冥之独鹄。"

《从军行》："胡马如云屯，越旗亦星罗。"取辞于杜笃《论都赋》："斩白蛇，屯黑云"；扬雄《羽猎赋》："涣若天星之罗。"

《齐讴行》："海物错万类，陆产尚千名。"取辞于张衡《南都赋》："酸甜滋味，百种千名。"

《当置酒》："瞩迥临飞观。"取辞于王延寿《鲁灵光殿赋》："阳榭外望，高楼飞观"；嵇康《琴赋》："高轩飞观。"

由上述可见，陆诗多处引用赋之辞，以锤炼诗之语言，促成了诗语的雅化。如果说用赋之法与用赋之辞较为明显，呈现出外在的特征，那么用赋之意则较为隐晦，呈现出内在的特性，用赋之意即是在用赋之辞的基础上的进一步深化，化用赋之意旨，以加深自身之哲理蕴涵。兹亦按照上述引文顺序举例以证之。

《赴洛二首》之一："感物恋高堂，离思一何深。"取意于王延寿《鲁灵光殿赋》："诗人之兴，感物而作"；王粲《出妇赋》："顾堂室兮长辞。"以表达自己感景物之变化，而思念故乡亲人，彰显出浓郁的别离之情。

《赴洛道中作二首》之二："抚几不能寐，振衣独长想。"取意于傅毅《舞赋》："游心无垠，远思长想。"用以抒发自己惆怅落寞，长思故乡之情愫。

《赠冯文罴》："分索古所悲，志士多苦心。"取意于阮籍《首阳山赋》："怀分索之情一兮。"用以点明分离自古使得志士悲苦惆怅。

《拟行行重行行》："惊飙褰反信，归云难寄音。"取意于张衡《思玄赋》："凭归云而遐逝兮。"意在表明音讯全无，归音甚为渺茫，难以寄托。

《拟今日良宴会》："高谈一何绮，蔚若朝霞烂。"取意于王逸《荔枝赋》："灼灼若朝霞之吐日"；曹植《洛神赋》："远而望之，皓若太阳升朝霞。"用以形容宴会中俊才贤士云集高谈，言辞华美，蔚若朝霞。

《拟青青河畔草》："良人游不归，偏栖独只翼。"取意于曹植

《九愁赋》："觌偏栖之孤禽。"用以摹写思妇独守空房，念想夫君的孤寂忧伤。

《齐讴行》："行行将复去，长存非所营。"取意于张衡《西京赋》："若历世而长存，何遽营于陵墓？"用以说明生命渐趋流逝，长生并非经营所致。

《塘上行》："天道有迁易，人理无常全。"取意于司马迁《悲士不遇赋》："天道微哉，吁嗟阔兮；人理显然，相倾夺兮？"①用以阐发自然之道常存变易，人生之理不能常全的无常之理。

《婕妤怨》："黄昏履綦绝，愁来空雨面。"取意于司马相如《长门赋》："日黄昏而望绝兮，怅独托于空堂"；班婕妤《自悼赋》："俯视兮丹墀，思君兮履綦。仰视兮云屋，双涕兮横流。"用以描绘班婕妤明知被弃，仍怀一线希望，但终究失望，只落得无限的忧伤、无尽的泪水的悲惨场景。

由以上诸例可见，陆诗用赋之意寄寓了自己内心不平之鸣，深化了诗歌的思想精神内涵，升华了诗歌的语言层次，赋予诗歌以亘古不变的沧桑之感与悲天悯人的普泛意识。

要之，无论是表现于外在的用赋之法、用赋之辞，还是蕴含于内在的用赋之意，均彰显出陆诗用赋之特色，皆是用赋的一种具体形态，本质并无差别。此三种形态共同建构了一套完整的用赋法则。这三种用赋形态的形成是古代文学传统所导致的，而文学传统又是在一定的文化背景下形成的，是以，探究陆诗用赋的文化背景即是下面一节所要解决的问题。

① 按：《文选》李善注作："天道悠昧，人理促兮。"本书以《艺文类聚》卷三十为本。

## 二、尚雅的文化场域

陆机诗歌用赋之成因是文学发展的逻辑必然，而文学又是在特定的文化背景之下的衍变进化的，是以文化背景是陆机诗歌用赋的根源所在。就西晋而言，儒学的复兴即是当时重要的文化现象。儒学在汉末以及三国时期受到重创，以至于支离破碎，日益式微。西晋的建立，在很大程度上扭转了这一颓势，标志着儒学又复苏起来。陈寅恪《魏晋统治者社会阶级的区别》一文指出："魏晋统治者的社会阶级是不同的。不同处在于：河内司马氏为地方上的豪族，儒家的信徒；魏皇室谯县曹氏则出身于非儒家的寒族。魏、晋的兴亡递嬗，不是司马、曹两姓的胜败问题，而是儒家豪族与非儒家的寒族的胜败问题。"①可见，司马氏是儒学世家，西晋取代曹魏即是标志着儒学的卷土重来。

西晋一朝，标榜名教，力倡儒学，以粉饰太平，维系统治。晋武帝司马炎未践祚之前，为各州郡中正规定的选官标准即是从儒学立场出发以制定的。及其践祚之后，即大力推动以礼乐制度为核心的儒学重建工作，《晋书·礼志上》载："太康平吴，九州共一，礼经咸至，乐器同归，于是齐鲁诸生，各携缃素。武皇帝亦初平寇乱，意先仪范。其吉礼也，则三茅不翦，日观停瑄；其凶礼也，则深衣布冠，降席撤膳。明乎一谦三益之义，而教化行焉。"②可见当时礼乐教化之盛。晋初即撰定五礼，开南北朝五礼制度之先例。《晋书·礼志上》云："晋始则有荀顗、郑冲裁成国典，江左则有荀崧、刁协损益朝仪。《周官》五礼，吉凶军宾嘉，而吉礼之大，莫过祭祀，故《洪范》

① 万绳楠整理：《陈寅恪魏晋南北朝史讲演录》，贵州人民出版社，2012年，第2页。

② 房玄龄等：《晋书》卷十九，中华书局，1974年，第580页。

八政，三曰祀。祀者，所以昭孝事祖，通于神明者也。……及晋国建，文帝又命荀顗因魏代前事，撰为新礼，参考今古，更其节文，羊祜、任恺、庾峻、应贞并共刊定，成百六十五篇，奏之。太康初，尚书仆射朱整奏付尚书郎挚虞讨论之。”①可见五礼制度的撰定是西晋初年儒学建设的一个重大项目。在乐制方面，西晋对汉魏既有承袭，又有改定。《晋书·乐志》云：“大武皇帝采汉魏之遗范，览景文之垂则，鼎鼐唯新，前音不改。泰始九年，光禄大夫荀勖始作古尺，以调声韵，仍以张华等所制高文，陈诸下管。……及武帝受命之初，百度草创。泰始二年，诏郊祀明堂礼乐权用魏仪，遵周室肇称殷礼之义，但改乐章而已，使傅玄为之词云。……泰始九年，光禄大夫荀勖以杜夔所制律吕，校太乐、总章、鼓吹八音，与律吕乖错，乃制古尺，作新律吕，以调声韵。……律成，遂班下太常，使太乐、总章、鼓吹、清商施用。勖遂典知乐事，启朝士解音律者共掌之。使郭夏、宋识等造《正德》《大豫》二舞，其乐章亦张华之所作云。”②可见西晋政府在建国之初即隆礼制乐，并取得了巨大的成就。此外，由于魏国大儒王肃为晋武帝外公，其学大盛于晋初。西晋承袭汉魏博士制度，所置十九博士大抵为王肃之学。西晋政权亦大力兴办儒学教育，《晋书·职官志》记载：“咸宁四年，武帝初立国子学，定置国子祭酒、博士各一人，助教十五人，以教生徒。博士皆取履行清淳，通明典义者，若散骑常侍、中书侍郎、太子中庶子以上乃得召试。”③可见，儒学的教育的兴办是西晋政权的当务之急。值得注意的是，西晋时期虽然玄学兴盛，但也只是在名士间流行，官方并不采用，而政府与名士也一直以儒学为本，调和名教与自然，研习玄学而为儒学服务，如元康初年，玄学家裴頠即奏修国学，刻石写经。习凿齿作《汉晋春秋》即在

① 《晋书》卷十九，第580~581页。
② 《晋书》卷二十二，第676~677、679、692页。
③ 《晋书》卷二十四，第736页。

某种意义上体现出汉晋以儒术治国之共性。

在西晋政权力倡儒学的文化背景之下，文人们一方面出于依附皇室权贵的需要而在诗文作品中颂美帝王贵胄，另一方面，出于维护自身门第等级特权的需要，因此借助诗文作品彰显礼乐文明精神。挚虞《文章流别论》指出："文章者，所以宣上下之象，明人伦之叙，穷理尽性，以究万物之宜者也。王泽流而《诗》作，成功臻而《颂》兴，德勋立而铭著，嘉美终而诔集。祝史陈辞，官箴王阙。《周礼》太师掌教六诗：曰风，曰赋，曰比，曰兴，曰雅，曰颂。言一国之事，系一人之本，谓之风；言天下之事，形四方之风，谓之雅；颂者，美盛德之形容；赋者，敷陈之称也；……后世之为诗者多矣。其功德者谓之颂，其余则总谓之诗。颂，诗之美者也。古者圣帝明王，功成治定，而颂声兴，于是史录其篇，工歌其章，以奏于宗庙，告于鬼神；故颂之所美者，圣王之德也。则以为律吕，或以颂形，或以颂声，其细已甚，非古颂之意。昔班固为《安丰戴侯颂》，史岑为《出师颂》，《和熹邓后颂》，与鲁颂体意相类，而文辞之异，古今之变也。扬雄《赵充国颂》，颂而似雅，傅毅《显宗颂》，文与周颂相似，而杂以风雅之意；若马融《广成》《上林》之属，纯为今赋之体，而谓之颂，失之远矣。"①可以看出，挚虞的文体观念是以颂美为宗旨的，认为各种文体皆起源于颂美，颂而似雅，颂兼风雅即是美的文体。《文心雕龙·颂赞》指出："原夫颂惟典雅，辞必清铄，敷写似赋，而不入华侈之区；敬慎如铭，而异乎规戒之域；揄扬以发藻，汪洋以树义。"其义与挚虞一致。在这种思想的引导下，挚虞极力推举四言诗为诗歌之正宗，认为其彰显了鲜明的雅颂精神，他说："夫诗虽以情志为本，而以成声为节。然则雅音之韵，四言为正，其余虽备曲折之体，

---

① 欧阳询：《艺文类聚》，上海古籍出版社，1999 年，第 1018 页。

而非音之正也。”①如此一来，四言诗即备受文人青睐，陆机就创作了一些四言诗。而寄寓礼乐文明精神与劝讽思想的赋颂类作品即成为雅颂文学典范被追捧。如陆机、陆云兄弟，潘岳、潘尼叔侄即创作了大量的赋颂作品，《文心雕龙·颂赞》称：“陆机积篇，惟《功臣》最显。”可见陆机的颂赞作品成就以《汉高祖功臣颂》最高。此外，左思《三都赋序》、皇甫谧《两都赋序》、李充《翰林论》皆以典雅为衡文标准。

在这种尚雅的文化场域与文学环境中，诗歌继承了汉魏古诗与文人诗的优良传统，最终完成了诗歌从民间口耳相传到文人案头的转变，追求典雅的文人诗就此形成。西晋文士注重诗文语言的修饬，思想内涵的深化，境界格局的提升，有意识地取法于赋颂，逐步实现诗文的雅化。虽然陆机诗歌与汉魏赋作产生于不同的时代，成长于不同的学术思潮之中，但处于尚雅的文化场域则是二者产生发展的共同点。赋产生于尚雅的礼乐文化系统之中，《文心雕龙·时序》云：“逮孝武崇儒，润色鸿业，礼乐争辉，辞藻竞骛。”因此，相对于诗歌来说，赋在两汉的文坛具有绝对性的优势。而随着汉朝的灭亡，经学体系的瓦解，赋的体制由大变小，地位日趋下降，诗歌由于得到文人的演绎发挥，从而蓬勃发展，突飞猛进。文学的自觉在很大程度上就是诗歌的自觉，而诗歌在西晋崇儒的文化场域中务必追求典雅方能获得在文学领域的真正立足之地。是以诗歌的自觉即走向典雅的风格。而典雅风格的铸就虽然表面上是追求颂美促成的，但颂美仅仅是外部因素，典雅风格的形成主要依赖于用事，因为用古人诗赋语言，文饰之语，方能彰显出典雅的文人气息，从语言形式，修辞手法，构思立意等各个方面用事，典雅风格自然形成，而作为距离西晋不远的汉魏赋作，由于充满了典雅华丽的文人气息，又是礼乐精神的载体，

① 《艺文类聚》，第1018~1019页。

在形式上和思想上均符合尚雅的文学走向，故而被服膺儒学的陆机所取用。《文心雕龙·诠赋》云："情以物兴，故义必明雅；物以情观，故词必巧丽。丽词雅义，符采相胜，如组织之品朱紫，画绘之著玄黄。文虽新而有质，色虽糅而有本，此立赋之大体也。"①可见，明雅与巧丽是赋的根本所在，那么其为尚雅求丽的诗歌所用则成为自然之事。陆机为江左士族，"少有异才，文章冠世，伏膺儒术，非礼不动"②，正因如此，其诗歌即自觉或不自觉地引用、化用同样是儒学场域下产生的赋作，从而体现出尚雅的文风。《晋书·文苑传》云："及金行纂极，文雅斯盛，张载擅铭山之美，陆机挺焚研之奇，潘夏连辉，颉颃名辈，并综采繁缛，杼轴清英，穷广内之青编，缉平台之丽曲，嘉声茂迹，陈诸别传。"③此段论述对当时陆机等人尚雅而繁缛的文风做出了较高的评价。梁元帝萧绎《金楼子·立言篇》称陆机诗云："观其辞致侧密，事语坚明，意匠有序，遗言无失。虽不以儒者命家，此亦悉通其义也。遍观文士，略尽知之。"④萧绎指出这种繁缛雕饰的诗风是受到儒学影响所致，可谓一针见血、一语中的。

## 三、多维的文学传统

陆机诗歌用赋是在尚雅的文化场域中形成的，折射出多维的文学传统。约略而言，主要有修辞传统、劝讽传统、用事传统，等等。这些文学传统体现出诗歌对赋的主动接受，也使我们明确：在文学发展史上，并不仅仅是赋作被动接受诗歌。

---

① 刘勰著，范文澜注：《文心雕龙注》卷二，人民文学出版社，1958年，第139页。

② 《晋书》卷五十四《陆机传》，第1467页。

③ 《晋书》卷九十二，第2369页。

④ 萧绎著，陈志平、熊清元校注：《金楼子疏证校注》卷四，中华书局，1974年，第770页。

从陆诗用赋的形式上看，其彰显出铺陈的修辞传统。陆机诗歌用赋之法，即是用铺陈、铺排的修辞手法。这种修辞手法使诗歌产生繁缛厚重之美。学界将陆机、潘岳为代表的太康诗风总结为繁缛，繁缛其实是针对朴素古直，简洁明了的汉魏古诗而言的，这种诗风的形成就是对赋法的运用导致的。沈约《宋书·谢灵运传论》称陆机诗歌"缛旨星稠，繁文绮合。缀平台之逸响，采南皮之高韵，遗风余烈，事极江右"①。点明了这种诗风在当时的影响力。相比较而言，刘勰对陆诗的评价还是很高的，其《文心雕龙·明诗》称："晋世群才，稍入轻绮。张潘左陆，比肩诗衢。采缛于正始，力柔于建安；或析文以为妙，或流靡以自妍：此其大略也。"②此即对陆机等人为代表的太康诗风作了总体客观的评价。其《才略》云："陆机才欲窥深，辞务索广，故思能入巧而不制繁。"③《时序》又称"机云标二俊之采"。可见他认为陆诗的这种风格是巧而不繁，是俊采之体现。钟嵘《诗品》将陆机的诗歌列为上品，并称"其源出于陈思。才高词赡，举体华美。气少于公干，文劣于仲宣。尚规矩，不贵绮错，有伤直致之奇。然其咀嚼英华，厌饫膏泽，文章之渊泉也。张公叹其大才，信矣！"④钟嵘极为推崇陆机诗，在文中大力褒赞，即是对其诗风的肯定，更是对其诗法的赞许。是以，陆诗用赋在某种意义上说就是汉赋铺陈夸饰的修辞传统沾溉所致。

从陆诗用赋的动机上看，其彰显出明显的劝讽传统。汉赋之功用被学者称为"劝百讽一"，劝，即是颂美，讽即是讽喻，劝讽即是美刺。《诗经》在汉代即是美刺精神的载体，而汉人尤其重视"刺"，即

---

① 沈约：《宋书》卷六十七，中华书局，2000年，第1177页。

② 《文心雕龙注》卷二，第67页。

③ 《文心雕龙注》卷四，第700~701页。

④ 钟嵘著，周振甫译注：《诗品译注·上品》，人民文学出版社，1998年，第43页。

"以《诗》三百当谏书"。而赋既是古诗之流，是《诗》六义之一，即在文艺层面承载了《诗经》的美刺功用。《文心雕龙》称"(赋)并体国经野，义尚光大"，"润色鸿业"。孔颖达《毛诗正义·关雎序》云："赋者，铺陈今之政教善恶，其言通正变，兼美刺。"①降及魏晋，虽然赋的体制变小，开始注重抒情，但是这种美刺精神、劝讽传统并未丧失，只是劝的功能受到弱化，讽的功能得到强化。因此，从写作动机来看，陆诗用赋即彰显出明显的劝讽传统，如其用赋之法与赋之辞大抵意在于"劝"，通过用赋以颂美。其用赋之意即大抵意在于"讽"，通过用赋以抒发自己怀才不遇，生不逢时之感喟。可谓劝讽合一。

从陆诗用赋的本质上看，其亦体现出强烈的用事传统。用赋即是用事，用事是古代文学创作中的悠久传统，借典故以抒发情志，是文人们的集体无意识行为。钟嵘反对用事，他在《诗品序》中说："至乎吟咏情性，亦何贵于用事？'思君如流水'，即是即目。'高台多悲风'，亦唯所见。'清晨登陇首'，羌无故实。'明月照积雪'，讵出经史？观古今胜语，多非补假，皆由直寻。"②相比较而言，刘勰的观点比较公允，《文心雕龙·事类》指出："事类者，盖文章之外，据事以类义，援古以证今者也。……然则明理引乎成辞，征义举乎人事，乃圣贤之鸿谟，经籍之通矩也。"③可见，刘勰对用事是持肯定态度的，他进一步指出："综学在博，取事贵约，校练务精，捃理须核，众美辐辏，表里发挥。"他认为用事要求作者学识渊博，用典简约精当，抓住典故义理之核心，将最有价值的部分发挥出来。就陆诗而言，其用赋无论是用法、用辞、用意，均精当简约，义理突出，耐人寻味。所以就连坚决反对诗歌用事的钟嵘也十分肯定陆机诗歌的价值，并

---

① 阮元校刻：《十三经注疏·毛诗正义》卷第一，中华书局，2009年，第565页。

② 《诗品译注·诗品序》，第24页。

③ 《文心雕龙注》卷八，第614页。

将其列入上品，并大加褒奖。陆机的诗歌用事是文人诗歌发展的逻辑必然，文人诗需要提升语言层次，内涵境界，因而注重藻饰韵味，是以距离其时间不甚久远，在艺术方面业已取得巨大成就的辞赋即成为其之取法对象。诗歌用赋在当时来说是顺理成章之事，也是文学用事传统的彰显。

要之，陆机诗歌用赋折射出修辞、劝讽、用事等多维文学传统，是西晋太康诗歌有别于重风骨寄兴的建安诗歌与寄托遥深的正始之音的特质，是诗歌进一步自觉的产物，是诗歌主动接受赋作的结果，又是文学传统的集中体现。

## 余　论

陆机的诗歌用赋是在西晋崇儒的文化背景之下形成的，亦是多维文学传统的彰显。这亦与陆机的文学观念一脉相承。陆机在《文赋》中指出："诗缘情而绮靡，赋体物而浏亮。"他一方面注重诗歌的情感因缘，另一方面强调诗歌言辞要华美，赋作要抒写情志、行文流畅、语言爽利。这种主张诗歌具有绮靡的审美特质的观念正是在西晋儒学复兴，崇尚典雅的文化氛围中形成的，儒家素来重视人工雕饰之美，追求人文气息，而西晋文坛对雅颂的推崇与追寻，必然导致诗歌向着绮靡方向发展，而以抒写情志为目的，表现出行文流畅、语言爽利等特色的赋作即成为走向绮靡之风的桥梁与媒介，所以魏晋文学的自觉并不是完全抛弃儒家的礼乐精神，而是在一定程度上以看似矛盾、实质合一的形式来践行儒家的思想旨归。而陆诗用赋即是这一点的集中反映。值得注意的是，陆诗通过用赋，其思想主旨借助赋作来表达，赋作之义在陆诗中得到衍生，透过赋作可以考察陆诗之意蕴，通过陆诗又可以窥探赋作之深意，陆诗与赋互文见义，呈现出文学领域内不同文体的交融汇通。因此，陆诗用赋彰显出深邃的诗学精神，又体现出一定的赋学意义，不仅涉及诗歌与辞赋两个领域，而且具有诗学与赋学、诗的发展史与赋的接受史等多方面的价值意义。

## 第四节 以赋载史 借古喻今——庾信辞赋与《左传》

庾信诗赋素有“穷南北之胜”之誉，铺陈事典即为庾信辞赋能够集南北朝文学之大成的一大因素。值得注意的是，庾信辞赋之用事又以《左传》最为显著。庾赋大量征引《左传》辞章典故，寓意深刻，寄托遥深，借《左传》事典以慨叹自身遭遇之苦，阐明梁朝治乱兴亡之由，从而达到抒情写志之目的，使辞赋情感与典故相结合，呈现出史化倾向，提高了艺术表现力与感染力，具有丰厚的赋学价值与文艺价值。就目前来看，关于庾信辞赋与《左传》的关系这一课题还是有一些研究成果的，如罗玲云的《庾信与〈左传〉》一文探究庾信诗文与《左传》的关系，但考察文献仅局限于《哀江南赋并序》与《拟咏怀》二十七首，论述虽有新意，但缺乏详实的论据支撑。① 刘雅娇的《庾信的“善〈左传〉”》一文主要探讨了庾信后期作品对《左传》思想的汲取情况，意在借此探究经学与文学的关系，虽然具有一定的理论深度，但例证不足，个案分析不够深入。② 韩鹏飞的《庾信对〈左传〉的文学接受动机探析》一文主要探赜了庾信诗文创作对《左传》的接受的内外缘由，具有一定的创新性，但对庾信辞赋创作与《左传》的关系的探究相对薄弱，未能深入挖掘。③ 胡优优的硕士论文《庾信对〈左传〉的接

① 罗玲云：《庾信与〈左传〉》，《牡丹江教育学院学报》2006年第2期，第8~11页。

② 刘雅娇：《庾信的“善〈左传〉”》，《柳州师专学报》2006年第4期，第12~15页。

③ 韩鹏飞：《庾信对〈左传〉的文学接受动机探析》，《绥化学院学报》2013年第11期，第69~72页。

受研究》全面论述了庾信辞赋、诗歌、骈文三大文体对《左传》的接受情况，系统性与理论性较强，但问题意识不够明显，论述略显泛化。① 上述研究成果均涉及庾信辞赋与《左传》的关系，或以之为研究中心，对于庾信辞赋征用《左传》的历史因缘、方法模式、目的主旨以及艺术价值虽有涉及，但缺乏系统性的论述与学理性的考察，有鉴于此，笔者尝试就这一论题做一个粗浅的探讨，以期起到抛砖引玉之功效。

## 一、文源《春秋》：庾赋用《左传》之因缘

历代文人如班固、左思、挚虞、刘勰、颜之推等人皆强调辞赋源于诗，这自然是举世公认的真理，但是一味地强调古诗与辞赋的渊源，则会弱化辞赋与《春秋》等其他四经的关系。宋人在《册府元龟·总录部·文章》中指出："辞赋之起，原乎'六艺'。"②即是强调辞赋与五经的渊源关系。辞赋固然主要渊源于诗歌，是古诗六义之二，但不可忽视的是其之发展成熟离不开对五经文辞、经义的兼收并蓄，不能忽略其他四经的影响。考察辞赋的发展历程即可发现，自汉代以降，辞赋即深受五经之影响，承载经义，彰显礼乐，呈现出经学的思想特质。降及魏晋南北朝，虽然玄佛盛行，儒学受到一定的冲击，但是儒家经学仍是在不断地发展之中，于汉代章句训诂之学外，别开义疏之学，为唐初《五经正义》的修订奠定了基础。在《春秋》学方面，西晋即有杜预《春秋左传集解》与范宁《春秋穀梁传集解》。南北朝时期，南朝推尊杜预《左传》学，北朝盛行服虔《左传》学，虽师法不同，

① 胡优优：《庾信对〈左传〉的接受研究》，华中师范大学，2013年，第27~39页。

② 王钦若等编纂，周勋初等校订：《册府元龟》卷第八百三十七，凤凰出版社，2006年，第9719页。

但《左传》学成为《春秋》三传之显学。南朝有沈文阿《春秋左氏经传义略》，北朝有苏宽《春秋左传义疏》。梳理魏晋南北朝辞赋可以看出，引用《左传》典故，不在少数，而尤以庾信辞赋征引为最多。这是庾信辞赋用《左传》的经学背景。

魏晋南北朝时期，战乱频仍，政治动荡，正因如此，为了总结治乱之因果，为统治阶级提供治国经验，因此史学极为发达。这主要表现在三个方面：其一，正史类著作的修撰。如《三国志》《后汉书》《宋书》《南齐书》《魏书》等。其二，史学意识的觉醒。如刘宋元嘉时期，史学馆的设立，史学成为一个专门的学科，西晋荀勖《新簿》设立丙部，即为史部。东晋李充调整《新簿》分类次序，确立经史子集之序。梁代阮孝绪《七录》之《纪传录》即为史部。其三，史注的兴盛。如裴松之《三国志注》、裴骃《史记集解》、晋灼《汉书集注》、刘昭《后汉书注》。尤其值得注意的是东晋孙盛撰《晋阳秋》、习凿齿《汉晋春秋》、刘宋檀道鸾撰《续晋阳秋》，从书名即可看出作者有意识地承袭《春秋》笔法，书写当时史事。而由于其重在叙述史事，因此其主要绍承《左传》之传统。《左传》在当时史学界的影响力是不容忽视的。《左传》固然是《春秋》三传之一，是经学，但同时亦是史学著作。《左传》相对于《穀梁》《公羊》二传来说，更具有史学特色。朱熹在《朱子语类》中说："以三传言之，左氏是史学，公、穀是经学。"①叶梦得《春秋传序》指出："左氏传事不传经，是以详于史而事未必实。"②可见，《左传》在具备经学这个身份的同时，更具有史学这个性质。六朝重视史学，《左传》又成为史家效法之对象，此即庾信辞赋用《左传》的史学背景。

如果说上述经学与史学背景是外在因素的话，那么庾信本人对

① 黎靖德编：《朱子语类》卷第八十三，中华书局，1986 年，第 2152 页。
② 王应麟著，翁元圻辑注：《困学纪闻注》卷六，中华书局，2016 年，第 856 页。

《左传》之爱好，即为内在因素。《周书·庾信传》指出："信幼而俊迈，聪敏绝伦，博览群书，尤善《春秋左氏传》。"①可见他的《左传》学修养极深，这就为其在进行辞赋创作时大量征引《左传》之语汇典故提供了学养基础。此外，庾信由南入北，与北方文人学者进行交流，亦有利于其对南北不同的《左传》学进行整合融通，由此深化自己的《左传》学。此即庾信辞赋用《左传》的内在因素。

要之，内外两种因素共同构成了庾信辞赋用《左传》之因缘。需要指出的是，外在因素，即学术文化背景是主要因素，内在因素也是在大的经史学术等外在因素的作用之下形成的。作为文学的辞赋，虽然起初依附于经史著作，然后逐渐自觉独立，但是从经史著作之中汲取养分，锤炼艺术手法，也是其谋求发展的必由之路。

## 二、取辞用义：庾赋用《左传》之方式

刘勰《文心雕龙·事类》篇指出：

> 事类者，盖文章之外，据事以类义，援古以证今者也。……然则明理引乎成辞，征义举乎人事，乃圣贤之鸿谟，经籍之通矩也。……观夫屈宋属篇，号依诗人，虽引古事而莫取旧辞。唯贾谊《鹏赋》，始用鹖冠之说；相如《上林》，撮引李斯之书，此万分之一会也。及扬雄《百官箴》，颇酌于《诗》《书》；刘歆《遂初赋》，历叙于纪传；渐渐综采矣。至于崔班张蔡，遂捃摭经史，华实布濩，因书立功，皆后人之范式也。②

---

① 令狐德棻：《周书》卷四十一，中华书局，1971年，第733页。

② 刘勰著，范文澜注：《文心雕龙注》卷八，人民文学出版社，1958年，第614~615页。

庾信辞赋继承了汉魏辞赋引用经史之范式传统，旁征博引儒家经典，展现出深厚的学术韵味。就其用《左传》之方式而言，亦不外乎取辞与用义二端，这亦是庾赋修辞手法之体现。

所谓取辞之法，即是取用《左传》之辞章，化为辞赋之语汇。如《三月三日华林园马射赋》："玄鸟司历。"①取辞于《左传·昭公十七年》："玄鸟氏，司分者也。"②"即同酆水之朝，更是岐山之会。"③取辞于《左传·昭公四年》："椒举言于楚子曰：'……成有岐阳之搜，康有酆宫之朝。'"④又如《小园赋》："非夏日而可畏。"⑤取辞于《左传·文公七年》："赵盾，夏日之日也。"杜预注："夏日可畏。"⑥"尔乃窟室徘徊"⑦，取辞于《左传·襄公三十年》："郑伯有耆酒，为窟室而夜饮酒，击钟焉，朝至未已。"⑧再如《哀江南赋》："华阳奔命，有去无归。"⑨取辞于《左传·成公七年》："巫臣自晋遗二子书，曰：'……余必使尔罢于奔命以死。'……子重奔命。……子重自郑奔命。子重、子反于是乎一岁七奔命。"⑩"居笠毂而掌兵"⑪，取辞于《左传·宣公四年》："射汰辀以贯笠毂。"⑫由上述数例可见，庾信在赋中或直引、或化用、或兼用杜预之注，体现了不拘一格的取用手法，丰富了辞赋之辞章，增添了文学之意蕴。

---

① 庾信撰，倪璠注：《庾子山集注》卷之一，中华书局，1980年，第4页。

② 阮元校勘：《十三经注疏·春秋左传正义》卷第四十八，艺文印书馆，2001年，第836页。

③ 《庾子山集注》卷之一，第8页。

④ 《十三经注疏·春秋左传正义》卷第四十二，第730页。

⑤ 《庾子山集注》卷之一，第23页。

⑥ 《十三经注疏·春秋左传正义》卷第十九上，第4007页。

⑦ 《庾子山集注》卷之一，第22页。

⑧ 《十三经注疏·春秋左传正义》卷第四十，第682页。

⑨ 《庾子山集注》卷之二，第94页。

⑩ 《十三经注疏·春秋左传正义》卷第二十六，第443~444页。

⑪ 《庾子山集注》卷之二，第108页。

⑫ 《十三经注疏·春秋左传正义》卷第二十一，第370页。

所谓用义之法，即是援引《左传》事典，以阐发己意。如《三月三日华林园马射赋》："唐成公之肃爽。"①用义于《左传·定公三年》："唐成公如楚，有两肃爽马，子常欲之，弗与，亦三年止之。唐人或相与谋，请代先从者，许之。饮先从者酒，醉之，窃马而献之子常。子常归唐侯。"杜预注："肃爽，骏马名。"孔颖达疏："贾逵云：'色如霜纨。'马融说：'肃爽，雁也。其羽如练，高首而修颈，马似之，天下稀有。'"②以形容北周皇室华林园骏马之罕有。

又如《小园赋》："余有数亩敝庐，寂寞人外，聊以拟伏腊，聊以避风霜。虽复晏婴近市，不求朝夕之利；潘岳面城，且适闲居之乐。况乃黄鹤戒露，非有意于轮轩；爰居避风，本无情于钟鼓。"③此小段中三用《左传》典故。"晏婴近市，不求朝夕之利"，用义于《左传·昭公三年》："景公欲更晏子之宅，曰：'子之宅近市，湫溢嚣尘，不可以居，请更诸爽垲者。'辞曰：'君之先臣容焉，臣不足以嗣之，于臣侈矣。且小人近市，朝夕得所求，小人之利也，敢烦里旅？"④以阐明自己安贫乐道，不求名利，只愿隐居以避祸患之心态。"黄鹤戒露，非有意于轮轩"，用义于《左传·闵公二年》："卫懿公好鹤，鹤有乘轩者。"⑤"爰居避风，本无情于钟鼓"，用义于《左传·文公二年》："仲尼曰：'臧文仲，其不仁者三，不知者三。下展禽，废六关，妾织蒲，三不仁也。作虚器，纵逆祀，祀爰居，三不知也。'"⑥此两处用典用意如何呢？倪璠注云："言懿公好鹤，故鹤有乘轩，而黄鹤非有意于轮轩也。臧文不知，故祀爰居，而爰居本无情于钟鼓也。以喻

① 《庾子山集注》卷之一，第7页。
② 《十三经注疏·春秋左传正义》卷第五十四，第944页。
③ 《庾子山集注》卷之一，第20页。
④ 《十三经注疏·春秋左传正义》卷第四十二，第723页。
⑤ 《十三经注疏·春秋左传正义》卷第十一，第191页。
⑥ 《十三经注疏·春秋左传正义》卷第十八，第303页。

魏、周强欲己仕，而己本无情于禄仕也。”①可见，作者用《左传》典故之义，表明自己无意于功名利禄，但被迫仕周，情非得已，抒发哀怨忧伤之情。

再如《象戏赋》：“白凤遥临，黄云高映，可以变俗移风，可以莅官行政。”②用义于《左传·昭公十七年》：“郯子曰：‘吾祖也，我知之。昔者黄帝氏以云纪，故为纪师而云名。……我高祖少皞挚之立也，凤鸟适至，故纪于鸟，为鸟师而鸟名。”③倪璠注云：“《河图》曰：‘大星如虹，下流华渚，女节万接，生白帝朱宣。’宋均注曰：‘朱宣，少皞氏也。’以白帝朱宣有凤瑞，故曰白凤。黄帝受命有云瑞，故云黄云。服虔曰：‘黄帝以云名官，中官为黄云。’”④此处用《左传》之义以颂美北周政府能够绍承远古遗风，官制政令，颇具法度，彰显出盛世祥瑞之气象。

由上述诸例可见，庾信在赋中援引《左传》事典之义，或颂美当世，或抒发感情，增添了辞赋的思想深度，拓展了辞赋语言的寓意深度。而无论是取辞还是用义，都是庾信辞赋的修辞手法，是其进行文学创作时借鉴《左传》而采用的方式方法。作为方法来说，取辞与用义并无高下之别。但如果从义理层面来看，则用义远远高于取辞，因为取辞是停留于文辞表面的现象，而用义则是基于言辞表面，产生形而上之义理。因此，用义更是值得探究，而《春秋》本身即包含着大量的微言大义，《左传》虽然与《公羊》《穀梁》二传比起来重在传事，但于义理亦是十分重视。所以，庾信辞赋用《左传》之义是具有很大的学术价值，是值得探讨的，这也是其用《左传》的从主要意图所在。

① 《庾子山集注》卷之一，第21页。

② 《庾子山集注》卷之一，第69页。

③ 《十三经注疏·春秋左传正义》卷第四十八，第835~836页。

④ 《庾子山集注》卷之一，第70页。

## 三、借史喻今：庾赋用《左传》之目的

庾信辞赋援用《左传》之义，究其目的乃是借史喻今，以春秋史事来暗喻当下之事。刘勰《文心雕龙·宗经》在论及五经与文学之关系时指出：“《春秋》辨理，一字见义，五石六鹢，以详备成文；雉门两观，以先后显旨；其婉章志晦，谅以邃矣。”①可见，《春秋》具有深刻幽邈的意旨，适合引用以抒己意。约略而言，庾信辞赋用《左传》之义借史喻今主要有两层内涵：一曰慨叹自己身世之苦，一曰阐发梁朝治乱兴亡之由。就实际情况来说，庾赋用《左传》主要集中体现在《哀江南赋》之中，而此赋又是庾信晚年最著名的长篇大赋，下文即以《哀江南赋》为例，探究庾信辞赋借史喻今之义。

感叹自己身世之苦者，如“载书横阶，捧珠盘而不定。钟仪君子，入就南冠之囚；季孙行人，留守西河之馆。申包胥之顿地，碎之以首”②一段用《左传》凡四处。“载书横阶”，用义于《左传·襄公九年》：“晋士庄子为载书，曰：‘自今日既盟之后，郑国而不唯晋命是听，而或有异志者，有如此盟。’”杜预注：“载书，盟书。”③以喻自己出使乞援。“钟仪君子，入就南冠之囚”，用义于《左传·成公七年》：“楚子重伐郑……郑共仲、侯羽军楚师，囚郧公钟仪，献诸晋。……晋人以钟仪归，囚诸军府。”④《左传·成公九年》：

> 晋侯观于军府，见钟仪，问之曰：“南冠而絷者，谁也？”有司对曰：“郑人所献楚囚也。”使税之，召而吊之。再拜稽首。问

① 《文心雕龙注》卷一，第22页。
② 《庾子山集注》卷之二，第99页。
③ 《十三经注疏·春秋左传正义》卷第三十，第528页。
④ 《十三经注疏·春秋左传正义》卷第二十六，第443页。

> 其族，对曰："泠人也。"公曰："能乐乎？"对曰："先父之职官也，敢有二事？"使与之琴，操南音。公曰："君王何如？"对曰："非小人之所得知也。"固问之，对曰："其为大子也，师保奉之，以朝于婴齐而夕于侧也。不知其他。"公语范文子，文子曰："楚囚，君子也。言称先职，不背本也。乐操土风，不忘旧也。称大子，抑无私也。名其二卿，尊君也。不背本，仁也。不忘旧，信也。无私，忠也。尊君。敏也。仁以接事，信以守之，忠以成之，敏以行之。事虽大，必济。君盍归之，使合晋、楚之成。"公从之，重为之礼，使归求成。①

倪璠注云："言己本楚人，今来秦地，若南冠之囚矣。"②可见，此处即是用楚囚钟仪南冠之典故以喻自己羁留北朝，若囚徒一般，但自己心系梁朝，可是却不能像钟仪那样能够重返故土，表达出深深的忧怨之情。"季孙行人，留守西河之馆"，用义于《左传·昭公十三年》："同盟于平丘。……晋人执季孙意如以归。……叔鱼见季孙曰：'昔鲋也得罪于晋君，自归于鲁君。微武子之赐，不至于今。虽获归骨于晋，犹子则肉之，敢不尽情？归子而不归，鲋也闻诸吏，将为子除馆于西河，其若之何？'"③倪璠注云："言己遂留于长安也。"④可见此处用典以喻自己滞留长安而不得南归。"申包胥之顿地，碎之以首"，用义于《左传·定公四年》："蔡侯以吴子及楚人战于柏举，楚师败绩。楚囊瓦出奔郑。庚辰，吴入郢。……及昭王在随，申包胥如秦乞师……立，依于庭墙而哭，日夜不绝声，勺饮不入口七日。秦哀公为

① 《十三经注疏·春秋左传正义》卷第二十六，第448页。
② 《庾子山集注》卷之二，第100页。
③ 《十三经注疏·春秋左传正义》卷第四十六，第804~814页。
④ 《庾子山集注》卷之二，第100页。

之赋《无衣》，九顿首而坐，秦师乃出。”①倪璠注云：“言使魏之后，江陵遭兵革之患，已无处求救也。”②此处对于申包胥求秦救楚之事典，作者反用其意，以喻自己无处求援，更添几分悲哀之情。

由上述可见，庾信辞赋援用《左传》之义以慨叹自己遭遇侯景之乱而孤苦微弱，孤立无援，羁留北地，遂产生无限凄凉沧桑之情感，典故的运用使得情感具有历史的厚度与长度，跨越了时空的畛域，将古人的悲苦移植到自己的辞赋中来，提高了辞赋语言的艺术表现力与张力。

讲论政治，阐明史事，总结治乱兴亡之由，自然是《春秋》经及《左传》的撰写宗旨，孟子云：“世衰道微，邪说暴行有作，臣弑其君者而有之，子弑其父者有之。孔子惧，作《春秋》。”③司马迁在《史记·太史公自序》中指出：

> “孔子知言之不用，道之不行也，是非二百四十二年之中，以为天下仪表，贬天子，退诸侯，讨大夫，以达王事而已矣。”子曰：“我欲载之空言，不如见之于行事之深切著明也。”夫《春秋》，上明三王之道，下辨人事之纪，别嫌疑，明是非，定犹豫，善善恶恶，贤贤贱不肖，存亡国，继绝世，补弊起废，王道之大者也。……《春秋》辨是非，故长于治人。……《春秋》以道义。拨乱世反之正，莫近于《春秋》。《春秋》文成数万，其指数千。……故《春秋》者，礼义之大宗也。夫礼禁未然之前，法施已然之后；法之所为用者易见，而礼之所为禁者难知。④

① 《十三经注疏·春秋左传正义》卷第五十四，第951~953页。
② 《庾子山集注》卷之二，第100页。
③ 焦循：《孟子正义》卷十三，中华书局，1987年，第452页。
④ 司马迁：《史记》卷一百三十，中华书局，1959年，第3297~3298页。

由是观之，《春秋》重在以“春秋笔法”来宣讲“微言大义”。那么《左传》绍承《春秋》之旨，以史事与史论并重，臧否时事，以明治乱，其文辞语义自然为庾信辞赋所引用。如“晋郑靡依，鲁卫不睦。竞动天关，争回地轴。探雀鷇而未饱，待熊蹯而讵熟？乃有车侧郭门，筋悬庙屋。鬼同曹社之谋，人有秦庭之哭”①一段，用《左传》凡六处。

“晋郑靡依，鲁卫不睦”，用义于《左传·隐公六年》曰：“周桓公言于王曰：‘我周之东迁，晋郑焉依。’”②《左传·定公六年》：“太姒之子，唯周公、康叔为相睦也。”③倪璠注云：“谓台城陷后，诸王不急讨贼，自相猜忌也。……晋、郑、鲁、卫，皆周宗姬姓，以喻梁朝宗室，所以深责诸王也。”④可见此处用晋、郑匡卫周室和鲁、卫的和睦来谴责梁朝宗室诸王在台城陷落之后，不顾梁武帝与社稷之安危，无意勤王，反而互相猜忌攻伐。“待熊蹯而讵熟？”，用义于《左传·文公元年》：“初，楚子将以商臣为太子……既又欲立王子职而黜太子商臣。冬十月，（商臣）以宫甲围成王。王请食熊蹯而死。弗听。丁未，王缢。”杜预注：“熊掌难熟，冀久将有外救。”⑤倪璠注：“谓武帝晏驾也。……《左传》云：‘宰夫胹熊蹯不熟。’知熊蹯为难熟之物也。”⑥“乃有车侧郭门”，用义于《左传·襄公二十五年》：“大史书曰：‘崔杼弑其君。’　　崔氏侧庄公于北郭。丁亥，葬诸士孙之里，四翣，不跸，下车七乘，不以兵甲。”杜预注：“侧，瘗埋之，不殡于庙。”⑦倪璠注云：“谓侯景恶葬武帝，又弑简文也。”⑧以上二处用典，

① 《庾子山集注》卷之二，第 133 页。
② 《十三经注疏·春秋左传正义》卷第四，第 71 页。
③ 《十三经注疏·春秋左传正义》卷第五十五，第 299 页。
④ 《庾子山集注》卷之二，第 133～134 页。
⑤ 《十三经注疏·春秋左传正义》卷第十八，299 页。
⑥ 《庾子山集注》卷之二，第 134～135 页。
⑦ 《十三经注疏·春秋左传正义》卷第三十六，第 619～620 页。
⑧ 《庾子山集注》卷之二，第 135 页。

喻指武帝、简文帝相继遇害而死，且葬不以礼，以此谴责侯景之罪大恶极。“鬼同曹社之谋，人有秦庭之哭”，用义于《左传·哀公七年》：

> 初，曹人或梦众君子立于社宫，而谋亡曹，曹叔振铎请待公孙强，许之。旦而求之曹，无之。戒其子曰：“我死，尔闻公孙强为政，必去之。”及曹伯阳即位，好田弋。曹鄙人公孙强好弋，获白雁，献之，且言田弋之说，说之。因访政事，大说之。有宠，使为司城以听政。梦者之子乃行。强言霸说于曹伯，曹伯从之，乃背晋而奸宋。宋人伐之，晋人不救。……遂灭曹。执曹伯及司城强以归，杀之。①

《左传·定公四年》：“申包胥如秦乞师……立，依于庭墙而哭，日夜不绝声，勺饮不入口七日。”②倪璠注云：“二语伤梁亡，建邺为侯景所据也。按：‘秦庭之哭’与序内‘忽践秦庭’事同，而取意各异。彼言入长安，此言金陵失守，二帝遇害，已有乞援之志，故逃奔江陵矣。”③由倪注可见，虽然此处与前文均用申包胥哭秦庭之典故，但取义不同，此两处之典故意在哀悼梁朝灭亡，亦是劫数使然，然自己有赶赴江陵乞援于湘东王之志。

综上可见，庾信《哀江南赋》用《左传》之义，慨叹自己遭遇之苦，阐发梁朝治乱兴亡之由，抚今追昔，居今怀古，哀思怨愤，痛悼叹惋跃然纸上，极为形象。其成功地借史喻今，借古抒怀，使其辞赋达到了极高的艺术境界，具有深远的感染力与影响力，具有极高的文学价值。

---

① 《十三经注疏·春秋左传正义》卷第五十八，第1011页。

② 《十三经注疏·春秋左传正义》卷第五十四，第953页。

③ 《庾子山集注》卷之二，第135页。

## 四、以情纬文，以赋载史：庾赋用《左传》之艺术价值

庾信辞赋用《左传》之语辞与事义，具有多维的意义价值。约略而言，主要有两层艺术价值，一曰以情纬文，情采并茂，富有情感的穿透力，展现出六朝辞赋的抒情特色。二曰以赋载史，使辞赋呈现出史化现象，具有诗史性质。此二者共同构成了庾信辞赋用《左传》之艺术价值。

齐梁时期的一代文宗沈约在《宋书·谢灵运传论》中提出了"以情纬文，以文被质"的文学创作思想，强调的是内容与形式关系，认为文学创作重在抒发情感，以情感抒发的需要来选定表达形式、进行辞藻的润饰，将情感贯穿于全文之中，用形象传神的文辞来表达思想感情。与沈约观念一致，刘勰在《文心雕龙·情采》篇提出了"为情造文"的观念，他说：

> 情者，文之经，辞者，理之纬；经正而后纬成，理定而后辞畅：此立文之本源也。昔诗人什篇，为情而造文；辞人赋颂，为文而造情。何以明其然？盖风雅之兴，志思蓄愤，而吟咏情性，以讽其上，此为情而造文也；诸子之徒，心非郁陶，苟驰夸饰，鬻声钓世，此为文而造情也。故为情者要约而写真，为文者淫丽而烦滥。……夫以草木之微，依情待实；况乎文章，述志为本。言与志反，文岂足征？①

刘勰认为情理是经、是主，文辞是纬、是次，为情造文，以情纬文才是文章的正宗所在。吟咏情性，寄寓讽喻者即是为情而造文。矫揉造

① 《文心雕龙注》卷七，第538页。

作，无病呻吟者即是为文而造情。反观庾信辞赋即是与诗人什篇取法一致，用《左传》语辞与事义，抒发情志，宣泄哀思，以明治乱，以情志为本，情理合一，绝非无病呻吟的“辞人赋颂”。庾信辞赋根据写作思路与文章内容的需要，借助征引《左传》之事典语义以抒发自身的黍离之哀，亡国之恨，以及对侯景乱梁的痛恨，对梁武帝晚年昏聩的扼腕痛惜，这正是典型的以情纬文，为文造情，将浓郁的悲苦之情寄寓于辞赋之中，而辞赋的语义又大量脱胎于《左传》。在辞赋文本中，辞赋语言与《左传》语义即融合于一体，文学与史传巧妙地勾连起来，文义与经义也在不知不觉中水乳交融。换言之，庾信辞赋对《左传》的征用是根据内容情节的具体安排，情感抒发的实际需要来进行的，如此一来，即将情与文协调得极为恰当，做到了内容与形式的统一，情理与词采的统一，对《左传》的征引化用不但没有妨碍到辞赋本身情感思想的抒发表达，而且更加促进了情感理念的书写与宣泄。总的来说，艺术形式是用来润饰内容的，是为了充分地表达作者的思想感情，庾信辞赋用《左传》即是运用了用典使事这一艺术形式、表达手法，将自身的哀怨之情、乡关之思抒发得淋漓尽致，以此实现了辞赋作品的艺术价值。

自东汉中期以降，辞赋体制渐小，以抒情写志为主，及至南北朝，辞赋愈发缘情绮靡。庾信作为南北朝诗文辞赋的集大成者，巧用典故，以情志统领典故，将辞赋抒发情感的功能推向极致。是以，近人刘师培在《汉魏六朝专家文研究》中的《各家总论》中说：“《哀江南赋》等长篇用典虽多，而劲气足以举之。”①又在《论文章之音节》中说：“庾子山等哀艳之文用典最多，而音节甚谐，其情文相生之致可涵泳得之，虽篇幅长而绝无堆砌之迹……故知堆砌与运用不同，用典

① 刘师培著，刘跃进讲评：《中国中古文学史讲义》，凤凰出版社，2011年，第153页。

以我为主，能使之入化，堆砌则为其所囿，而滞涩不灵。”①尤其值得注意的是，其入北之后所作的《哀江南赋》等赋作更是以情纬文的鲜明代表，是以《四库全书总目》云：“信北迁以后，阅历既久，学问弥深，所作皆华实相扶，情文兼至。抽黄对白之中，灏气舒卷，变化自如，则非（徐）陵之所能及矣。张说诗曰：‘兰成追宋玉，旧宅偶词人。笔涌江山气，文骄云雨神。’其推挹甚至。”②清人魏谦升《赋品》“感兴”条云：“江关萧瑟，庾信伤神。《小园》《枯树》，哀江南春。”③清人侯心斋《赋笔尾评》对庾信《小园赋》的评价为：“子山以出使见羁，虽位望通显，常有乡关之思，此赋已情见乎词矣。”对《哀江南赋》的评价是：“密丽典雅，纬以精思，驱以灏气，上结六代，下开三唐，不止子山集中压卷。”④林纾《春觉斋论文》：“子山《哀江南赋》，则不名为赋，当视之为亡国大夫之血泪。”⑤由上述评论可见，清代学者对庾信后期辞赋的抒情写志，抒发乡关故国之思，慨叹梁朝治乱之悲，极为推崇，认为其之辞赋在六朝与隋唐之间处于承上启下之地位。庾信辞赋获得清人高度的评价的主要原因在于其对《左传》事典语义的征引实现了以情纬文的艺术效果与价值。

除了以情纬文，以赋载史亦是庾信辞赋用《左传》的另一维意义价值。庾信辞赋征用“亦经亦史”的《左传》，不仅具有儒家经典的魅力与权威性，更是具有历史特质，呈现出史化现象，具有诗史性质。近人陈寅恪《读哀江南赋》指出：“古今读《哀江南》赋者众矣，莫不为其所感，而所感之情，则有浅深之异焉。其所感较深者，其所通解亦

① 《中国中古文学史讲义》，第166页。

② 纪昀总纂：《四库全书总目提要》卷一百四十八《集部一》，河北人民出版社，第3838页。

③ 孙福轩：《历代赋论汇编》，人民文学出版社，2016年，第436页。

④ 《历代赋论汇编》，第771页。

⑤ 林纾：《春觉斋论文》，人民文学出版社，1959年，第50页。

必较多。兰成作赋，用古典以述今事。古事今情，虽不同物，若于异中求同，同中见异，融会异同，混合古今，别造一同异俱冥，今古合流之幻觉，斯实文章之绝诣，而作者之能事也。”①可见，庾信辞赋用《左传》之古典以叙述当时之事，融合古典与今事之异同，将古典与今事进行跨越时空而组合，以古喻今，用古证今使得辞赋具有古今玄幻之觉，历史沧桑之感，既是一种文学性质的自我书写，又是一种经史性质的《左传》注疏，从而达到了极高的艺术成就，而究其实质，即是以赋载史，以赋写史，使赋史化，引《左传》事典对梁朝兴亡之史事进行了全方位的描述，不但与正史相合，亦补正史之阙，体现出作者明晰的历史意识。这亦体现出南北朝辞赋发展之最终趋势与终极目标。

要之，庾信辞赋用《左传》语辞与事义主要体现出以情纬文与以赋载史二维意义价值，此二维艺术价值密切配合，构成了有机统一的整体性价值。庾信辞赋将自身个体的遭遇际遇与梁朝的治乱兴亡交织在一起，将历史的深沉厚重与情感的浓郁强烈高度地结合在一起，使得历史显得形象具体，使辞赋显得灵动典雅，铸就了辞赋雄浑刚健，文质合一，秾丽富赡的艺术风格，产生了极其强烈的艺术感染力。是以，将情感、史事、道理三者高度融合在一起，呈现出立体化之特色。虽大量用《左传》典故，但却不流于板滞、繁琐，相反却极为灵动、巧妙，呈现出极高的用典艺术，是以能够“穷南北之胜”。

## 余　论

杜甫《咏怀古迹·其一》称：“庾信生平最萧瑟，暮年诗赋动江

① 陈寅恪：《金明馆丛稿初编》，生活·读书·新知三联书店，2015年，第234页。

关”，《戏为六绝句》云：“庾信文章老更成，凌云健笔意纵横。”《春日忆李白》说：“清新庾开府。”可见在艺术方面一向追求新变的庾信之文章尤其得到杜甫的赞赏。庾信之所以在艺术上愈老愈好，清新密丽，能达到极高的造诣，与其辞赋之用典艺术是分不开的。可以说，用典是庾信辞赋最为耀眼的艺术技巧。而用典又是其本身才学的发挥，是其才学的集中体现。清人刘熙载《艺概·赋概》云：“赋兼才学。才，如《汉书·艺文志》论赋曰：‘感物造端，材智深美’，《北史·魏收传》曰：‘会须作赋，始成大才士’；学，如扬雄谓‘能读赋千首，则善为之’。”①可见，才学对于辞赋创作是极为重要的。《文心雕龙·事类》篇指出：

> 夫姜桂同地，辛在本性；文章由学，能在天资。才自内发，学以外成，有学饱而才馁，有才富而学贫。学贫者迍邅于事义，才馁者劬劳于辞情，此内外之殊分也。是以属意立文，心与笔谋，才为盟主，学为辅佐；主佐合德，文采必霸，才学褊狭，虽美少功。夫以子云之才，而自奏不学，及观书石室，乃成鸿采。表里相资，古今一也。故魏武称张子之文为拙，以学问肤浅，所见不博，专拾掇崔杜小文，所作不可悉难，难便不知所出。斯则寡闻之病也。……综学在博，取事贵约，校练务精，捃理须核，众美辐辏，表里发挥。②

刘勰强调才能是主宰，学问是辅助，有才能方可使得辞情充溢，有学问方能使得引证事义游刃有余，主宰之才与辅助之学相互配合，作品方能有文采而称雄天下。由是观之，庾信辞赋大量征用《左传》等经

① 《历代赋论汇编》，第449页。

② 《文心雕龙注》卷八，第615~616页。

史典籍，抒情写志，托史喻义，使得辞赋显得格外厚重精深，博大幽邈，气势雄浑，绚烂多彩，正是其才与学的完美弥合之集中体现。因此，从用典艺术这个角度来探究庾信辞赋的艺术价值是我们进一步了解庾信及其辞赋，尤其是其晚年辞赋的艺术价值的一个很好的切入点。

# 结　语

中国古代美学与文论存在于经史子集四部典籍之中，包罗了中华思想文化中的诸多经典的术语、概念、范畴及命题，具有文史哲合一的特色，是中国古圣先贤的智慧结晶，是中国传统思想文化中的精华，是中国传统审美意识的集中体现，其之影响力跨越时空的限制，漫过历史长河，浸入中国人的意识深处。中国古代美学与文论经过几千年的层层积累、发展演进，思想文化意蕴极为深厚，艺术价值极为高远，语言文字也极为优美，虽然现在业已成为历史文化遗产，但是对于提高我们的审美能力，拓展我们的思维深度也是大有裨益的，是我们取之不尽、用之不竭的宝贵文化渊薮。

虽然当今学界关于中国古代美学与文论的研究成果甚为丰富，但是多元化研究视角的成果还不是很充分，对于一些重要的和经典的问题还有深入发掘的空间。本书即通过对文献材料的充分挖掘和细致爬梳，运用了内在理路、外缘探究、诠释学、文化诗学、定性分析、归纳与演绎、审美与实证等研究方法，从一些经典的富有价值的具体问题入手，从多元途径和角度来探赜中国古代美学与文论的思想原理、范畴命题，如果能够有助于读者对中国古代美学与文论的理解，给读者些许启示，有益于古代美学与文论的学科建设，那必将令我倍感欣慰。

# 后　记

在很多人看来，我的生活似乎是极为枯燥和乏味的，诚然，我的生活很刻板，犹如康德一样，每天的作息都很规律，无非是看书和写作。所以经常有人问我："你天天看书，写论文，也不出去玩，这样不无聊吗?"每当遇到这样的问题，我都哭笑不得，欲言又止。其实，每个人都有自己的兴趣爱好，顺应自己的爱好，做自己感兴趣的事，是使内心快乐的最佳秘方。所以康德说过，"工作是使生活得到快乐的最好方法"，"最好的享受就是工作"。此中的"工作"指的就是个人的兴趣爱好。

回顾这些年的学习经历和论文撰写过程，我的感觉是其乐融融，没有丝毫的乏味或无聊，因为从事学术研究、撰写学术论文是我的兴趣爱好，也是我的人生价值的体现。古人尝云，"书卷多情似故人，晨昏忧乐每相亲"，"养心莫善寡欲，至乐无如读书"，在撰写论文的过程中，由于全身心地投入，自然就会寡欲，从而达到养心的效果，所谓"发愤忘食，乐以忘忧"，而且在发现问题、分析问题、解决问题的过程中，可以发掘出很多意想不到的快乐，而这种快乐更多的是一种"过程快乐"，至于论文能否发表出来，能否发表到核心期刊上，则并不是我特别在意的事情。宋人张载提出，学术研究的终极目标则是“为天地立心，为生民立命，为往圣继绝学，为万世开太平”，每当读到这横渠四句，我都感慨万分。在我内心深处，也是心向往之，但是毕竟个人才力禀赋有限，所以我从事学术研究的动力更多的是完善自我，充实自我，在一定程度上实现自己的人生价值，在实现人生价值的同时，获得快乐和幸福。因此，我追求的是“为己”之学，而不是“为人”之学。

从中国人民大学毕业之后，我旋即来到了位于浙东地区、甬江之畔的宁波大学工作，宁波的自然与人文环境俱佳，在新的良好的学术环境中，我积极申请项目，撰写论文，获益良多。在这些年的学习和研究过程中，我有幸遇到了很多良师益友，在他们的无私提携与热忱帮助下，我受益良多，进步很快，在此特表谢忱。感谢我的导师袁济喜教授，是他把我领入了中国美学与文论的研究领域；感谢我所在的宁波大学人文与传媒学院的领导和同事们，感谢武汉大学出版社的黄河清编辑，正是因为他们的大力支持和热心帮助，本书才得以顺利出版。当然，囿于学力和眼界，文章定会存在诸多问题，还恳请学界同仁能够不吝赐教。

**程景牧**

2023 年 4 月 16 日于宁波大学文翠新村